リチウムイオン二次電池用シリコン系負極材の開発動向

Recent Developments of Silicon Anodes for Lithium Ion Batteries

監修：境　哲男
Supervisor：Tetsuo Sakai

シーエムシー出版

はじめに

　世界的な環境規制の強化の中で，自動車の電動化が強力に進められている。車載用電池の生産量は，2018 年には 100 GWh であるが，2025 年には 300 GWh まで拡大すると予想されている。蓄電池の大量生産により，高性能化と低コスト化が急激に進展して，太陽光発電など自然再生可能エネルギーの電力貯蔵用など，従来はコスト的に採算が取れなかった分野にまで蓄電池の利用が広がりつつある。

　2019 年のノーベル化学賞に，リチウムイオン電池の実用化に貢献したことで，旭化成名誉フェローの吉野彰氏，米テキサス大学のジョン・グッドイナフ教授，ニューヨーク州立大学のマイケル・スタンレー・ウィッティンガム卓越教授の 3 人が選ばれた。1976 年，ウィッティンガム教授は，2 V 系の硫黄系層状化合物を正極に，リチウム金属を負極に用いて，有機溶媒電解液中で充放電すると，層状化合物の層間にリチウムイオンが可逆的に挿入放出（インターカレイト）できることを見出した。1980 年，グッドイナフ教授らは，4 V 系の層状化合物であるコバルト酸リチウムを見出した。ただ，リチウム金属負極を用いると，リチウムデンドライト生成による短絡が起こりやすく，安全性に課題があった。吉野氏らは，負極にカーボン系材料を用いると，リチウムイオンが可逆的に挿入放出できることを見出し，4 V 系のコバルト酸リチウム正極，微多孔膜セパレータ，有機電解液からなる「リチウムイオン電池」の基本モデルを完成して，1985 年に特許出願した。このリチウムイオン電池は，1992 年にソニーにより商品化され，携帯電話やノートパソコンなどの携帯機器に広く利用され，インターネット社会の実現に大きな貢献をした。その後，構成材料などの改良により高性能化と安全性が大きく進展して，車載用大型電池も実用化され，電気自動車（EV）やプラグインハイブリッド（PHV）などの普及も進みつつある。最近では，太陽光発電や風力発電など自然再生エネルギーの電力貯蔵用としての利用も始まっている。企業の研究者の開発研究が，そして，特許文献が選考の基準となったことは画期的なことで，日本の企業研究者にとっては朗報である。

　ただ，現行のリチウムイオン電池には，まだ解決すべき課題が幾多ある。その 1 つが，電池の充電に好ましい温度範囲が，10〜45℃に限定されることである。0℃以下の低温で充電すると，炭素系負極の層間にリチウムイオンが拡散しにくく，表面にリチウムデンドライトが生成して，セパレータを突き破り短絡に至る恐れがある。一方，60℃以上になると，炭素負極表面での電解液の分解が促進され，厚い表面皮膜が形成され抵抗が増大することになる。そのため，EV の充電や使用においては，電池温度を厳密に管理することが必要であり，水冷や空冷などの電池温度管理システムや，電池の温度や充放電状態を最適に管理するバッテリーマネジメントシステム（BMS）が必要となっている。

　これらの課題を解決するために，炭素系負極をチタン酸リチウム負極に代えた電池も実用化さ

れている。電位がリチウム析出電位よりも 1.5 V も高いことから，低温での急速充電を行っても
リチウムデンドライトが生成しにくく，急速充放電が可能で，非常に長寿命な電池となる。ただ，
電池セルのエネルギー密度が半分程度に低下する課題がある。

　EV 用電池の高エネルギー密度化と急速充放電特性の向上，広い使用温度範囲を実現するため
に，シリコン系負極材料（シリコン，シリコン合金，SiO など）が注目されている。電気容量は，
カーボン系負極材料の 5〜10 倍にもなり，飛躍的な高容量化が可能ではあるが，リチウムとの合
金化による体積変化が，2〜4 倍にもなることから実用化は容易ではない。強力なバインダーの開
発，体積変化を緩和できる複合材料の開発，高強度な集電材料の開発，体積変化に追従するため
電解液に代えて柔らかい固体電解質を利用するなど，多様な材料開発が行われている。

　本書では，シリコン系負極に関する最近の研究開発の状況を，最前線の方々に執筆して頂いた。
これまでリチウムイオン電池は，新材料技術により大きく進化してきた。今後，炭素系負極から
シリコン系負極へ，そして，有機電解液から固体電解質へと，材料技術と電池技術が進展し，高
安全で，高性能な次世代リチウムイオン電池の実用化が進むことが期待される。本書が，多忙を
極める電池技術者の参考になれば幸いである。

2019 年 11 月

山形大学　特任教授，産総研名誉リサーチャー

境　哲男

執筆者一覧（執筆順）

境　　哲　男　山形大学　蓄電デバイスプロジェクト　特任教授；
　　　　　　　産業技術総合研究所　名誉リサーチャー
春　田　正　和　同志社大学　研究開発推進機構　准教授
稲　葉　　　稔　同志社大学　理工学部　機能分子・生命化学科　教授
松　本　健　俊　大阪大学　産業科学研究所　第2研究部門（材料・ビーム科学系）
　　　　　　　半導体材料・プロセス研究分野　准教授
閻　　紀　旺　慶應義塾大学　理工学部　機械工学科　教授
江　原　祥　隆　エルケム・ジャパン㈱　シリコンマテリアルズ　テクニカルセールス
吉　澤　啓　典　エルケム・ジャパン㈱　シリコンマテリアルズ　シニアマネージャー
三　好　義　洋　㈱Nanomakers Japan　代表取締役
ヨハン アウダート　Nanomakers France SA　R&D Division　R&D Manager
間　宮　幹　人　産業技術総合研究所　先進コーティング技術研究センター
　　　　　　　エネルギー応用材料研究チーム　主任研究員
秋　本　順　二　産業技術総合研究所　先進コーティング技術研究センター
　　　　　　　エネルギー応用材料研究チーム　チーム長
太　田　遼　至　東京大学　大学院工学系研究科　マテリアル工学専攻
神　原　　　淳　東京大学　大学院工学系研究科　マテリアル工学専攻　准教授
齋　藤　守　弘　成蹊大学　理工学部　物質生命理工学科　准教授
小　島　健　治　JSR㈱　先端材料研究所　山梨分室　リーダー／参事
山　野　晃　裕　山形大学　有機エレクトロニクスイノベーションセンター
　　　　　　　プロジェクト研究員
杣　　直　彦　㈱ワイヤード
大　澤　善　美　愛知工業大学　工学部　応用化学科　教授
糸　井　弘　行　愛知工業大学　工学部　応用化学科　准教授
千　葉　啓　貴　日産自動車㈱　総合研究所　先端材料・プロセス研究所
　　　　　　　シニアリサーチエンジニア
木　村　優　太　大同特殊鋼㈱　技術開発研究所　機能材料研究室　主任研究員
南　　和　希　大同特殊鋼㈱　技術開発研究所　機能材料研究室
森　井　浩　一　大同特殊鋼㈱　技術開発研究所　機能材料研究室　室長

中 山 剛 成　宇部興産㈱　化学カンパニー　機能品事業部　ポリイミド・機能品開発部
　　　　　　　ポリイミドグループ　主席部員
向 井 孝 志　ATTACCATO 合同会社　代表
池 内 勇 太　ATTACCATO 合同会社
山 下 直 人　ATTACCATO 合同会社
坂 本 太 地　ATTACCATO 合同会社
木 下 智 博　㈱本田技術研究所
髙 橋 牧 子　㈱本田技術研究所
田名網　　潔　㈱本田技術研究所
青 柳 真太郎　㈱本田技術研究所
清 水 雅 裕　信州大学　学術研究院工学系　助教
新 井　　進　信州大学　学術研究院工学系　教授
海 野 裕 人　日鉄ケミカル＆マテリアル㈱　総合研究所　新材料開発センター
　　　　　　　主任研究員
藤 本 直 樹　日鉄ケミカル＆マテリアル㈱　金属箔事業部　金属箔工場　マネジャー
高 橋 武 寛　日本製鉄㈱　技術開発本部　鉄鋼研究所　表面処理研究部　主幹研究員
後 藤 靖 人　日本製鉄㈱　技術開発本部　広畑技術研究部　主幹研究員
永 田 辰 夫　日本製鉄㈱　技術開発本部　先端技術研究所　環境基盤研究部
　　　　　　　上席主幹研究員
道 見 康 弘　鳥取大学　大学院工学研究科　化学・生物応用工学専攻　助教
薄 井 洋 行　鳥取大学　大学院工学研究科　化学・生物応用工学専攻　准教授
坂 口 裕 樹　鳥取大学　大学院工学研究科　化学・生物応用工学専攻　教授
太 田 鳴 海　物質・材料研究機構　エネルギー・環境材料研究拠点
　　　　　　　全固体電池グループ　主任研究員
木 村　　宏　㈱住化分析センター　マテリアル事業部
森 脇 博 文　㈱東レリサーチセンター　有機分析化学研究部
　　　　　　　有機分析化学第 1 研究室　主任研究員
中 本 順 子　㈱KRI　構造制御材料研究部　上級研究員

目　　次

【第Ⅰ編　負極開発】

第1章　鱗片状アモルファスSi粉末（Si LeafPowder®）の負極特性
春田正和, 稲葉　稔

1　はじめに …………………………… 3
2　鱗片状Si粉末の作製 ……………… 4
3　鱗片状Si負極のサイクル特性 …… 4
4　充放電サイクルによる鱗片状Si電極の形
態変化 ……………………………… 6
5　Siの酸化と充放電特性および電極形態変
化への影響 ………………………… 8
6　まとめ……………………………… 9

第2章　切粉由来シリコンナノ粒子の負極応用　　松本健俊

1　はじめに ………………………… 11
2　シリコン切粉 …………………… 11
3　シリコン切粉電極 ……………… 13
　3.1　シリコン切粉電極を用いたセルの作
　　　製 ………………………………… 13
　3.2　シリコン切粉電極を用いたセルの特
性 ………………………………… 13
　3.3　充放電曲線の解析による反応メカニ
　　　ズムの解明………………………… 14
　3.4　炭素材料を用いたシリコン切粉電極
　　　の特性向上………………………… 17
4　おわりに………………………… 18

第3章　レーザ照射による廃シリコン粉末からのマイクロピラー形成とその負極特性
閻　紀旺

1　はじめに ………………………… 20
2　廃Si粉末の形成 ………………… 21
3　Siマイクロピラーの形成原理と大きさ制
　御 ………………………………… 23
4　実験装置と方法 ………………… 24
5　結果および考察 ………………… 25
　5.1　塗布膜厚によるピラー大きさ制御‥ 25
5.2　負極の電気化学特性 …………… 25
5.3　充放電による負極形態の変化…… 28
5.4　充放電後の電極成分 …………… 30
5.5　充放電後の負極形態における塗布膜
　　　厚の影響 ……………………… 30
6　おわりに………………………… 32

I

第4章　シリコン（Si）系負極材料の開発に向けたエルケムシルグレインの開発

江原祥隆，吉澤啓典

1　はじめに ……………………………… 34
2　シリコン製造に関して ………………… 34
　2.1　冶金グレードの Si ……………… 34
　2.2　エルケム社でのシリコン製造方法（エルケムシルグレン®） ……………… 35
　2.3　微粉末シリコンについて ………… 38
3　負極材に向けたシリコン粉末の開発と電池特性 …………………………………… 38
　3.1　負極材向けの開発について ……… 38
　3.2　電池特性に関して ………………… 38
4　おわりに ……………………………… 40

第5章　ナノシリコンの合成と負極特性

三好義洋，ヨハン アウダート

1　序文 …………………………………… 42
2　Nanomakers とレーザー熱分解法 …… 43
3　なぜ電池にシリコンが使用されるようになるのか ………………………………… 44
4　なぜレーザー熱分解法でシリコンに炭素コーティングが行われるのか ………… 46
5　結論と今後の展望 …………………… 47

第6章　SiO ナノ薄膜の形成と負極への応用

間宮幹人，秋本順二

1　はじめに ……………………………… 49
2　蒸着膜の生成 ………………………… 50
3　導電助剤膜の積層 …………………… 52
4　ハーフセルでの充放電特性 ………… 53
5　製品化への課題 ……………………… 56
6　おわりに ……………………………… 57

第7章　プラズマスプレーPVD による Si 系ナノ粒子の高次構造化

太田遼至，神原　淳

1　はじめに ……………………………… 58
2　電極材料製造法における PS-PVD の位置づけ ………………………………… 58
3　PS-PVD による Si ナノ粒子作製 …… 59
　3.1　ナノ粒子作製および評価手順 …… 59
　3.2　Si 系ナノ粒子 ……………………… 61
　3.3　SiO 系ナノ粒子 …………………… 66
4　おわりに ……………………………… 68

第8章　Li プレドープ法による Si 負極の効果的アクティベーションと界面安定化

齋藤守弘

1　はじめに ……………………………… 71
2　Li プレドープ法 ……………………… 71

2.1　炭素負極への Li プレドープ ……… 71

2.2　Si 負極への Li プレドープ ……… 72

3　Li プレドープが Si 負極へ及ぼす効果
　………………………………………… 76

3.1　Li プレドープ Si 負極の充放電特性
　………………………………………… 76

3.2　Li プレドープによる Si 負極・粒子

の形態変化……………………………… 77

3.3　Li プレドープ反応の速度と深度 ‥ 78

3.4　Li プレドープによる SEI 皮膜形成と
　界面安定化……………………………… 80

3.5　アクティベーションと界面安定化の
　メカニズム……………………………… 82

4　おわりに ……………………………… 85

第 9 章　ロール to ロール Li プレドープ技術　　小島健治

1　プレドープについて ………………… 88

2　プレドープの効果 …………………… 90

3　ロール to ロール Li プレドープ技術 … 93

3.1　設備概要（装置構成）……………… 93

3.2　ロール to ロール Li プレドープ技術
　の主な特長……………………………… 94

4　今後の展開 …………………………… 96

第 10 章　リチウムプリドーピングを容易にするシリコン電極穿孔技術
山野晃裕，杣　直彦

1　はじめに ……………………………… 98

2　シリコン系負極に適したレーザ連続穿孔
　技術 …………………………………… 99

2.1　穿孔技術開発 ………………………… 99

2.2　従来のレーザ加工技術について … 99

2.3　独自の光学設計と新型スキャナ … 99

3　レーザ穿孔電極を用いたリチウムプリドー
　ピングプロセスと電池製造技術 ……100

3.1　レーザ穿孔電極を用いた電池構成

　………………………………………100

3.2　リチウムプリドーピングとプリドー
　ピング進行度の確認 ………………102

4　Si 負極へのリチウムプリドーピングと電
　池特性 ………………………………103

5　SiO 負極へのリチウムプリドーピングと
　電池特性 ……………………………106

6　おわりに ……………………………108

第 11 章　負極用炭素へのシリコン／熱分解炭素コーティング
大澤善美，糸井弘行

1　CVD 法による負極材料へのシリコン／
　熱分解炭素コーティング ……………110

2　難黒鉛化性炭素繊維／シリコン膜／熱分
　解炭素膜からなる複合負極材料の合成と

評価 ……………………………………112

2.1　試料の合成，特性評価と条件 ……112

2.2　構造，電気化学的特性の解析 ……112

3　天然黒鉛粒子／シリコン膜／熱分解炭素

膜からなる複合負極材料の合成と評価
………………………………119

3.1 試料の合成，特性評価と条件……119

3.2 構造，電気化学的特性の解析……120

4 シリコンナノ粒子／熱分解炭素膜からなる複合負極材料の合成と評価………123

4.1 試料の合成，特性評価と条件……123

4.2 構造，電気化学的特性の解析……123

第12章　高容量 Si-Sn-Ti 合金負極の研究開発　　千葉啓貴

1 緒言 ………………………………127

2 急冷凝固法による Si 相アモルファス化の検討 ……………………………127

2.1 実験方法 ………………………127

2.2 Si 合金のアモルファス形成能の計算方法 …………………………128

2.3 Si-Sn-Ti 合金組成違いでの耐久性評価結果および考察 ……………130

3 急冷凝固法＋MA 法でのアモルファス化の検討 ……………………………131

3.1 実験方法 ………………………131

3.2 急冷凝固での析出シミュレーション

計算方法 ………………………131

3.3 急冷条件違い品の MA での耐久性向上結果および考察 ………………132

4 高容量と高サイクル耐久性を両立できる Si 合金 ……………………134

4.1 実験方法 ………………………134

4.2 急冷法と MA 法の組み合わせで作製した $Si_{65}Sn_5Ti_{30}$ 合金の評価結果
………………………………134

4.3 合金微細組織・構造による高容量と高耐久性の両立の考察 …………135

5 まとめ……………………………137

第13章　アトマイズ法により作製した Li イオン電池負極材用 Si 合金粉末の高特性化　　木村優太，南　和希，森井浩一

1 はじめに…………………………139

2 ガスアトマイズ法による Si 合金粉末の作製 ………………………………139

2.1 Si の合金化について……………139

2.2 ガスアトマイズ法による Si 合金粉末の作製 …………………………140

3 合金系と電極特性の関係……………141

3.1 合金系と構成相 …………………141

3.2 合金の電極特性評価結果 ………142

3.3 複合化した相の物性と Si 合金の電極特性への影響…………………143

4 複合化する相の割合の最適化………144

5 おわりに…………………………146

IV

【第Ⅱ編　デバイス応用】

第1章　シリコン負極用ポリイミドバインダー（UPIA®／ユピア®）

中山剛成

1　ポリイミドとは …………………151

2　シリコン負極用バインダーに対する要求特性 …………………152

3　脱有機溶剤ポリイミドバインダーへの期待 …………………153

4　炭素・黒鉛／シリコン系負極の特性について …………………153

  4.1　電池特性評価（ハーフセル）……154

4.2　電池特性評価（ラミネート型フルセル）…………………155

5　シリコン系負極の特性について ……156

  5.1　電池特性評価（ハーフセル）……156

  5.2　電池特性評価（コイン型フルセル）…………………157

  5.3　電池特性評価（ラミネート型フルセル）…………………161

第2章　シリコン負極用無機ケイ酸系バインダー

向井孝志，池内勇太，山下直人，坂本太地，木下智博，髙橋牧子，田名網　潔，青柳真太郎

1　はじめに …………………164

2　無機ケイ酸系バインダーの特徴 ……165

3　無機ケイ酸系バインダーをコートしたSi

負極の熱処理温度 …………………167

4　おわりに …………………170

第3章　シリコン負極用高比表面積銅系集電体

清水雅裕，新井　進

1　はじめに …………………172

2　電気めっき法によるカーボンナノチューブの基板表面への固定化 …………174

3　カーボンナノチューブ複合基板の電気化

学的挙動 …………………177

4　Cu/VGCF複合集電体のSi負極への適用 …………………178

5　おわりに …………………181

第4章　高容量負極用鉄系金属箔集電体

海野裕人，藤本直樹，高橋武寛，後藤靖人，永田辰夫

1　緒言 …………………183

2　LIBの構造と集電体 …………183

3　電解液中での耐食性と集電体の候補材料 …………………185

4　Niめっき鋼板の諸特性 …………188

5　LIBの高エネルギー密度化に向けた取り組み …………………189

  5.1　高容量負極と集電体に求められる機

械的特性 ……………………189

5.2 鉄系金属箔の優れた機械的特性を活かした高容量負極の実現 ………191

5.3 鉄系金属箔集電体の厚み ………194

6 鉄系金属箔の電気的特性 ……………195

7 LIB の安全性や信頼性向上に向けた取り組み ……………196

8 結言 ……………………198

第5章　電極－電解質界面の最適化　　道見康弘，薄井洋行，坂口裕樹

1 はじめに ……………………200

2 実験方法 ……………………201

3 容量規制条件下における Si 系電極のサイクル寿命 ……………202

4 充放電サイクルにともなう Si 系電極の厚さの推移 ……………204

5 電極断面における Si と Li との反応部位の分布 ……………206

6 充放電試験前後における Si 系電極の表面形状の変化 ……………207

7 Li-Si 合金相の相転移挙動 …………208

8 Li^+ 拡散係数の違い ……………209

9 おわりに ……………………212

第6章　固体電池へのシリコン負極の適用　　太田鳴海

1 はじめに ……………………215

2 充放電時に体積変化を経験する負極活物質の課題 ……………216

3 有機電解液に替えて無機固体電解質を用いることによる活物質・電解質界面の安定化 ……………217

4 ナノ多孔構造導入による活物質材の微粉化回避 ……………220

5 おわりに ……………………222

第7章　Li イオン二次電池における合剤分散性評価および *in situ* 顕微鏡観察（Li イオン拡散，膨張収縮，デンドライト発生）　　木村　宏

1 電極合剤の分散状態が信頼性に及ぼす影響 ……………223

2 負極断面における合剤分散性の観察 ……………224

3 *in situ* 顕微鏡観察による LIB 内部の解析 ……………225

3.1 電極断面の *in situ* 顕微鏡観察 …225

3.2 グラファイト負極における充放電の色変化観察 ……………226

3.3 グラファイト負極の過充電による Li デンドライト発生過程の観察 ……228

3.4 グラファイト／SiO 系負極の充放電による厚み変化解析 ……………229

第 8 章　サイクル試験による耐久試験後の SiO／炭素系負極の SEI 被膜，負極合剤層の分布評価
森脇博文

1　はじめに………………………………233

2　LIB 負極の劣化分析……………………233

　2.1　試料前処理と測定手法…………233

3　サイクル試験における SiO／炭素系負極の劣化分析事例………………………235

3.1　分析に使用した試作セルの詳細‥235

3.2　SEI 被膜の構造解析………………237

3.3　活物質粒子の劣化分析……………242

4　おわりに………………………………244

第 9 章　SEM，ECCS，AFM による電極観察
中本順子

1　はじめに………………………………246

2　SEM による観察………………………246

3　ECCS による観察………………………246

4　AFM による観察………………………247

5　さいごに………………………………251

＜第Ⅰ編＞

負極開発

第1章　鱗片状アモルファス Si 粉末（Si LeafPowder®）の負極特性

春田正和[*1]，稲葉　稔[*2]

1　はじめに

　環境意識の高まりによるハイブリッド自動車や電気自動車の普及化，自然エネルギーと組み合わせた系統接続用の定置用蓄電池の開発などリチウムイオン電池の大型化へのニーズが高まっている。従来のリチウムイオン電池では負極に黒鉛系材料が用いられているが，その蓄電容量は理論値に迫ってきており，さらなる容量の向上には新たな材料開発が必要である。次世代のリチウムイオン電池用負極材料としてシリコンが注目されている[1~3]。Si は理論容量（約 3,600 mA h g^{-1} for Li$_{15}$Si$_4$）が黒鉛の約 10 倍と非常に大きく，放電電位も比較的低く（約 0.4 V $vs.$ Li$^+$/Li），資源的制約もないことから負極材料として有望である。しかし，Si はその大きな蓄電容量と引き換えに，Li との合金化反応時に約 3 倍もの大きな体積変化を生じる。繰り返しの充放電（合金化／脱合金化）反応に伴う体積変化に起因して，Si 負極が劣化してしまうことが応用の上で大きな問題である。

　一般的な市販の Si 粒子（μm 級の粒子径）を用いた場合には，充電時に Li との合金化が Si 粒子表面から進行し膨張するため，表面付近と中心部の間で応力が生じ，粒子の割れが生じる。そして，繰り返しの充放電サイクルにより粒子割れが進行し，微粉化を招いてしまう。この微粉化を抑制するためには，Si 粒子をナノメータサイズにすることにより体積変化による応力を低減することが有効である。ナノ粒子，ナノチューブ，薄膜，コア‐シェル構造や中空構造などの様々な形態に制御された Si 負極が報告されており，活物質粒子の微粉化が抑制されて優れたサイクル特性が得られている[4~7]。しかしながら，これらナノ構造を有する Si 活物質は電極担持密度が低いことや比表面積が高いため安全面にリスクを伴うこと，また複雑な製造工程を必要とすることなどが問題である。

　我々は厚み方向にナノサイズ化された 2 次元形状に着目し，鱗片状 Si 粉末（Si LeafPowder®：Si-LP）を作製し，その優れたサイクル特性を報告してきた[8~12]。また，Si-LP はこれまで報告されているナノ構造を有する Si 活物質と比べて，単純な形状で，また製造も比較的容易である。本報告では Si-LP 負極の特徴的な形状に起因した優れた充放電サイクル特性を紹介する。

＊1　Masakazu Haruta　同志社大学　研究開発推進機構　准教授
＊2　Minoru Inaba　同志社大学　理工学部　機能分子・生命化学科　教授

2 鱗片状 Si 粉末の作製

鱗片状 Si 粉末の作製には気相蒸着を用いた。膜厚 100 nm のアモルファス Si をポリマー基材上に roll-to-roll プロセスにより連続蒸着した。その後，Si 薄膜を基材から剥離し，粉砕処理を経て鱗片状 Si 粉末を得た。図 1a に Si-LP の走査電子顕微鏡（SEM）像を示すように，鱗片状粒子の平面サイズが 3〜5 μm となるように調整した。Si-LP 粉末の X 線回折およびラマン分光スペクトルを図 1b に示す。いずれからも結晶性 Si の存在は確認されず，ラマンスペクトルにおいて 480 cm^{-1} 付近にアモルファス Si に起因するブロードなピークが確認された。なお，BET 比表面積は約 20 m^2 g^{-1} であった。

電気化学特性評価のため活物質の Si-LP，導電助剤としてケッチェンブラック，結着材としてカルボキシルセルロースナトリウムを重量比 83：6：11 で混合した合材電極を作製した。電解液に 1 M の LiPF$_6$ を溶解させたエチレンカーボネートとジエチルカーボネートの混合溶媒（EC + DEC）を用いて，CR2032 コインセルを構成して評価を行った。一部の実験において，電解液に被膜形成剤として 10 wt.% のフルオロエチレンカーボネート（FEC）を添加した。

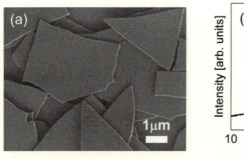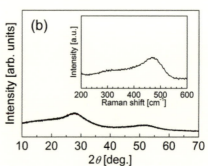

図 1　鱗片状 Si 粉末の（a）SEM 像，（b）X 線回折パターンおよびラマンスペクトル

3 鱗片状 Si 負極のサイクル特性

図 2a に Si-LP 合材電極の充放電特性を示す。充放電曲線は電位平坦部を有せず単調に変化しており，アモルファス Si 特有の振る舞いを示した[13]。初回サイクルの放電容量は約 2,400 mA h g^{-1} と高い値を示した。充放電サイクルにより徐々に容量低下するものの，50 サイクル後でも 1,800 mA h g^{-1} の容量を維持していた。

鱗片状粉末の厚さがサイクル特性に与える影響を明らかにするために，厚みを系統的に変化せて Si-LP を作製した[9]。図 2b に Si-LP の厚さを 50〜400 nm の間で変化させた際のサイクル特性を示す。50〜200 nm の範囲では優れたサイクル特性を示したのに対して，300，400 nm の

第1章　鱗片状アモルファスSi粉末（Si LeafPowder®）の負極特性

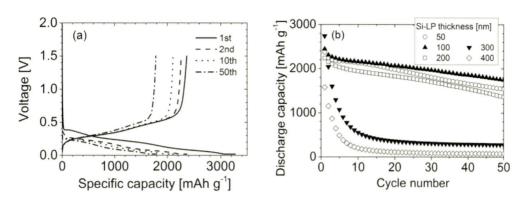

図2　(a) 鱗片状Si負極の充放電曲線，(b) Si-LP厚みに依存したサイクル特性

場合には急激に容量劣化した。50サイクル後の電極をSEM観察したところ，300，400 nmのSi-LPは割れて微粉化した粒子が見られた。一方，200 nm以下のSi-LPでは，サイクル後に複雑に変形していたものの割れは見られなかった（詳細は後述）。厚みが大きな300，400 nmにおいては，Si-LP表面と内部においてLi-Si合金化の進行度の差に起因した応力が大きく，粒子割れにつながったと考えられる。なお，これ以降の実験には100 nmのSi-LPを用いた。

　一般的にリチウムイオン電池負極のサイクル特性の改善には電解液添加剤が用いられており[14, 15]，Si-LP電極サイクル特性へのFEC添加効果を図3aに示す。添加剤なしの電解液を用いた場合には，300サイクル後の容量維持率（10サイクル目基準）は28%であった。電解液にFECを添加するとサイクル特性が大幅に向上し，300サイクル後の容量維持は72%であった。クーロン効率はFECなしの場合は99.4%（@300サイクル）であったのに対し，FEC添加により99.7%に向上した。平均クーロン効率も98.5%から99.2%に向上した。これら，FEC添加による容量維持率およびクーロン効率の向上は，電解液分解が抑制されたことに起因すると考えら

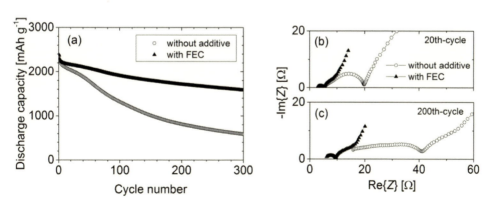

図3　鱗片状Si負極の (a) サイクル特性，および (b, c) 20，200サイクルでのインピーダンススペクトル

れる[10, 11)]。

　20および200サイクル目におけるSi-LP電極のインピーダンス測定結果を図3bおよび3cにそれぞれ示す。添加剤なしの場合では，繰り返しのサイクルによりインピーダンスが大幅に増加していた。一方，FECを添加した場合では，200サイクル後においてもほとんどインピーダンススペクトルに変化は見られなかった。

　サイクル前後のSi-LP電極表面のSEM観察像を図4に示す。サイクル前のSEM像よりSi-LPとケッチェンブラックが均一に分散していることが確認された（図4a）。図4bに示す添加剤なしの電解液で50回充放電を行った後のSi-LP電極のSEM像では，サイクル前に観察されたSi-LPが見られず，表面は堆積物に覆われていた。負極表面では，その低い電位に晒された電解液が還元分解され，分解生成物が堆積して被膜を形成する。この被膜は電子絶縁性でありさらなる電解液分解を防ぐ不働態被膜（Solid Electrolyte Interphase：SEI被膜）として働く。しかし，Si負極は充放電時に大きな体積変化を伴い被膜の割れや剥離を招き，継続的に電解液が分解されるために分解生成物が分厚く成長する。Si-LP間に分厚く堆積した分解物は電子伝導パスを阻害するため，これがSi-LP電極の劣化要因の一つと考えられる。図3b, cで示したインピーダンスの増加は，この被膜の成長に起因している。一方，図4cに示すようにFEC添加により，電極表面の堆積物が減少しており，50サイクル後においても堆積物下地のSi-LPの形状が確認できた。ここで，Si-LP粒子を注意深く観察しても割れは見られなかった。FEC由来の薄く均一な被膜によって電解液分解が抑制され，その結果として容量維持率が向上したと考えられる[10, 11)]。さらに，FEC添加によりインピーダンスの増加が抑制された結果とも一致している。

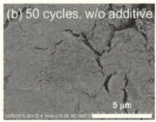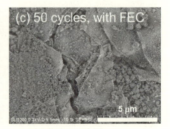

図4　鱗片状Si合材電極のSEM像：(a) サイクル前，(b) 添加剤なし電解液で50サイクル後，(c) FEC添加電解液で50サイクル後

4　充放電サイクルによる鱗片状Si電極の形態変化

　サイクル経過によるSi-LP電極の形態変化をより詳細に調べるために，断面SEM観察を行った。サイクル前の電極は，図5aに示すようにSi-LPがきれいに積み重ねられた構造をしてお

第 1 章　鱗片状アモルファス Si 粉末（Si LeafPowder®）の負極特性

り，電極厚みは 7.6 μm であった．添加剤なしの電解液で 50 サイクルの充放電を行った後では電極厚みが 32.0 μm となっており，充放電前と比較して 4.2 倍にも膨張していた（図 5b）．FEC を添加した場合では，50 サイクル後に 26.6 μm（サイクル前の 3.5 倍）に膨張していたものの，添加剤なしと比較すると電極膨張が抑制されていた（図 5c）．前述のように，FEC 添加により電解液分解が抑制されるために，Si-LP 間に堆積する分解物が減少し，電極膨張が抑制されたと考えられる[11]．

　電極膨張の原因をより詳しく探るために，図 6 に示すように 1，10 および 30 サイクル後の断面 SEM 観察も行った．サイクル前にはフラットな形状をしていた Si-LP 粒子が，1 回の充放電で波打つように変形していた（図 6a）．10 サイクル後にはさらに Si-LP が変形し，大きく曲がっていた（図 6b）．30 サイクル後では，電極全体が褶曲し，折重なるように変形していた（図 6c）．サイクル経過に伴う Si-LP 1 枚当たりの厚みを調べたところ，50 サイクル後にはサイクル前と比べて薄くなっており，60 nm であった．以上のことより，Si-LP 粒子は充放電サイクルとともに平面方向に伸展していると考えられる．しかし，Si-LP が電極水平方向に広がろうとしても，隣には別の Si-LP 粒子が存在しているため水平方向への動きが制限され，結果として電極垂直方向に曲がるように変形したと考えられる．サイクルを繰り返すごとに変形が進行し，Si-LP 同士が幾重にも折重なり，多層化した構造を形成していた．Si-LP 同士が絡み合うように変形するため，集電体からの活物質の脱落が抑制され，これが Si-LP 電極の優れたサイクル

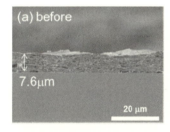 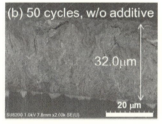 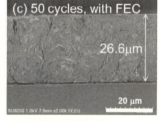

図 5　鱗片状 Si 合材電極の断面 SEM 像：(a) サイクル前，(b) 添加剤なし電解液で 50 サイクル後，(c) FEC 添加電解液で 50 サイクル後

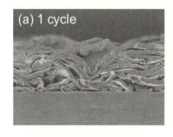 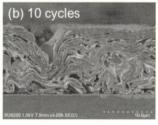 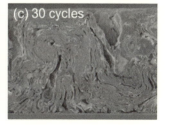

図 6　鱗片状 Si 合材電極のサイクル経過に伴う形態変化：(a) 1 サイクル後，(b) 10 サイクル後，(c) 30 サイクル後

特性の一因になっていると考えられる。ただし，Si-LPが曲がるように変形することで電極厚みが著しく増加することは，電池セルとしての応用を考えた場合に問題である。電解液へのFEC添加により電極膨張は抑制されるものの，Si-LPの実用化のためにはさらなる膨張抑制が必要である。

5 Siの酸化と充放電特性および電極形態変化への影響

Siの充放電時における体積変化は，Li-Si合金化反応に伴う本質的な現象であるため避けることができない。Siは充放電により約3倍の体積変化を生じるが，一部酸化したSiO$_x$では体積変化が純Siに比べ小さいことが知られている[7, 16, 17]。そこで，SiO$_x$の鱗片状粉末（SiO-LP）の作製を試みた。これに先立って，モデル電極として酸素含有量（x）を系統的に変化させたSiO$_x$薄膜を作製し，充放電特性およびサイクル経過による形態変化を調べた[18]。

SiO$_x$薄膜はRFスパッタ法を用いて銅箔上に成膜した。プロセスガスにはArとO$_2$を用い，O$_2$ガス流量を制御することにより酸素含有量（x）を変化させた。なお，酸素含有量（x = O/Si）はエネルギー分散型X線分析（EDX）により導出した。図7aにx = 0.02，0.48，1.09，1.78におけるSiO$_x$薄膜のサイクル特性を示す。x = 0.42の初回放電容量はx = 0.02（純Si）と同じであり，サイクル特性も純Siと同様の振る舞いを示した。x = 1.09および1.78の高酸素含有量試料では，初期放電容量の低下と引き換えに容量維持率が向上した。サイクル後のSEM観察から，高酸素含有SiO$_x$薄膜では表面の割れと電極膨張が抑制されていることが確認された。高酸素含有SiO$_x$では初回充電時にLi$_4$SiO$_4$が形成され，これが体積変化の緩衝相として働くことにより，電極の形態変化が抑制されるとともにサイクル特性が向上したと考えられる[17, 19]。

我々が通常使用しているSi-LPの酸素含有量（x）は約0.3であり，蒸着プロセスにおける残

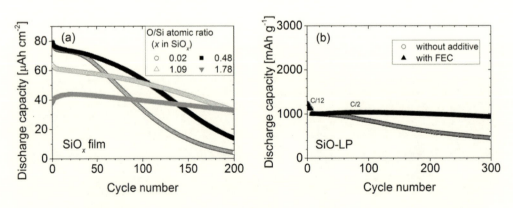

図7 (a) 酸素含有量（x）を変化させたSiO$_x$薄膜のサイクル特性，(b) 鱗片状SiO$_x$合材電極のサイクル特性

第1章 鱗片状アモルファスSi粉末（Si LeafPowder®）の負極特性

留酸素，および成膜後の表面酸化の影響が考えられる。酸素含有量を増やしたSiO-LPを作製したところ$x = 0.82$であった。このSiO-LP電極のサイクル特性を図7bに示す。初回放電容量は約1,200 mA h g^{-1}であり，標準Si-LPの半分程度であった。酸素含有量の増加により放電容量が低下した一方で容量維持率が向上し，300サイクル後において44.4%の容量を維持していた（添加剤なし）。さらに，FECを添加した場合には容量維持率が92.3%に大幅向上しており，優れたサイクル性能を有していた。50サイクル後におけるSiO-LP電極の断面SEM像を図8に示す。添加剤なしの場合，電極厚みは15.7 μmとサイクル前の2.0倍に増加したものの，標準Si-LPにおける4.2倍と比較すると電極膨張率が半分にまで抑制されていた。FEC添加によりさらに抑制され，電極膨張は1.6倍であった。SiO-LPは，優れたサイクル特性に加えて電極膨張も抑制されるため，実用負極材料として有望である。

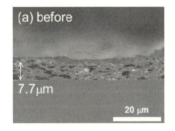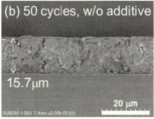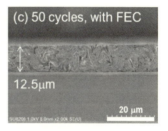

図8 鱗片状SiO$_x$合材電極の断面SEM像：(a) サイクル前，(b) 添加剤なし電解液で50サイクル後，(c) FEC添加電解液で50サイクル後

6 まとめ

鱗片状Si負極はその特徴的な形状に起因して優れたサイクル特性を有していた。また，繰り返しの充放電を行ってもSi-LP粒子に割れは見られなかった。サイクル経過によりSi-LPが折れ曲がるように変形し，Si-LP同士が絡み合った多層構造を形成していた。この形態変化によりSi-LP粒子が集電体から脱離することを防いでおり，優れたサイクル特性の一因になっていた。一部酸化したSiO$_x$の鱗片状粉末は放電容量が純Siに比べて低下するものの，サイクル特性が向上し，さらにサイクル経過による電極膨張も減少した。Si-LPを次世代のリチウムイオン電池用負極として実用化を考えた際には，さらなる電極膨張の抑制が重要である。これに対して，Si-LPの平面サイズを調整することにより，電極膨張を抑制できることが分かっている。また，Si-LP間への電解液の分解生成物が蓄積されることを防ぐことが，電極膨張抑制およびサイクル特性向上に重要であり，人工被膜の形成を目指している。

リチウムイオン二次電池用シリコン系負極材の開発動向

謝辞

　本研究で用いた鱗片状 Si は尾池工業㈱から供給頂いた物であり，同社の富田明氏，および竹中利夫氏に感謝の意を表します。実験結果等について有意義な議論を頂いた成蹊大学の齋藤守弘准教授，および同志社大学の土井貴之准教授に感謝致します。また，研究の一部は JST ALCA-SPRING および JSPS 科研費の支援を受けて行われました。

文　　献

1) R. A. Huggins, *J. Power Sources*, **81**, 13 (1999)
2) U. Kasavajjula *et al.*, *J. Power Sources*, **163**, 1003 (2007)
3) M. N. Obrovac and V. L. Chevrier, *Chem. Rev.*, **114**, 11444 (2014)
4) H. Kim *et al.*, *Angew. Chem. Int. Ed.*, **49**, 2146 (2010)
5) C. K. Chan *et al.*, *Nat. Nanotechnol.*, **3**, 31 (2008)
6) H. Wu and Y. Cui, *Nano Today*, **7**, 414 (2012)
7) J.-Y. Li *et al.*, *Mater. Chem. Front.*, **1**, 1691 (2017)
8) M. Saito *et al.*, *J. Power Sources*, **196**, 6637 (2011)
9) M. Saito *et al.*, *Solid State Ionics*, **225**, 506 (2012)
10) M. Haruta *et al.*, *Electrochimica Acta*, **224**, 186 (2017)
11) M. Inaba *et al.*, *Electrochemistry*, **85**, 623 (2017)
12) M. Haruta *et al.*, *Electrochimica Acta*, **267**, 94 (2018)
13) T. D. Hatchard and J. R. Dahn, *J. Electrochem. Soc.*, **151**, A838 (2004)
14) D. Aurbach *et al.*, *Electrochimica Acta*, **9**, 1423 (2002)
15) N.-S. Choi *et al.*, *J. Power Sources*, **161**, 1254 (2006)
16) T. Chen *et al.*, *J. Power Sources*, **363**, 126 (2017)
17) S. C. Jung *et al.*, *J. Phys. Chem. C*, **120**, 886 (2016)
18) M. Haruta *et al.*, *J. Electrochem. Soc.*, **166**, A258 (2019)
19) K. Yasuda *et al.*, *J. Power Sources*, **329**, 462 (2016)

第2章　切粉由来シリコンナノ粒子の負極応用

松本健俊[*]

1　はじめに

　太陽光発電や風力発電などの自然エネルギー発電は，気象条件により出力が大きく変動する。自然エネルギー発電が広く社会に受け入れられるためには，この出力の平滑化が鍵となる。また，電気自動車，プラグインハイブリッド車をはじめ，電動バイクや電動船，ドローンなどの電動移動体の幅広い社会実装が進むにつれて，航続距離のさらなる増加が期待されている。

　現在，リチウムイオン電池の負極には主に黒鉛が用いられ，この理論容量は372 mA h/gである。次世代二次電池用に，より高い理論容量をもつ負極材料として，シリコンが研究されてきた。シリコンは，3578 mA h/gと黒鉛の約10倍の理論容量をもつが，充放電時の体積変化が大きく，応力により剥離しやすい。また，イオン伝導性が低く，半導体であるため導電性も低い。これらの課題を解決するために，シリコンナノ材料を用いた負極の研究が盛んに行われてきた。150 nm以下のサイズのシリコンナノ粒子[1]，精密にサイズ制御したカーボンシェルで内包したシリコンナノ粒子[2]，ポーラスシリコン[3]などを用いることにより，シリコンの剥離を抑制できることが報告されている。また，導電性の向上のために，ナノカーボン導電助剤が添加され[4]，カーボン層によるシリコンナノ粒子の表面被覆[5]やグラフェンの添加[6]なども提案されている。しかし，シリコンナノ材料は高価なものも多く，シリコン負極の研究・開発が遅れる要因の一つとなっている。

2　シリコン切粉

　近年，安価なシリコンナノ材料としてシリコン切粉を用い，リチウム電池負極[5, 7~15]，熱電変換材料[16]，シリコンインゴットへの再生[17]や，セラミック粒子[18]などの原料として利用する研究が行われている。シリコン切粉は，シリコンウェハを作製する工程で，シリコンインゴットをスライスする時に発生する切り屑である。シリコン太陽電池用ウェハでは，ウェハの薄型化に伴い，インゴットの半分が切粉になる。シリコン切粉の発生量は，世界で年間約10万トンにもなるが，多くは産業廃棄物として扱われており，この利用法の研究・開発が行われている。インゴットのスライス方法には，遊離砥粒法と固定砥粒法がある。遊離砥粒法では，シリコンカーバ

　＊　Taketoshi Matsumoto　大阪大学　産業科学研究所　第2研究部門(材料・ビーム科学系)
　　　　半導体材料・プロセス研究分野　准教授

イド砥粒をクーラント中に分散させ，ワイヤーとインゴットの間にはさまった砥粒で，シリコンインゴットをスライスする。このため，シリコン切粉に多量に混入する砥粒を分離する研究も行われている[7,8]。一方，固定砥粒法では，ダイヤモンド砥粒がレジンやニッケル電着により固定されたワイヤーでスライスするので，砥粒はシリコン切粉にほとんど混入しない。その他の混入物として，クーラントやインゴットを最後までスライスするために貼り付ける支持板の切削粉末もある。以前は，グリコールベースのクーラントが主流であり，これを除去する研究も行われていたが[5,9~11,19]，近年，水ベースのクーラントが使用されるようになり，簡便な遠心分離機による水洗のみでシリコン切粉を利用できるようになった。支持板には，黒鉛や水酸化アルミニウムなどが使用される。黒鉛の場合は数%以下の混入量となり，水中でシリコン切粉と分離することも可能であるが，そのまま導電助剤にもなりうる。水酸化アルミニウムの場合は，塩酸中でワイヤー由来の1%程度の鉄と一緒に除去できる。支持板とインゴットの接着剤は，スライス後の水洗工程で除去できるものを用いており，シリコン切粉表面にもほとんど残存しない。

図1にシリコン切粉の（a）走査型電子顕微鏡（SEM）像と（b）（c）透過電子顕微鏡（TEM）像を示す。図1(a)では，1 μm～数百 nm のサイズのフレーク状のシリコン切粉が観察された。図1(b)では，積層したシリコンフレークは透けて見えており，他のTEM像の結果から1枚のフレークの厚さは～20 nm 以下であった。挿入図は，円で囲まれた場所での制限視野回折像で，シャープなスポットが観察されたことから，シリコンフレークはシリコン単結晶であることが分かる。図1(c)では，凝集したシリコンフレーク端周辺で10～20 nm のより小さなシリコンナノ結晶が多数観察された。シリコン切粉をビーズミルで粉砕すると，サイズは減少するが，格子像が見られることから，結晶構造が維持されることが分かっている。また，ビーズの粒子径を小さくしながら繰り返し粉砕していくと，シリコン切粉が球形に近づく傾向も見られている。

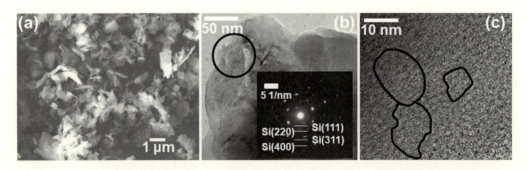

図1　シリコン切粉のSEM像（a），TEM像と電子線回折像（b）および高分解能TEM像（c）[9]

第2章　切粉由来シリコンナノ粒子の負極応用

3　シリコン切粉電極

3.1　シリコン切粉電極を用いたセルの作製

　シリコン電極は，シリコン切粉や，これをボールミルまたはビーズミルで粉砕したシリコンナノ粒子を用いて作製した。シリコン表面をアモルファスカーボン層でコートする場合は，エチレン雰囲気下では1000℃で[9,10]処理したが，アセチレン雰囲気下では800℃で[5]，メタンやメタンと二酸化炭素混合気体雰囲気下1000℃で[20,21]処理することもできる。カーボンコート量は，C/Si重量比で0.1とした。シリコンナノ粒子，導電助剤およびバインダーを重量比50：25：25で混練し，スラリーを作製した。導電助剤にはケッチェンブラックを，バインダーにはカルボキシルメチルセルロース（CMC）：ポリビニルアルコール（PVA）＝20：5を用いた。スラリーを銅箔上に塗工し，乾燥後，打ち抜き，真空加熱乾燥して，シリコン切粉電極とした。1Mの$LiPF_6$のEC：DEC＝1：1電解液を用い，薄く安定な固体電解質界面（SEI）を形成するために，フルオロエチレンカーボネート（FEC）を最もサイクル特性が良くなる10 wt%の濃度で添加した[10]。対極はリチウム箔とし，ポリエチレン製セパレータを用い，CR2032型コインセルでハーフセルを作製した。

3.2　シリコン切粉電極を用いたセルの特性

　1～5サイクル目は，結晶シリコンを十分にアモルファス化するために180 mA h/gで充放電を行い，6サイクル目以降は，1800 mA h/gで充放電を行った。ここでは，シリコンにリチウムを挿入する過程を充電，シリコンからリチウムが脱離する過程を放電とする。

　図2に，シリコン切粉電極のサイクル特性を示す[9]。1～5サイクル目では，電流密度が低く，

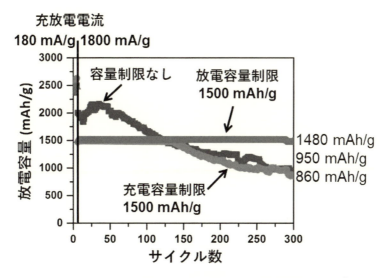

図2　シリコン切粉電極のサイクル特性の充放電容量制限依存性[9]

電流密度と抵抗の積で表される過電圧が低いが，より大きな電流密度を用いる 6 サイクル目以降では，過電圧により充放電容量が低くなる。0.01〜1.5 V のセル電圧範囲で十分に充放電を行うと，放電容量は，27 サイクル目から徐々に減少し，300 サイクル目では 950 mA h/g となった。また，6 サイクル目から 1.5 V での十分な放電と 1500 mA h/g で容量制限した充電を繰り返すと，放電容量は 138 サイクル目から同様に減少し，300 サイクル目では 860 mA h/g となった。一方，0.01 V での十分な充電と 1500 mA h/g で容量制限した放電を繰り返した場合は，290 サイクル目まで放電容量は 1500 mA h/g を維持し，300 サイクル目での放電容量は 1480 mA h/g と大きく改善された。

これまでに，炭素材料との複合体を利用してサイクル特性を向上させる研究も多く報告されている。10〜150 nm のサイズのシリコン切粉を粉砕して作製したシリコンナノ粒子，酸化グラフェンおよびポリアリルアミン塩酸塩をハイパワーボールミルで処理した複合体を用いると 150 サイクル目の放電容量は〜850 mA h/g で，容量保持率は〜65％であった[7]。0.1〜3 μm のサイズのシリコン切粉をグラフェンで内包化した複合体を用いると，50 サイクル目の放電容量は 1400 mA h/g で，容量保持率は〜80％であった[8]。300〜500℃で加熱した酸化グラフェンを用いると，グラフェンシートの凝集体に 0.3〜1 μm のサイズのシリコン切粉が内包化され，50 サイクル目の放電容量は 1200 mA h/g で，容量保持率は〜75％であった[12]。〜2 μm のサイズのシリコン切粉とポリエーテルエーテルケトン（PEEK）を一緒に加熱し，PEEK を炭化させると，50 サイクル目の放電容量は 2040 mA h/g で，容量保持率は〜70％であった[13]。

バインダーとシリコン切粉表面の親水化処理によるサイクル特性の向上の研究も報告されている。シリコン切粉表面を洗浄し，硫酸と過酸化水素水の混合溶液で酸化した後，ポリアクリル酸（PAA）バインダーを用いることにより，200 サイクル目の放電容量が 2640 mA h/g で，容量保持率が〜80％と良好なサイクル特性を示すとの報告もある[11]。

Si と SiC 砥粒が混在している電極の特性も報告されている。FEC 添加やプラズマカーボンコートにより，200 サイクル目の放電容量が 1100 mA h/g で，容量保持率は〜85％であった[14]。Si，SiC および NiO を N_2 希釈した 3％ H_2 雰囲気下にて 500〜700℃で加熱して作製した複合体では，100 サイクル後の放電容量は 650 mA h/g であったが，2 サイクル目で放電容量がほぼ半減し，容量保持率は〜55％であった[15]。このように，SiC 砥粒を除去した方が，シリコン切粉負極の容量が向上する。

3.3　充放電曲線の解析による反応メカニズムの解明[9]

シリコン電極の充放電曲線は，溶融塩中での充放電曲線[22]のようにきれいなプラトーが見られるわけではないが，主に傾きの異なる直線から成る（図 3）。この傾きの違いから 9 領域に分割でき，さらに，シリコン電極に関するこれまでの報告[23〜28]からシリコンの反応領域は大まかに 5 領域にまとめられる。

第2章 切粉由来シリコンナノ粒子の負極応用

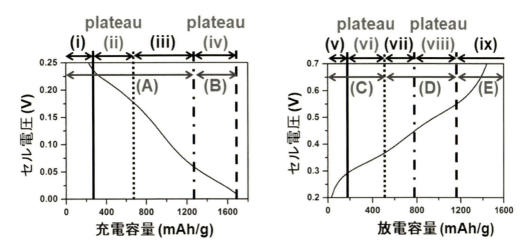

図3 0.01～1.5 V のセル電圧範囲で充放電した時のシリコン切粉電極の充放電曲線[9]

＜充電過程＞
 領域 A：a-Si → a-Li$_{2.5}$Si
 領域 B：a-Li$_{2.5}$Si → c-Li$_{15}$Si$_4$（最外層）
   a-Li$_{2.5}$Si → a-Li$_x$Si（2.5＜x＜3.75）

＜放電過程＞
 領域 C：a-Li$_x$Si（2.5＜x＜3.75）→ a-Li$_2$Si
 領域 D：c-Li$_{15}$Si$_4$ → a-Li$_2$Si
   a-Li$_2$Si → a-Li$_x$Si（0＜x＜2）
 領域 E：a-Li$_x$Si（0＜x＜2）→ a-Si

このモデルを図4に示した。充電過程では，領域 A で a-Li$_{2.5}$Si が生成し，領域 B ではリチウムがシリコン表面から挿入されるので最外層に安定な c-Li$_{15}$Si$_4$ が，内部に a-Li$_x$Si（2.5＜x＜3.75）が生成する。放電過程では，領域 C で内部の a-Li$_x$Si（2.5＜x＜3.75）からリチウムの脱離が始まる。領域 D で安定な c-Li$_{15}$Si$_4$ からのリチウムの脱離が始まり，内部の a-Li$_2$Si からもリチウムが脱離する。領域 E で a-Li$_x$Si（0＜x＜2）からリチウムがさらに脱離し，a-Si となる。したがって，放電過程では，領域 C～D でシリコンの最表面が安定な c-Li$_{15}$Si$_4$ 層で被覆されているので，見かけ上，シリコンのサイズはほとんど変わらないと考えられる。

シリコン電極の充放電容量を変化させた実験では，図2に示すように十分に充電した後に放電容量制限をした場合に，最もサイクル特性が向上した。これは，最外層に安定な結晶層が存在する領域 B～D で充放電を行い，シリコンの見かけの体積変化が小さく，シリコンの剥離や粒子間接触の劣化が起きにくかったためと考えられる。

各領域での充放電容量や各領域境界でのセル電圧変化（図5）も同様な結論を示唆してい

15

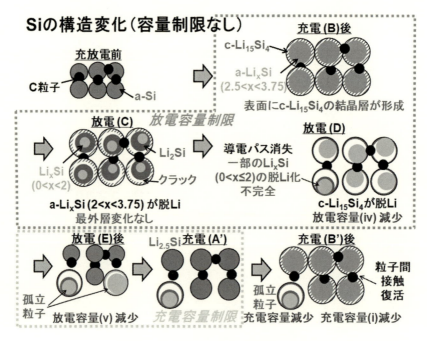

図4　シリコン切粉電極の反応モデル[9]

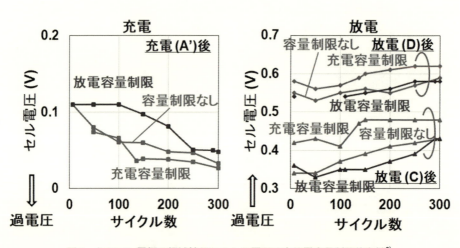

図5　シリコン電極の領域境界でのセル電圧の充放電容量制限依存性[9]

る[9]。例えば，図5では，充電過程におけるA'とB領域の境界のセル電圧を示し，セル電圧が高い程，過電圧が小さいことを意味する。放電容量制限のセル電圧が最も高く，容量制限なし，充電容量制限の順にセル電圧が低下している。一方，放電過程では，CとDおよびDとEの領域の境界でのセル電圧を示し，セル電圧が低い程，過電圧が小さくなることを示唆する。いずれの領域境界でも，放電容量制限および容量制限なしの時のセル電圧が低く，充電容量制限の時の

第2章 切粉由来シリコンナノ粒子の負極応用

セル電圧がより高い。この結果は，十分に充電した時に粒子間接触が復活し，放電容量制限をすることにより粒子間接触の劣化が抑制されていることが分かり，図4のシリコンの反応モデルと一致する。

3.4 炭素材料を用いたシリコン切粉電極の特性向上

炭素材料は，半導体であるシリコンの低い導電性を補うために，アセチレンブラックやケッチェンブラックなどの導電助剤を添加する。また，シリコン切粉表面に均一なアモルファスカーボン層をコートし（図6(a)），充放電を行うと，充電過程でシリコンが膨張し，新しいシリコン表面が露出し，隣接するシリコン粒子同士が融着した構造がTEMで観察される（図6(b)）。また，暗いしわ状の構造も見られるが，これは，エネルギー分散型X線分析（EDX）により，シリコンやカーボンが高密度で存在するネットワーク構造を形成していることが明らかになっている[5,9]。この構造は，シリコン電極の機械的強度を高める効果もあると考えられている。メタンと二酸化炭素の混合気体中で形成したカーボン層は，結晶性が高く，これを構成するグラフェンシートがすべりやすいため，カーボン層が充放電中のシリコンの体積変化に追随して，より内包化しやすいとの報告もある[20,21]。

炭素材料でシリコンを内包化する構造を用いれば，導電性の向上だけでなく，シリコンの剥離や電解液中への拡散を抑制する効果も期待できる。ただ，炭素材料とシリコン間の接触を維持する工夫も必要となる。球状シリコンナノ粒子では，カーボンシェルでシリコンを被覆するようなYolk-Shell構造が報告されているが，シリコンの体積変化を考慮した炭素材料およびシリコンの精密な材料形状の制御技術が必要で，サイズ分布のあるシリコン切粉には必ずしも適してはいない[29,30]。グラフェンや酸化グラフェンを用いる報告も多く，これらが必ずしも平坦なシートになる訳ではなく，処理方法によってはしわが寄ることも多い[12]。一方，炭素材料-シリコン間の密着性と柔軟性を高めたバインダー分子の設計も報告されている。切粉ではないがシリコン粒子電極を用い，120サイクル目で4.2 mA h/cm^{2}と良好なサイクル特性と高い単位面積あたりの放

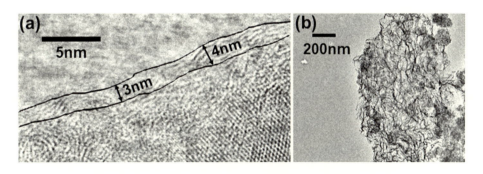

図6 カーボンコートしたシリコン切粉電極の充放電前（a）と100サイクル充放電後（b）のTEM像[10]

© Elsevier 2017.

電容量を示しており，シリコン切粉への応用も期待できる[6]。

4 おわりに

シリコン切粉は，太陽光発電の広がりに伴い，産業廃棄物として大量に処理されている。一方で，電力需給の大きな課題となっている太陽光発電などの出力平滑化の切り札として，シリコン負極を用いた高容量リチウムイオン電池が期待される。シリコン切粉の清浄化も，スライス工程の改良により，大きく進展してきた。より効率的な物質循環を実現し，シリコン切粉をエネルギー材料として使いこなす研究・開発は，化石燃料の枯渇や地球温暖化を抑制するために極めて重要である。近年，シリコン負極のサイクル特性が大きく改善される結果が，報告されるようになってきた。シリコン切粉負極を用いたリチウムイオン電池を広く社会実装するためには，さらなるサイクル特性の改善や厚いシリコン負極を低コストで実現することが鍵となる。フレーク状のシリコン切粉を活かすと同時に充放電中のシリコンの形状変化に追随するような炭素・高分子材料との複合体を安価に作製する必要があり，このためにはシリコン切粉電極の反応メカニズムを解明することも忘れてはならない。

文　　献

1)　C.-Y. Chen *et al.*, *Sci. Rep.*, **6**, 36153（2016）

2)　N. Liu *et al.*, *Nat. Nanotech. Lett.*, **9**, 187（2014）

3)　C. Shen *et al.*, *Sci. Rep.*, **6**, 31334（2016）

4)　U. Kasavajjula *et al.*, *J. Power Sources*, **163**, 1003（2007）

5)　T. Kasukabe *et al.*, *Sci. Rep.*, **7**, 42734（2017）

6)　T. Zheng *et al.*, *Polymers*, **9**, 657（2017）

7)　Q. Bao *et al.*, *Elelctrochem. Acta*, **173**, 82（2015）

8)　H. D. Jang *et al.*, *Sci. Rep.*, **5**, 9431（2015）

9)　K. Kimura *et al.*, *J. Electrochem. Soc.*, **164**, A995（2017）

10)　T. Matsumoto *et al.*, *J. Alloys Compd.*, **720**, 529（2017）

11)　L. Zhang *et al.*, *J. Mater. Chem. A*, **3**, 15432（2015）

12)　S. K. Kim *et al.*, *Sci. Rep.*, **6**, 33688（2016）

13)　K.-F. Chiuai *et al.*, *Mater. Sci. Eng. B*, **228**, 52（2018）

14)　B.-H. Chen *et al.*, *J. Power Sources*, **331**, 198（2016）

15)　T.-Y. Huang *et al.*, *ACS Sutain. Chem. Eng.*, **4**, 5769（2016）

16)　G. Mesaritis *et al.*, *J. Alloys Compd.*, **775**, 1036（2019）

17)　T. Y. Wang *et al.*, *J. Cryst. Growth*, **310**, 3403（2008）

第 2 章　切粉由来シリコンナノ粒子の負極応用

18)　Y. Li *et al.*, *Ceram. Int.*, **44**, 5581（2018）

19)　M. Vazquez-Pufleau *et al.*, *Ind. Eng. Chem. Res.*, **54**, 5914（2015）

20)　I. H. Son *et al.*, *Nat. Commun.*, **6**, 7393（2015）

21)　I. H. Son *et al.*, *Small*, **12**, 658（2016）

22)　S.-C. Lai, *J. Electrochem. Soc.*, **123**, 1196（1976）

23)　M. R. Zamfir *et al.*, *J. Mater. Chem. A*, **1**, 9566（2013）

24)　L. Liu *et al.*, *Sci. Rep.*, **4**, 3863（2013）

25)　X. H. Liu *et al.*, *Nano Lett.*, **11**, 2251（2011）

26)　J. Li *et al.*, *J. Electrochem. Soc.*, **154**, A156（2007）

27)　N. Aoki *et al.*, *ChemElectroChem*, **3**, 959（2016）

28)　M. Gu *et al.*, *ACS Nano*, **7**, 6303（2013）

29)　Y. Ru *et al.*, *RSC Adv.*, **4**, 71（2014）

30)　N. Liu *et al.*, *Nat. Nanotech. Lett.*, **9**, 187（2014）

第3章 レーザ照射による廃シリコン粉末からの マイクロピラー形成とその負極特性

閻　紀旺[*]

1　はじめに

　近年，携帯型電子機器の消費電力の増加や電気自動車，スマートハウスなどへの応用に伴い，リチウムイオン電池の高容量化が求められている。そのため従来の炭素負極の代わりに高容量化の見込めるシリコン（以下Siと記す）負極の研究が進められている[1]。従来の炭素材料の理論容量が372 mA h/gであるのに対し，Siの理論容量は約4200 mA h/gと10倍近く高い。しかし，Si負極の課題として体積膨張が挙げられる。従来の炭素負極がリチウムイオン格納時に約1.1倍程度体積が膨張するのに対し，Si負極ではおよそ3倍以上に体積が膨張する。これにより，充放電を繰り返すと集電体上のSi薄膜が剥離・崩壊してしまう。そのため，炭素負極に比べSi負極は劣化が早くなり，電池としての寿命が短くなってしまうという問題がある。この問題を解決するため，ナノポーラスSiを用いた負極[2]やSiナノワイヤを用いた負極[3]，そしてナノ構造Siとカーボンナノチューブとの複合負極[4~7]などの研究が行われている。しかし，いずれの場合も原料であるナノ構造Siは生産コストが高く，また電池寿命が依然として短いなど実用化において課題が多く残されている。

　一方，半導体デバイスや太陽光パネルの生産において，Siインゴットをウエハへと切断する段階で，切りくずとしてSi粉末が大量に発生する。そのSi粉末は不純物を含むことからインゴットにして再利用されることはなく，廃棄されているのが現状である。そのため，莫大なエネルギーを消費して製造したSiインゴットの約半分は粉末として廃棄されてしまうことになる。

　以上の2つの背景より，エネルギーや資源の無駄をなくすため，筆者らの研究グループは2012年より廃Si粉末をリチウムイオン電池負極の製造に再利用する研究を展開してきた。これまでに，Si体積膨脹に対して緩和効果のあるポーラス構造を形成させるため，廃Si粉末の高精度プレス成形技術を用いた多孔質電極の製作や，集光した赤外線を用いた廃Si粉末・銅粒子複合膜の高速焼結などを試みてきた[8, 9]。また，電極の機械的強度および導電性向上のため，カーボンナノファイバ（CNF）を廃Si粉末に添加し，レーザ焼結技術を用いてネットワークとポーラス構造を併せ持ったSi/CNF複合膜の創製に成功し，Siの体積変化による電極劣化を防ぐことを可能にした[10, 11]。さらに，銅箔表面に塗布した廃Si粉末へのレーザ照射によるSiマイクロピラーの形成技術を開発し，リチウムイオン電池負極製造へ応用した[12, 13]。

　＊　Jiwang Yan　慶應義塾大学　理工学部　機械工学科　教授

第3章　レーザ照射による廃シリコン粉末からのマイクロピラー形成とその負極特性

　本章では，レーザ照射による Si マイクロピラーの形成過程において，粉末の塗布膜厚を変化させることで Si マイクロピラーの大きさを制御する技術について述べる。また，異なる大きさの Si マイクロピラーを用いた Si 負極の電気化学特性を実験によって検証し，繰り返し充放電による Si マイクロピラーの形態変化を解明した。

2　廃 Si 粉末の形成

　Si ウエハは現在，集積回路やトランジスタなどの半導体デバイスおよび太陽電池の生産に用いられている。図1に示すように，通常，Czochralski 法（CZ 法）などによって製造された Si インゴットをワイヤーソーや内周刃切断機などにより薄く切断して Si ウエハが製造されている。切断工程でワイヤ幅分の材料が切りくずとして排出され，材料ロスとなる。現在の切断技術レベルでは，切断ロスがおよそ50％であり，すなわち Si インゴット体積の約半分が材料ロスとなってしまう。このように大量発生している Si 粉末は，砥粒などの不純物を含むことからインゴット生産へと再利用されることはなく，廃棄されているのが現状である。

　一例として，図2に今回使用した廃 Si 粉末の粒径分布の計測結果を示す。廃 Si 粉末は粒径がサブミクロンから数十ミクロンまでと幅広く分布しており，平均粒径は約 6 μm である。また，図3に廃 Si 粉末の走査電子顕微鏡（Scanning Electron Microscope：SEM）写真を示す。切りくずは不規則な形状を有しており，10 μm を超える大きいものと 1 μm 以下の小さいものが混在していることから，Si 切断時のワイヤーソーの仕様や切断条件によって切りくずの大きさが著しく変化することが示唆されている。図4に，廃 Si 粉末の X 線回折（X-ray Diffraction：XRD）スペクトルを示す。様々な結晶方位をもつ Si 結晶が観察されており，単結晶 Si がワイヤーソーの切断作用により異なる大きさと結晶方位をもつ Si 粒子へと破砕されていることが示されている[14]。

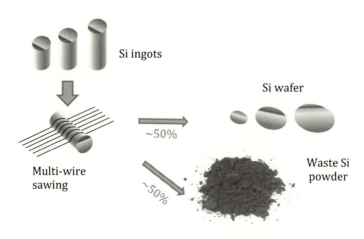

図1　半導体製造プロセスにおける廃 Si 粉末の形成

リチウムイオン二次電池用シリコン系負極材の開発動向

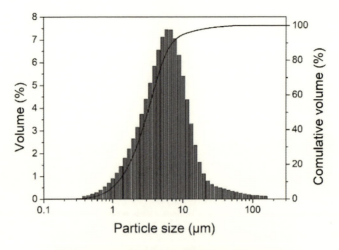

図2　廃Si粉末の粒径分布一例

図3　廃Si粉末のSEM写真

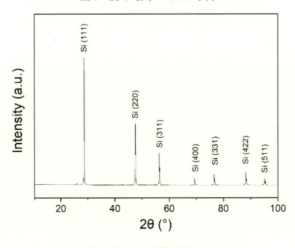

図4　廃Si粉末のX線回折スペクトル

3 Si マイクロピラーの形成原理と大きさ制御

本研究では，上述の廃 Si 粉末へのレーザ照射を行い，集電体表面に Si マイクロピラーを形成させることで Si 負極を製作する。具体的には，導電助剤としてアセチレンブラックおよびバインダーとしてポリイミドを加えた廃 Si 粉末を集電体としての銅箔表面に塗布し，乾燥した後にレーザ照射を行う。混合粉末にレーザを照射すると，最表面の粒子が加熱され，融点を超えると溶融する。液相となった粒子は周囲の粒子を取り込みながら沈殿していき，凝集しつつ銅箔に達する。また，アセチレンブラックはレーザ照射により燃焼および気化し，高圧のプラズマとなる。そのプラズマからの圧力により，液相 Si はその周辺から押されて細長く成長していく。そして液相 Si が再凝固することにより，Si マイクロピラーが形成される[12]。

Si マイクロピラーは周りに十分な空間が存在するため，図 5 に示すように，充電時の Si の体積膨脹を緩和あるいは吸収することができる。そのため，電極の破壊を防止することが可能であり，Si 負極のリチウムイオン電池の長寿命化に寄与できると考えられる。また，Si マイクロピラーが細いほど Si の体積膨脹が小さいため，より小さな Si マイクロピラーを効率よく生成することが重要であると考えられる。

Si マイクロピラーの形状や大きさはレーザ照射条件によってある程度制御可能である[12,13]。一方で，レーザ照射時のエネルギー消耗および電極の生産性の観点から，混合粉末を銅箔へ塗布する際に塗布膜厚を小さくすることによって Si マイクロピラーの微小化が実現できればメリットが大きいと考えられる。図 6 に，混合粉末の塗布膜厚による Si マイクロピラー形成メカニズムの違いを模式的に示している。塗布膜厚が小さい場合（図 6(a)），塗布膜厚が大きい場合（図 6(b)）に比べてより少ないエネルギーで Si 粒子を溶融させ，銅箔と結合させることができる。また，液相となった粒子が周囲の粒子を取り込みながら沈殿していくとき，凝集が少なくなるため，より細い Si ピラーの形成が可能であると考えられる。

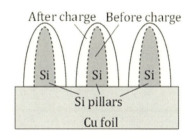

図 5　ピラー構造による Si 体積膨脹の吸収・緩和メカニズム

リチウムイオン二次電池用シリコン系負極材の開発動向

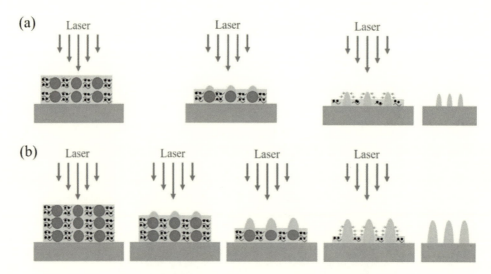

図6　塗布膜厚によるSiマイクロピラー大きさの制御

4　実験装置と方法

廃Si粉末にアセチレンブラックとポリイミドを75：10：15の質量比でボールミルにより混合し，有機溶媒NMP（N-メチルピロリドン）を加えスラリ状にした。混合したスラリを厚さ50 μmの銅箔表面に均一に塗布し，210℃で30分の乾燥を行った。塗布膜厚は8 μm，13 μm，20 μmの3種類にした。銅箔はリチウムイオン電池の負極の集電体，アセチレンブラックは導電助剤，ポリイミドはバインダーとして用いられており，レーザ照射後そのままリチウムイオン電池の負極として評価実験に用いた。

レーザ照射実験には，波長532 nm，パルス幅48.4 nsec，繰返し周波数10 kHz，ポット径85 μm（ガウス分布）のNd:YAGレーザ第2高調波を用いた。図7にレーザ照射システムの概略図を示す。膜厚8 μmの試料に対してレーザフルエンスを529 mJ/cm^{2}に設定し，膜厚13 μm，20 μmの試料に対して1057 mJ/cm^{2}に設定して実験を行った。レーザ走査速度を1 mm/sとしてライン照射および面照射を行った。面照射時のライン間隔を57 μmとした。なお，特殊雰囲気を使用せず，大気中でレーザ照射を行った。

レーザ照射後，形成されたSiマイクロピラーに対してSEMによる表面観察とレーザ顕微鏡による寸法測定を行った。また，充放電試験後のSiマイクロピラーに対してもSEM観察，そしてエネルギー分散型X線分析（Energy Dispersive X-ray Spectrometry：EDX）による元素分析を行った。

電池性能評価のため，対極にはリチウム金属箔，セパレータにはポリプロピレン（厚さ20 μm）を用いてHSフラットセルを作製した。電解液はエチレンカーボネート（EC）とジエチルカーボネート（DEC）の混液（体積比1：1）を使用した。リチウム金属箔は負極に対してリチ

第3章　レーザ照射による廃シリコン粉末からのマイクロピラー形成とその負極特性

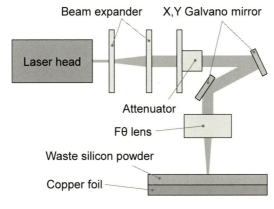

図7　レーザ照射システムの概略図

ウムを無尽蔵に有しており，負極の容量を上限まで評価することができる。製作したSiマイクロピラー負極に対して電解液への浸透を十分に行った後に充電・休止・放電・休止の4ステップを1つのサイクルとし，100サイクル実験を行った。なお，充放電時の下限電圧は0.01Vとした。

5　結果および考察

5.1　塗布膜厚によるピラー大きさ制御

図8に，混合粉末の塗布膜厚が8 μm，13 μm，20 μmのときのレーザ照射（ライン照射）後の試料表面のSEM写真を示す。いずれの場合も数多くのSiマイクロピラーが銅箔表面に形成されている。塗布膜厚の増加にしたがってマイクロピラーの大きさが増加するが，単位面積当たりのピラー本数は減少している。各塗布膜厚におけるピラー根本部分の直径の平均値を図9に示す。塗布膜厚が8 μm，13 μm，20 μmのときのピラー直径は，それぞれ4 μm，6 μm，8 μmであった。このことから，混合粉末を銅箔へ塗布する際に塗布膜厚を小さくすることによってSiマイクロピラーの微小化が可能であることが実証された。

5.2　負極の電気化学特性

放電レートが0.1 C，0.2 C，0.5 C，1.0 Cの各条件におけるSiピラー負極の放電特性を図10に示す。最初のサイクルにおいて，塗布膜厚8 μm，13 μm，20 μmの負極のクーロン効率はそれぞれ79.9％，79.4％，75.7％であったが，その後のサイクルではいずれも97％まで増加した。最初のサイクルのクーロン効率の低下は，負極の表面積率が大きいため多くのリチウムイオンが固体電解液相間（SEI）膜に吸蔵された結果であると考えられる[15]。また，図10から，塗布膜厚の減少にしたがって放電容量が大幅に増加していることがわかる。塗布膜厚8 μmの負極

リチウムイオン二次電池用シリコン系負極材の開発動向

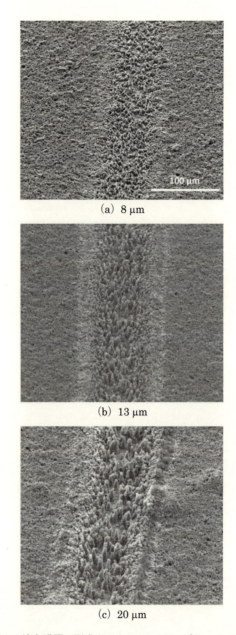

(a) 8 μm

(b) 13 μm

(c) 20 μm

図8　異なる塗布膜厚で形成された Si マイクロピラーの SEM 写真

は塗布膜厚 20 μm の負極に比べて放電容量が約 2 倍になった。

　図 11 に，放電レート 0.1 C の条件で得られた各負極のサイクル特性を示す。各負極間で放電容量に大きな差が見られ，塗布膜厚 8 μm の負極の放電容量が最も大きくなっている。一方で，いずれの電極においてもサイクル数が増えるにしたがって放電容量は減少し，50 サイクル前後になるとほぼ半減した。また，サイクル数の増加に伴って各負極の放電容量の差も減少した。

第 3 章　レーザ照射による廃シリコン粉末からのマイクロピラー形成とその負極特性

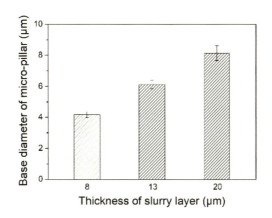

図 9　塗布膜厚と Si ピラー直径の関係

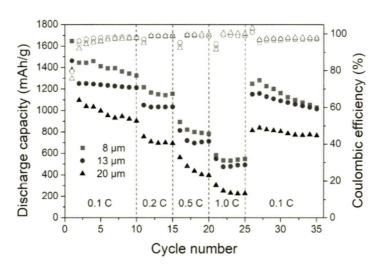

図 10　Si ピラー負極の放電レート特性

100 サイクル後の可逆容量は，塗布膜厚 8 μm，13 μm，20 μm の順で 545 mA h/g，453 mA h/g および 385 mA h/g となった。

　以上の結果から，Si マイクロピラーの大きさが放電容量に対する影響が確認された。その原因として，ピラーを小さくすることで次の 3 つの効果が得られているためであると考えられる。
（1）　Si の体積膨張が抑えられてピラーの割れが発生しにくくなる
（2）　ピラーと電解液との接触面積が増加し，リチウムイオンを吸蔵しやすくなる
（3）　リチウムイオンの拡散経路が短くなる

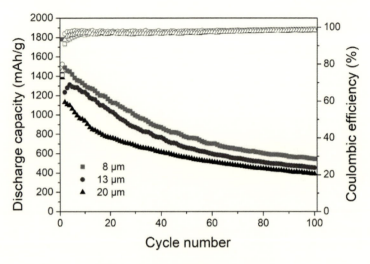

図11 Siピラー負極のサイクル特性

5.3 充放電による負極形態の変化

　サイクル数の増加による放電容量減少の原因を調査するために，充放電によるSiピラーの形態変化を観察した。図12は，サイクル数1，5，35および100において塗布膜厚13 μmの負極の上面，45°傾斜および側面から撮影したSEM写真である。5サイクルまではピラーが独立しており，充放電によるSiの形状変化が顕著ではなかった。一方で，電極と電解液の還元反応により電極表面にSEI膜が形成されているように見受けられる。35サイクル後，隣り合う数本のピラーが繋がり，不規則な島形状が現れた。そして100サイクル後，島の間隔が縮まり，電極表面はほぼ平らになった。また，電極表面に網模様の亀裂が形成されており，放電時のSi収縮によるものであると考えられる。類似な亀裂発生現象はSiナノ粒子やナノワイヤを用いた負極でも報告されている[16, 17]。

　しかし図12(c)の側面図から，100サイクルの充放電後でもSi層と銅箔表面が結合しており，剥離は観察されていなかった。これは，導電性接着剤（ポリイミド）がSi/Cu界面に存在している，あるいはSi/Cu間に高温界面拡散[18]が発生しているためであると考えられる。この強力なSi/Cu界面結合の形成はSiピラー負極の1つの特徴であり，Siナノ粒子やナノワイヤを用いた負極よりも電池の長寿命化に寄与すると考えられる。

　図13に，塗布膜厚8 μmの電極でのサイクル数の増加に伴うSi層厚さの変化を示す。5サイクルからSi層の厚さが増加し始め，100サイクル後は約4倍となった。この厚さの増加は，充電によるSi材料の体積膨張と持続的なSEI膜の形成が原因であると考えられる。したがって，Si体積膨張とSEI膜成長を定量的に予測することにより，さらに多数の充放電を行っても割れないSiピラー負極の最適化設計が可能であると考えられる。

第3章　レーザ照射による廃シリコン粉末からのマイクロピラー形成とその負極特性

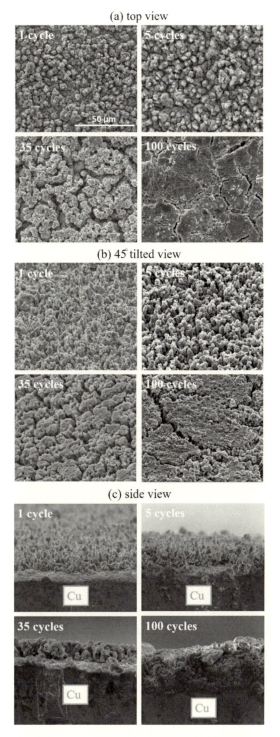

図12　サイクル数の増加による負極の形態変化

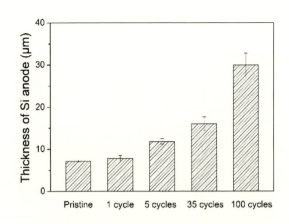

図13 サイクル数の増加によるSi層厚さの変化

5.4 充放電後の電極成分

図14に，100サイクル充放電後のSi電極表面のEDXスペクトルおよび元素マッピングの結果を示す。O，C，Si，Al，F，CuおよびPなどの元素が検出された。O，C，SiおよびFはLi_2CO_3や$(CH_2OCO_2Li)_2$，LiFなどのSEI膜の成分[19]と一致することから，SEI膜の形成が顕著であることが裏付けられた。AlとCuは集電体である銅箔に由来するものであり，Pは電極表面に電解液が残留している結果であると考えられる。

以上の結果より，Siピラー負極の充放電による内部構造の変化を図15に模式的に示している。最初の数サイクルにおいてSi体積膨張が発生してもピラー形状が維持する。これはピラーの間に空間が存在するためである。その後，SEIの成長によりピラー間の隙間が縮小し，島形状が形成される。サイクル数がさらに増大するとSEI膜が持続的に成長していき，電極表面が平らになると同時に厚さも増大していく。このSEI膜の蓄積がリチウムイオンの移動を阻害するため，電極の放電容量の低下を引き起こしていると考えられる。

5.5 充放電後の負極形態における塗布膜厚の影響

100サイクル充放電後の各Si電極表面のSEM写真を図16に示す。いずれの電極表面も平らになっており，亀裂の発生も確認できる。しかし，塗布膜厚が小さい場合の電極の表面亀裂は小さく，少なくなっていることがわかる。これは，Siピラーの微細化によって充電時の体積膨張が小さくなり，亀裂の発生が抑えられたと考えられる。

第 3 章　レーザ照射による廃シリコン粉末からのマイクロピラー形成とその負極特性

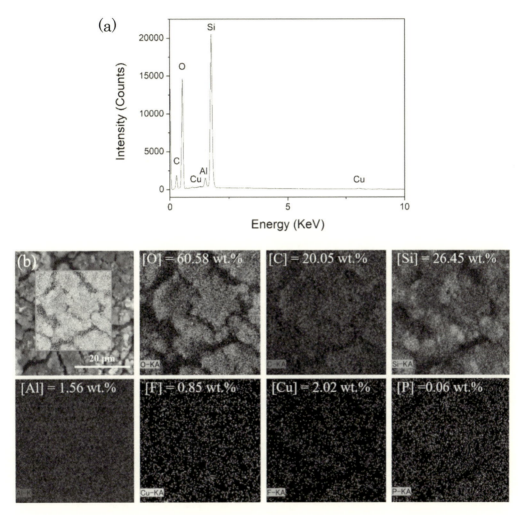

図 14　100 サイクル後の Si 負極表面の EDX 分析結果：(a) スペクトル，(b) 元素マッピング

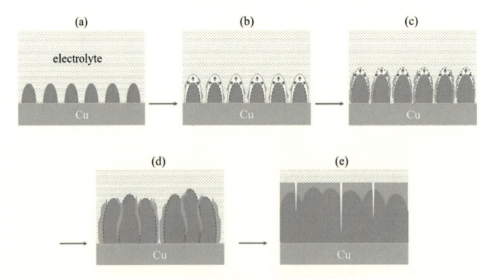

図15　サイクル数の増加による電極内部構造の変化

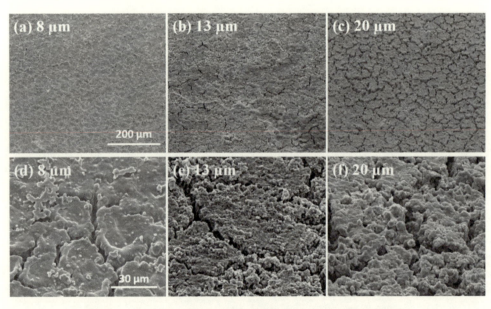

図16　100サイクル後のSi負極表面形態に現れる塗布膜厚の影響

6　おわりに

　半導体デバイスや太陽電池の製造プロセスで大量に発生する廃Si粉末を主原料としたリチウムイオン電池負極の開発について述べた。銅箔表面へ塗布された廃Si粉末へのパルスレーザ照射によりSiマイクロピラーが形成され，塗布膜厚を薄くすることでSiピラーを微小化させるこ

第 3 章　レーザ照射による廃シリコン粉末からのマイクロピラー形成とその負極特性

とができることを明らかにした。さらに，本技術で試作した Si 負極の充放電試験を行い，リチウムイオン電池の容量と内部構造の変化を確認した。

　本技術は産業廃棄物である廃 Si 粉末を電極製造に再利用するため，省資源，省エネ，低コストの生産技術として優位性がある。また，ピラー構造を用いることで Si の体積膨張を吸収・緩和すると同時に，ピラーと銅箔の間に強固な界面結合を形成させることで Si 層の剥離を防ぎ，電池の長寿命化が可能である。さらに，製造方法として高速レーザスキャンを用いることで高い生産能率と大面積電極シートの製造を実現できる。今後は開発した Si マイクロピラーをリチウムイオン電池負極として使用する際の電池性能のさらなる向上のため，廃 Si 粉末の前処理や銅箔へ薄く塗布する技術，そして Si ピラーをアモルファス構造に制御する技術などについて研究を深め，本技術の実用化に向けて取り組んでゆく予定である。

文　　　献

1)　M. Thakur *et al.*, *Sci. Rep.*, **2**, 795（2012）
2)　S. R. Gowda *et al.*, *Nano Lett.*, **12**, 6060（2012）
3)　C. Chan *et al.*, *J. Power Sou.*, **189**, 34（2009）
4)　H. Habazaki *et al.*, *Electrochem. Commun.*, **8**, 1275（2006）
5)　L. Cui *et al.*, *ACS Nano*, **4**（7）, 3671（2010）
6)　J. Y. Howe *et al.*, *J. Pow. Sour.*, **221**, 455（2013）
7)　S. L. Chou *et al.*, *J. Phys. Chem.*, **114**, 15862（2010）
8)　城所貴博，閻　紀旺，砥粒加工学会誌，**59**（1）, 23（2015）
9)　J. Yan and K. Okada, *CIRP Ann. Manuf. Technol.*, **65**, 217（2016）
10)　岩渕友樹，閻　紀旺，2014 年度精密工学会春季大会学術講演会講演論文集，p.193（2014）
11)　Y. Iwabuchi and J. Yan, *Appl. Phys. Exp.*, **8**, 026501（2015）
12)　J. Yan *et al.*, *CIRP Ann. Manuf. Technol.*, **66**, 253（2017）
13)　野口　淳ほか，2017 年度精密工学会春季大会学術講演会講演論文集，p.455（2017）
14)　T. Suzuki *et al.*, *Prec. Eng.*, **50**, 32（2017）
15)　Y. Jin *et al.*, *Adv. Energy Mater.*, **7**（23）, 1700715（2017）
16)　S. W. Lee *et al.*, *Nano Lett.*, **11**（7）, 3034（2011）
17)　L. Leveau *et al.*, *J. Power Sources*, **316**, 1（2016）
18)　S. H. Corn *et al.*, *J. Vac. Sci. Technol. A Vac. Surf. Films*, **6**（3）, 1012（1988）
19)　V. Etacheri *et al.*, *Langmuir*, **28**（1）, 965（2011）

第4章　シリコン（Si）系負極材料の開発に向けた エルケムシルグレインの開発

江原祥隆[*1]，吉澤啓典[*2]

1　はじめに

　近年，世界中で電気自動車（EV）の開発が注目を浴びており，航続距離向上のため高容量二次電池の開発競争が盛んである。中でも高出力密度を有するリチウムイオン二次電池が最有力候補で，高容量，高寿命に加え過酷な環境下での安全性確保のための研究開発が急速に高まっている。高容量化のための負極の改良が多々考案されているが，最も注目される負極材料はSi系である。その理由は，Siは最大で4200 mA h/gと黒鉛の10倍程度の理論容量を持つからである。

　現在開発されるSi系は，純粋なSiと一酸化ケイ素（SiO）が代表的であるが，本稿では純Siに関して述べる。Siはアルミ，セラミクス，太陽光発電，半導体，シリコーンなど様々な産業で使用される基幹素材である。エルケム社は約85年にわたり世界中の市場に安定した品質のSiを供給してきたリーディングカンパニーであり，またSi製錬の連続製造を可能とした「ゼーダーベルク式電気炉」を開発した会社でもある。

　新しい市場として有望な負極材に関して，従来の分野とは異なりSi原料自身に様々な機能性が要求されてきている。本稿では，一般的な冶金級シリコン製造方法を解説し，エルケム社のユニークな製造方法，および，負極材向けのSi粉末の開発に関して紹介する。

2　シリコン製造に関して

2.1　冶金グレードのSi

　一般的にSiは，アーク式電気炉にて，主原料の硅石（SiO_2）を炭素（C）で還元することにより製造される。式(1)に簡易的な反応式を示したが，このSiを1 t製造するにあたり約11〜14 MWhの電気エネルギーが必要になる[1,2]。そのためアルミ（Al）と並んで電力原単位の大きい材料である。

---

* 1　Yoshitaka Ehara　エルケム・ジャパン㈱　シリコンマテリアルズ
　　　　　　　　　　　テクニカルセールス

* 2　Hironori Yoshizawa　エルケム・ジャパン㈱　シリコンマテリアルズ
　　　　　　　　　　　シニアマネージャー

第4章　シリコン（Si）系負極材料の開発に向けたエルケムシルグレインの開発

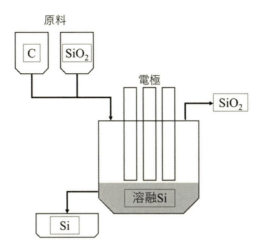

図1　冶金級シリコンの還元およびシリコン製錬

$$SiO_2 + C = Si + CO_2 \tag{1}$$

　冶金グレードSi製造には図1に示すように出発原料である硅石と炭素源の木炭や木などを電気炉に投入し電気炉内に充填する。アーク炉内の電極先端の放電により還元反応は炉内充填された下層部で生じる。還元反応に必要な温度は2000℃以上で，生成したSi（熔融）は電気炉の底部に蓄積する。それを電気炉の側壁から取り出す。実際の還元反応は様々な中間反応を伴い，その中には，約1800℃以上，1気圧以上の条件下で一酸化ケイ素（SiO）ガスが生成する。このガスの一部は，下層部から原材料の充填層をすり抜けて，電気炉上層（800～1000℃）に噴出し，急冷下で再酸化するためアモルファス球状SiO_2（一般名　シリカフューム）となる。電気炉から取り出した溶融Siから不純物（Fe, Al, Caなど）を低減するために，別窯で空気や酸素を吹きこみ，不純物を酸化物として浮上分離して取り除く[1]。この冶金級のSi純度は一般的には98～99％となり，不純物はFe, Al, Caなどがそれぞれ0.1～0.5％程度になる。その後，粗砕・粉砕・分級工程を経て純度や粒度分布をコントロールする。さらに酸処理などにより純度を高めることもある。

2.2　エルケム社でのシリコン製造方法（エルケムシルグレン®）

　製品名シルグレン®はノルウェー西海岸にあるブレマンガー工場で製造される。工場外観を図2(a)に示す。工場はフィヨルド湾の最奥部に位置している。フィヨルド沿岸は数百メートルの断崖絶壁が多く，断崖の上は多くの氷河湖が点在し，海岸より氷河湖の底部めがけて隧道を掘るだけで簡単に水力発電が設置できる。ノルウェー西海岸は，温暖なメキシコ湾暖流がぶつかる影響で年間を通して降水量が多い。特にブレマンガー工場エリアは年間約300日程度雨雪が降る地域である。前節で述べたように，シリコン製造には大量の電力が必要である。エルケム社はブ

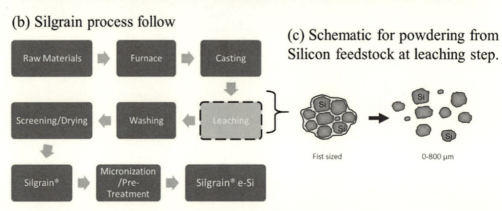

図2 (a) エルケム, ブレマンガー工場, (b) シルグレン®製造プロセス, (c) シルグレン®原料の酸処理における不純物の除去方法について

レマンガーの地理的な好条件を利用し, シルグレン製造時に使用するほとんどの電力を水力発電で賄い, 環境にやさしいグリーンな製造工程を実現している。またエルケム社は様々な環境対策に取り組み, 製造時にかかる電力は再生可能エネルギー（水力発電）を利用することで, ノルウェー政府の環境対策（国全体の CO_2 排出量が 2030 年までに 40％減）にも貢献している。

図2(b)にシルグレン®製造工程の概略を示す。まず電気炉で硅石を還元するところまでは一般的な方法とほぼ同様である。しかしシルグレン製法の最大の特徴は電気炉還元工程で敢えて不純物（Fe, Al など）を添加し純度約 92％の溶融 Si を作る点である。次工程で厳密な管理の元で Si を凝固し, 結晶粒界に不純物を特殊な化合物として析出させる。次に, 凝固した Si を粗割し, 酸処理をすることにより不純物が多く析出した粒界部が溶解するため, 最終的に純度が 99％程度の結晶粒サイズ（約 800 μm 以下）の Si が得られる。酸処理条件や追加処理工程などを繰り返すことでさらに純度を上げることが可能になる。その酸処理時の Si の様子を図2(c)に示す。

Si 粉砕品を製造する場合, 従来法は凝固した Si を機械的に粗砕・粉砕する。この方法では, 粉砕刃を構成する成分（Fe, W など）が Si 粒子表面に局所的に付着（汚染）することが避けら

第4章　シリコン（Si）系負極材料の開発に向けたエルケムシルグレインの開発

れない。一方，シルグレン製造の場合は機械粉砕することなく酸処理工程後に 800 μm 以下の Si 粒子を得ることができる。エルケム社ではこれを Wet Powdering と呼んでいる。粉砕による汚染がないため，品質が安定している Si として世界中の顧客から好評を得ている。シルグレン

表1　シルグレン®CG およびシルグレン®HQ グレードの不純物値について

	Analysis	Fe (wt.%)	Al (wt.%)	Ca (wt.%)	Ti (wt.%)	P (ppmw)	B (ppmw)
Silgrain® CG	Max	0.20	0.25	0.05	0.020	35	35
	Min	0.08	0.13	0.013	0.008		
	Typical	0.11	0.18	0.022	0.011	25	30
Silgrain® HQ	Max	0.05	0.12	0.02	0.005	35	35
	Min	0.02	0.07	0.005	0.001		
	Typical	0.04	0.09	0.013	0.001	25	30

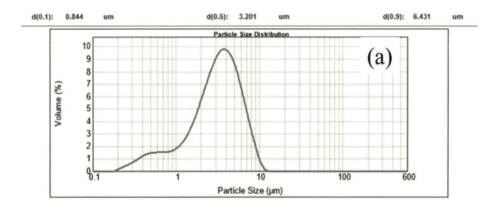

図3　微粉末シリコンの粒度分布
(a) 粗大粒子カット，(b) 粗大粒子-微粒子カット

の代表的なグレードの不純物値の最大値と最小値また典型値を表1にまとめた。またシルグレンの化学組成は約99.99％の冶金グレードSiまで製造でき，特定の元素の管理も要望に合わせて対応可能である。現在，ブレマンガー工場は年間約4万トンの製造能力を有している。

2．3　微粉末シリコンについて

上記の酸処理したシルグレンの粒子サイズはサブミリオーダである。昨今，Si系セラミクスやその他溶射向けなどの特殊用途向けに様々な粒度分布が要求されている。エルケム社は不純物が混入しない粉砕設備を導入し，微粉末品の製造を行っている。また分級技術を駆使して，粗粒子カットおよび微粉末カットを行い，顧客からの様々な粒度分布要求に応えている。粒度分布はレーザ回折式粒度分布測定装置（Mastersizer 2000，Malvern社製）にて測定し，粗粒子カットした粉末の粒度分布を図3(a)に，同時に微粉末をカットした粉末の粒度分布を図3(b)に示す。粒度分布は用途に合わせて，シルグレンの化学組成を変えることなく微調整も可能である。

3　負極材に向けたシリコン粉末の開発と電池特性

3．1　負極材向けの開発について

Si負極は黒鉛負極よりも約10倍の容量を持つが，リチウムイオンとの合金化／脱合金化反応の際に，約400％の体積膨張が起こる。それにより充放電時に活物質の微細化や電極が崩壊することで，サイクル特性が著しく劣化する。ナノサイズのSiを使用した場合，サイクル特性が向上する報告[3]はあるが，製造コストや生産性などでSi単独使用では実用化には遠い。コスト面などの実用性や電池特性のバランスを考慮すると，マイクロサイズのシリコン粉末が実用に近いと期待できる。エルケム社は，図2(b)に示したシルグレン製造のステップ後にさらに粉砕処理や後工程などを行うことで負極材向けのシリコン粉末（Silgrain® e-Si）の開発を行ってきた。その微粉末を用いた電池特性の結果を次項で紹介する。またバッテリー特性評価の実験ではD50を約3ミクロンになるように調製し，その粒度分布の結果を図4(a)に示す。

3．2　電池特性に関して

Si微粉末（Silgrain® e-Si，D50＝2.8 μm），アセチレンブラック，ポリイミドバインダからなるスラリー（Si：PI：AB＝80：18：2 wt.%）を片面当たりの容量密度が3.2 mA h/cm^{2}となるようにし，厚さ10 μmのNiメッキ鋼箔に塗工した。その後，300℃で12時間熱処理することで負極を製作した。対極として金属リチウム，電解液は1 M LiPF$_6$/（EC：DEC＝50：50 vol.%，＋VC 1 wt.%）を使用した。セパレータはオレフィン系微多孔膜とガラス不織布を重ねたものを用いた。Silgrain® e-Siを使用した2回目までの充放電曲線を図4(b)に示す。充電および放電容量はそれぞれ3500 mA h/gと2900 mA h/gの高容量を示した。2回目の充放電曲線が重なり，その後，2回目以降も同程度の放電容量を維持できた。

第 4 章　シリコン (Si) 系負極材料の開発に向けたエルケムシルグレインの開発

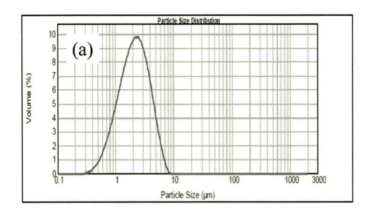

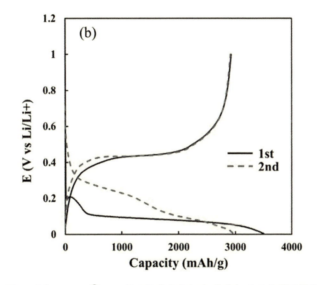

図 4　(a) Silgrain® e-Si 品の粒度分布および (b) その充放電曲線

サイクル試験は 30℃環境下で容量を約 1750 mA h/g に規制する条件で行った。その結果を図 5 に示す。グラフが示すように容量規制を行うことで，200 サイクルまで安定した容量を維持することが確認できた。本実験で使用したバインダーは，従来使用されている汎用バインダーではなく，ポリイミド (PI) 系[4～9]を使用したことにより強靱な活物質層が作られ，また集電箔に強固な Ni メッキ鋼箔[10, 11]を使用したことにより，シリコンの膨張収縮圧力に耐えられたことがサイクル特性を改善したと考える。

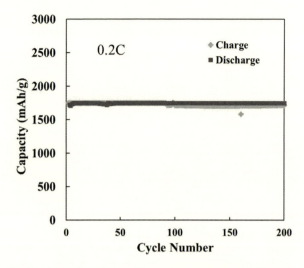

図5 Silgrain® e-Si を用いた Si 負極の充放電サイクル特性

4 おわりに

　本稿では Si 微粉末（Silgrain® e-Si，D50＝2.8 μm）を使用し，電池特性を評価した。その結果マイクロサイズオーダの Si でも，集電箔，バインダーや実験条件などを考慮することで負極材の膨張によるサイクル特性の劣化を制御できることが確認できた。また，エルケム社の Si 粉末は粗大粒子をカットしているため，スラリーを集電箔に塗布する時に均一に活物質を塗ることができる。そのため電池製造のプロセス管理が容易になり，その電池特性の品質が安定することが確認できている。

　エルケム社は Si 粉末原料として様々な機能性を顧客から要求されている。例えば，黒鉛と Si の複合化，特殊元素のドープ，合金化，粒子形状の制御など，Si 単体だけでは補えない更なる機能性の付加を開発している状況である。

謝辞

　電池作製および特性評価は産業技術総合研究所関西センターの柳田昌宏様，向井孝志様，池内勇太様の元，実施された。深く感謝いたします。
　またシリコン粉末の開発に関してご指導いただきました山形大学の境哲男先生に対して謝辞を表します。

第 4 章　シリコン（Si）系負極材料の開発に向けたエルケムシルグレインの開発

文　　　献

1) 岩崎岩次ほか，無機化学全書XII-2 ケイ素，p.168，丸善（1986）
2) A Schei *et al.*, Production of High Silicon Alloys, p.15, TAPIR trykkeri（1998）
3) H. Kim *et al.*, *Angew. Chem. Int. Ed.*, **49**, 2146（2010）
4) 境哲男，化学，**65**（5），31（2010）
5) 幸琢寛ほか，粉体技術と次世代電極開発，p.168，シーエムシー出版（2011）
6) 向井孝志ほか，リチウムイオン電池活物質の開発と電極材料技術，p.269，サイエンス＆テクノロジー（2014）
7) 境哲男ほか，エネルギー・資源，**35**（6），35（2014）
8) 向井孝志ほか，工業材料，**63**（12），18（2014）
9) Y. Liu *et al.*, *J. Power Sources*, **304**（1），9（2016）
10) M. Morishita *et al.*, *J. Electrochem. Soc.*, **160**（8），A1311（2013）
11) 日経エレクトロニクス，次世代電池 2014，p.170，日経 BP 社（2013）

第5章　ナノシリコンの合成と負極特性

三好義洋[*1]，ヨハン アウダート[*2]

要　旨

Nanomakers はフランスの新興企業であり，大容量のリチウムイオン電池向けに下記4種類のシリコンナノパウダーを工業規模で製造している。

　　・粒径サイズ 40 nm および 75 nm のシリコンナノパウダー
　　・粒径サイズ 40 nm および 75 nm の炭素コーティングシリコンナノパウダー

　これらの超微粒子は，レーザー熱分解法により狭い粒度分布で生成される。この製造プロセスは再現性があり，金属不純物が少なく，粒子の酸素含有量も低い特徴を有している。

　既存のリチウムイオン電池技術は，350 mA h/g の容量を持つグラファイトを負極に使用することを前提としている。Nanomakers のナノパウダー製造により，大容量のリチウムイオン電池負極の製造が可能になった。例えば，容量 800 mA h/g の場合でも，100 回を超えるサイクル中も良好な容量が保持できる。シリコン負極については，種々の組成・構造が研究されているが，最も有望な組成の一つは，シリコンナノパウダーを炭素マトリックスに分散させ，熱処理によって部分的に分解されるプレコンポジットを使用することである。熱処理は黒鉛化プロセスよりもはるかに低い温度で行われる。このミクロンサイズの予備合成物は，負極を製造する既存のプロセスを変更することなく，高容量材料として使用できる。

　炭素コーティングシリコンナノパウダーを使用すると，サイクル中の負極の性能，特に容量の安定性が向上する。この資料では，レーザー熱分解法によるシリコンナノパウダー製法，シリコンナノパウダーの特性，炭素コーティングシリコンナノパウダーと非コーティングシリコンナノパウダーの比較結果を説明する。炭素コーティングシリコンナノパウダーは，リチウムイオン電池の性能改善に大きな影響を与える材料である。

1　序文

　リチウムイオン電池（LiB）は様々な用途において定着している技術の代表であり，また，気候変動に対する懸念と都市の汚染が増加していることから，電気自動車（EV）への利用が急増している。この電池は，大きな蓄電容量と高電力との両方を示し，メモリー効果（再充電前に完

＊1　Yoshihiro Miyoshi　㈱Nanomakers Japan　代表取締役
＊2　Yohan Oudart　Nanomakers France SA　R&D Division　R&D Manager

第5章　ナノシリコンの合成と負極特性

全放電されなかった場合に生じる電池性能の劣化）が見られず，そして自己放電量の少なさを示すことから，EV に特に適したものとなっている。

しかし，この技術は今日，より要求の厳しいデバイスでの使用を妨げる次のような問題に直面している。

(1)　蓄電容量の限界

あらゆる用途（ポータブル電子機器や EV）は，より大きな電池容量を求めている。実際に，LiB のみに頼った EV の走行距離は 150 km（通勤用の自動車）から 600 km（テスラの自動車）[1]の範囲であるため，LiB のみに頼ったほとんどの EV の走行距離は燃焼エンジン型自動車よりもかなり劣っている。この走行距離の不足は価格の問題とともに未だ解決されておらず，電気自動車への採用における大きな障壁となっている[2]。

(2)　重要な原材料

グラファイトは，リチウムイオン電池の作製（負極の部品）に不可欠な構成材料である。欧州連合の原材料イニシアチブでは 27 種類[3]の重要原材料のレビューが行われており，その中に電池で一般的に使用されている天然グラファイトが含まれている。

数多くの材料がグラファイトよりも大きな蓄電容量を有しているが，その中でもシリコンのものが最も大きく，グラファイトの容量の 10 倍もの数値となっている（グラファイトが 375 mA h/g であるのに対して，シリコンは最大で 4200 mA h/g）。

本記事では，シリコンによって EV の電池性能をどのように改善できるかを解説する。

2　Nanomakers とレーザー熱分解法

Nanomakers は，CEA（フランス原子力・新エネルギー庁）開発で特許取得済みの独自技術によってシラン前駆体から生成されるシリコンベースのナノ粒子の生産と商品化を手掛けており，また，その技術を取り扱う世界で唯一の事業者となっている。この技術は，制御された雰囲気における気体反応物と高出力炭酸ガスレーザービームとの間の相互作用を原理としている。化学結合の励起によって，反応物がいくつもの原子の基に分解される。それらは後に結集して粒子を形成するが，粒子の成長は制御された冷却システムにより止められる。

レーザー熱分解法の開発は 1979～1981 年にかけて MIT（米国）で行われ，1985 年以降は CEA にてその開発が継続された。Nanomakers は，工業的な規模でレーザー熱分解法を利用する世界で唯一の企業である。

レーザー熱分解法の利点は反応パラメータを完全に制御することによって次のような製品の製造を可能にしていることである。

・粒径サイズの分布を狭い範囲内に収められる
・金属不純物の含有量が極めて低い
・酸素含有量は 2％未満

・優れた再現性

・粒径サイズ（30〜100ナノ），粒子表面，粒子表面コーティングなどの調整が可能

・工業生産能力が高い（1ライン当たり年間最大20トンの生産が可能）

以上により，Nanomakersは最高級のナノパウダーを工業規模の生産力と管理されたコストを基にして顧客に供給することができる。この点は，Nanomakersの製品品質が学会[4]および産業界においてすでに認められていることにより明らかである。

Nanomakersは，まず，シリコンカーバイド・ナノパウダーを生産した。当初の用途としては母材の機械的補強であったが，産業界の関心はシリコンカーバイド・ナノパウダーの複数の特性に関心が向けられている。例えば，

・半導体産業向けのシール材（FFKM：パーフロロエラストマー）での耐プラズマ特性

・アルミニウム合金の補強（1%のSiCにつき降伏強さが95%[4]増加）

・航空宇宙用途向けのナノ構造焼結SiCセラミック

・めっきにおける耐摩耗および耐剥離特性

Nanomakersは後にシリコン生産を開始し，その際に新製品である炭素コーティングシリコンナノパウダー（SiΩC）の特許を取得した。この製品によって，リチウムイオン電池の性能の革新的な最適化が可能となっている。

シリコンカーバイド・ナノパウダー，シリコンナノパウダーは，さらさらしている粉末状の形態（フリーパウダー）および粒状の形態（グラニュール・パウダー）で提供される。後者の形態は，フリーパウダーに比較して嵩密度が最大で10分の1減少し，埃っぽさがより抑えられており（2〜3桁），そして優れた流動性を発揮する。しかも，フリーパウダーと同じ特性とするために，粒状のものを再びフリーパウダーに分散させることもできる。なお，粒状化させるために凝集剤などの添加物は一切使用していない。

3　なぜ電池にシリコンが使用されるようになるのか

電池の負極には，グラファイトよりも大きな比容量を持つ可能性のある数多くの元素を使用することができる（図1）。シリコンは他の材料と比較して最高の比容量を示しており，また多くの場合に，可能性のある他の材料はサイクル特性の悪さや大量入手性の欠如（Ge, Ga, In）に見舞われる。

SiO_xによってEV用電池におけるシリコンの使用が容易となっており，負極においてその容量は約20%増加している。しかし，さらなる容量向上の余地は限られているように思われており，将来的にSiO_xは金属シリコンに置き換えられ，それによって負極の容量は50〜100%増加する。

サイクル稼働中に，金属シリコンには主に2つの問題が発生する。

（1）粒子が非常に大きい場合，電池のサイクル中にそれが微粉化され，シリコンと負極との

第5章 ナノシリコンの合成と負極特性

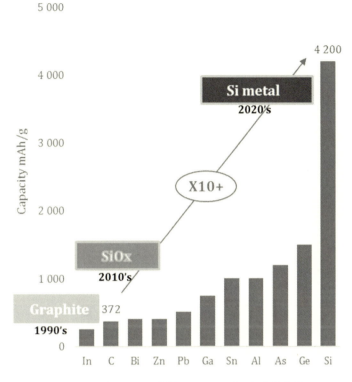

図1 リチウムイオン負極における元素の最大比容量

電気的結合が失われる。特性化に関する研究[5)]によって，微粉化の影響が限定的となる最大サイズが150 nmであることが明らかにされている。

(2) 粒子が非常に小さい場合，サイクル稼働中に，電解質との反応によって粒子が酸化する。粒子の表面積が増加するとともに，この反応も増加する。

電池設計に応じて良好なサイズは30〜80 nmの範囲で折り合いがつけられており，多くの場合において，40〜50 nmの付近が最適であることが明らかになっている。

金属シリコンは大きな初期容量を有しているが，それは急激に失われるため，単独では使用されない。初期段階ではグラファイトで薄められていたが，現在では炭素複合材に組み込まれて使用されている。それはナノ粒子と炭素マトリックスとを混合して作られており，その際に炭素マトリックスは熱分解されて構造が変化し，シリコンとの相互作用が増進される。次に，この製品はリチウムイオン電池用の商業用グラファイトと同様の10〜40 μmのサイズへと粉砕される。この形態であれば，負極の製造工具を変更することなく容易に利用することができる。負極活性材料については600〜1000 mA h/gが現在の目標とされており，これはそれ自体もリチウム蓄電容量を持つ材料副産物（炭素添加物，熱分解炭素マトリックス，グラファイト，バインダーなど）に応じた10〜35 wt%のシリコン量に相当している。

4 なぜレーザー熱分解法でシリコンに炭素コーティングが行われるのか

SiΩCでは、レーザー熱分解中の1つの工程においてシリコンの結晶コアが生成され、炭素が導入される。この製品の表面は、図2のような非晶質(アモルファス)となる。

電池では、シリコン粒子の場合とSiΩC粒子の場合を比較すると、初期容量は数サイクルの稼働後であれば同等となっている(図3)。しかし、サイクル稼働を続けるにつれてシリコンの容量は減少していく。SiΩCについては減少が発生しておらず、こちらの容量は2サイクル目から86サイクル目まで98.6%の極めて良好な数値を保っている。様々な定式化を行うことで他のパラメータを最適化することができ、多様な基準(比容量、初期クーロン効率、100または500サイクル後の容量保持、膨張率など)で顧客の期待に応えることができる。

この新たな種類のナノ粒子は単なるシリコンナノ粒子に比べて、例えば下記のような数多くの利点を示している。

- ・電解質および酸素からのシリコンの保護
- ・固体電解質界面(SEI)の安定性の強化
- ・シリコンナノ粒子、グラファイト、および他のバインダー間のより高い親和力
- ・炭素マトリックス内のシリコンナノ粒子の均一な分布
- ・炭素層によるイオンおよび電子伝導性の向上

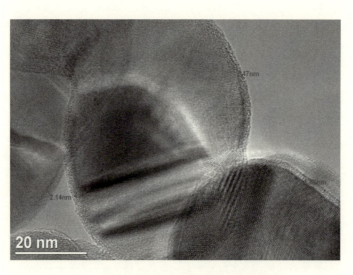

図2 SiΩCの高解像度透過電子顕微鏡画像
コアに結晶シリコン原子層が見える。

第5章　ナノシリコンの合成と負極特性

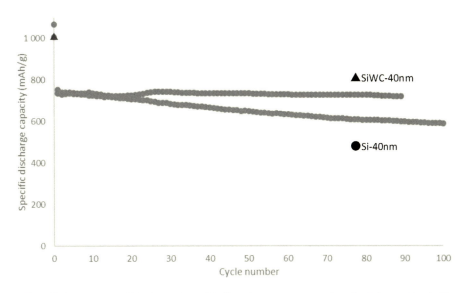

図3 炭素コーティングシリコンナノパウダー（SiWC＝SiΩC-40 nm）と非コーティングシリコンナノパウダー（Si-40 nm）の性能比較
ハーフセル，複合材：80％，SuperP：10％，CMC：10％，電解質 EC：DEC＝1：1，VC：＋2 wt％，FEC：＋10 wt％，LiPF$_6$：＋1 M，リチウム化 CCCV：最大 10 mV，脱リチウム化 CC：1 V，Cレート：C/5（1サイクル目：C/20）。
（EUにおける Helios project による結果，発表予定）

5　結論と今後の展望

Nanomakers は高品質のシリコンベースナノ粒子の作製および製造を行っている。この粒子の独自性は，その工業生産プロセス（レーザー熱分解法）によるものだけではなく，その多くが粒子の特性（粒径分布が狭い，高純度，再現性，およびサイズと表面特性によるカスタマイズ）によるものである。Nanomakers はこれまで，様々な材料の機械的補強用（エラストマー，金属など）の添加材またはナノ構造の SiC 部品として，シリコンカーバイド・ナノパウダーの製造を行ってきた。次の製品が，炭素コーティングが可能なシリコンナノ粒子であった。このナノ粒子の主な用途はリチウムイオン電池であり，それはグラファイト（375 mA h/g）の10倍にも及ぶ蓄電比容量を有しているためである。金属シリコン入りの負極活性材料の容量は短期間で600～1000 mA h/g に達する。シリコンは，炭素とケイ素の熱分解混合で作製される複合材に組み込まれる。使用する粒子のサイズについては30～80 nm でコンセンサスが得られており，このサイズであれば，サイクル稼働中の亀裂発生を避けるために必要な小さなサイズであり，電解質による酸化を最小化するための低露出表面の間の良い妥協点である。SiΩC（炭素コーティングシリコンナノパウダー）は，酸化保護と，炭素マトリックスとのより良好な接触によって，非コーティング粒子よりも優れたサイクル性を示している。

47

リチウムイオン二次電池用シリコン系負極材の開発動向

文　　献

1)　https://www.statista.com/statistics/797331/electric-vehicle-battery-range/,
　　consulted on December 2018
2)　https://www.iea.org/publications/freepublications/publication/GlobalEVOutlook2017.pdf,
　　consulted on December 2018
3)　https://eur-lex.europa.eu/legal-content/EN/TXT/?uri=CELEX:52017DC0490,
　　consulted on December 2018
4)　K. Shimoda and T. Koyanagi, *Colloids Surf. A*, **463**, 93（2014）
5)　X. H. Liu *et al.*, *ACS Nano*, **6**, 1522（2012）

第6章　SiO ナノ薄膜の形成と負極への応用

間宮幹人[*1]，秋本順二[*2]

1　はじめに

シリコン系負極での体積変化により生じるサイクル劣化に対し，ナノ粒子化が有効であることが知られている[1,2]。しかしながら，活物質をナノ粒子化してしまうと凝集しやすくなり，導電性や電解液によるリチウムの伝導度の確保など電極としての条件を満たすことに困難をもたらす。その実現に向けて多様なアプローチがなされているが，活物質の性能を十分に発揮できるには至っていない[3,4]。

多様なアプローチの１つとして，活物質に一酸化ケイ素（SiO）を用いる手法がある。一酸化ケイ素はケイ素そのものを活物質に使用するより，活物質としての充放電における体積変化率が緩和されるため，サイクル特性の改善が期待されるためである。

一酸化ケイ素は酸化物であるため，導電助剤を加えて電子のパスを提供させる必要がある。他のケイ素系物質と同様に，一酸化ケイ素もサイクル劣化抑制のためナノスケールに微細化する必要がある。一般に行われている電極作製法に従って，ナノ粒子化した一酸化ケイ素に導電助剤と結着剤を加えて混合し基板上に塗工しても，その電極の容量は理論容量である 2007 mAh g^{-1} の1/2 程度を出すのも難しく，サイクル劣化の問題も克服されない[5,6]。

この問題を解決するには，ナノスケールの電極活物質を凝集させず活用できる電極を設計する必要がある。そこで，容易にナノスケール化が可能な薄膜を電極に適用できるか検討してみた。SiO は蒸気圧が高く，900℃以上の真空環境で容易に揮発する。この特徴を生かし，SiO 蒸着膜を作製し酸化被膜や絶縁被膜として以前から利用されてきた[7,8]。これらの膜は膜厚が薄く，数百 nm 程度とされ，容易にナノスケールの構造体を得ることができる。このナノスケールの構造体を電極として用いるためには，導電性を付与しなければならない。しかしながら，薄膜であるため従来法のように導電助剤を電極活物質である SiO と事前に混合することはできない。そのため，導電助剤であるカーボンブラックを SiO 蒸着膜の上に塗工し，導電基盤上に SiO 蒸着膜，カーボンブラック塗工膜と積層させる構造を考案した。蒸着膜はナノスケールであるため，活物質内で充放電時反応に必要となる電子の拡散距離はナノメートルオーダーに収まり，障害と

---

*1　Mikito Mamiya　産業技術総合研究所　先進コーティング技術研究センター
　　　　　　　　　エネルギー応用材料研究チーム　主任研究員

*2　Junji Akimoto　産業技術総合研究所　先進コーティング技術研究センター
　　　　　　　　　エネルギー応用材料研究チーム　チーム長

なることはないと考えられる。この積層膜電極の電気化学特性を評価したところ、容量・サイクル特性に改善が見られたので、詳細について解説する。

2 蒸着膜の生成

一酸化ケイ素の蒸気圧は高く、減圧雰囲気下の900℃以上で揮発し低温部で析出させることができる。そのため、蒸着膜の生成は温度勾配が制御しやすい環状炉を用いた。使用した環状炉は発熱体にカンタルを用いているため、設定温度を1000℃で蒸着を行った。この条件のため蒸着には30時間をかけたが、電気炉の発熱体をさらに高温へ設定できる素材に変更することにより、蒸着に要する時間は短縮が可能である。蒸着のターゲットとなる基板にはステンレスを用いた。これは蒸着重量が直径15 mmの基板に対して1 mg以下と僅かであるため、一般に用いられている銅を基板とすると蒸着プロセスの間に表面の酸化膜が還元され、その重量減が蒸着SiOの定量にとって大きな誤差となってしまうからである。なお、銅を基板に用いる場合は、蒸着を行う前に脱酸素雰囲気下で空焼きを行い、表面の酸化膜を除去してから行えば問題なくできる。今回の実験は直径15 mmのステンレス基板をターゲットとして蒸着を行ったが、蒸着に関しては50年以上の歴史があり、すでに多様な実験報告が存在する。形状や膜厚、材質などの条件変更は、その多くが報告済みのデータを参考に最適な成膜条件を選択することが可能となっている。

今回の実験においては、蒸着前後の写真を図1に示す。蒸着基板表面には光沢があり、色彩は基板本来の色に近く顕著な変化は感じられない。蒸着膜は比較的堅固で、手で触れる程度では剥離しない。蒸着表面をXRDで評価をすると基板のステンレス以外の結晶相は観察されなかった（図2）。また、SEMによる表面の組成分析を行うと、一様にSiが分布していることが確認できた。一酸化ケイ素は非晶質で存在するため、ステンレス基板表面に一酸化ケイ素が蒸着したと見なすことができる。

蒸着量・形状については、蒸着環境に依存して容易に変化してしまうため、作製する際には慎

導電性基板
（ステンレス）

一酸化ケイ素
真空蒸着

SiOナノ薄膜

図1　蒸着基板写真

第6章　SiO ナノ薄膜の形成と負極への応用

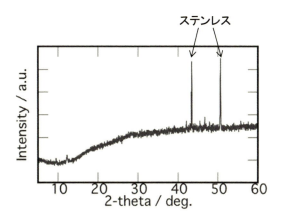

図2　蒸着基板表面の XRD 測定結果

重な条件設定が必要となる。単に蒸着時の保持時間を伸ばして蒸着量を増やすと，表面は灰色に濁り粉末が生成している様子が観察される。これは蒸着した SiO が膜ではなくナノファイバーとして生成してしまう結果で，ナノファイバーの SiO は導電性確保が難しく今回の電極として用いるには適していない。比較のために SEM による蒸着表面観察結果を図3に示す。蒸着時にはなるべくナノファイバーにならず膜として生成する条件を見出す必要がある。

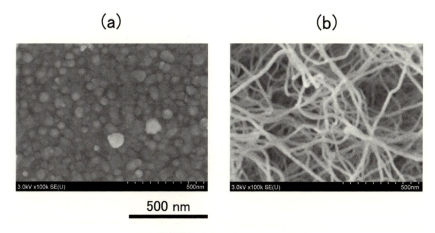

図3　蒸着基板表面の高分解 SEM 写真
（a）SiO ナノ薄膜（φ15 基板に 0.22 mg 蒸着），（b）SiO ナノファイバー（φ15 基板に 1.21 mg 蒸着）

3 導電助剤膜の積層

　一酸化ケイ素は導電性が低いため，電極として用いるために電子伝導性を付与させる必要がある。一酸化ケイ素はナノ薄膜で基板上に存在しているため，この薄膜自体に導電助剤を混合させることは困難である。そのため，上部に導電助剤を膜として積層させる構造が適当と考えた。

　一酸化ケイ素膜の上面に導電助剤膜が形成された場合，接触している基板と上下両面の導電性物質への接触で電子のパスが確保される。その場合，電子の拡散に必要な距離は膜厚の半分程度のわずかな距離となり，障害は低減される。上部に成膜させた導電助剤層には電子伝導性の確保に加えて，電極として機能するために電解液を浸透させてリチウムイオンの伝導パスを与える必要がある。導電助剤層は導電性を有するカーボンブラックに結着剤を混ぜ溶媒中に分散させた後，塗工にて作製を行う。カーボンブラックは粒径が50 nm程度の極めて微細な粒子として市販されており，積層する導電助剤層を構成する物質として適している。成膜させる導電助剤層での密度は用いる結着剤の性質に依存するため，電極としての使用を目的としている場合は電解液の浸透が可能となる密度を達成できる成膜法を採用する必要がある。例えば，導電助剤層をスパッタ法で成膜すると，十分な電解液が浸透するスペースを供給できないため，電極としての性能は著しく落ちる。結着剤の最適化については十分な検証を行えていないが，今回はカルボキシメチルセルロース（CMC）を結着剤として用い性能を評価した（図4）。カルボキシメチルセルロースは分散剤として知られているが，ケイ素系負極の開発においては，その水溶性から水系バインダーとして用いられており，高性能を発揮することが報告されている。導電助剤層は有機系溶媒とバインダーを用いても作製することは可能であるが，水系バインダーと比較すると性能が劣る結果になる傾向が見られる。ただし，詳細に研究が行われた訳ではないので，改善の余地は十分に残っている。

　作製した電極の断面と模式図を図5に示す。蒸着した一酸化ケイ素は70 nmの膜厚で基板であるステンレスに密着している。一酸化ケイ素膜中には空孔は見られず，緻密な膜になっている

図4　カルボキシメチルセルロース（CMC）

第6章　SiOナノ薄膜の形成と負極への応用

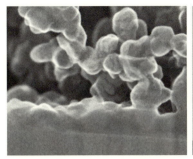

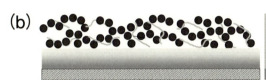

図5　積層膜電極の断面図
(a) 断面SEM写真, (b) 断面模式図

ことがわかる。上部に積層させた導電助剤層は50 nm程度のカーボンブラック粒子が連なり，その下部が一酸化ケイ素膜と接していた。この導電助剤層中には多くの空間が残り，電解液の浸透が可能な構造となっている。この作製した電極の導電助剤層は塗工での均一性を重視したため厚みが数μm程度となっているが，機能の観点からはこの厚みの必然性はなく，塗工技術の改良により薄くすることは可能である。

4　ハーフセルでの充放電特性

開発した積層膜電極の電気化学的性能を，対極にリチウム金属を用いて2032型コインセルに組み込んで評価した。この電極は，その構成が異なるが従来型の電極とサイズ・形態は同じであるので，どの評価セルに組む場合においても従来と同様の手順で作製できる。測定は電位のレンジを0〜2.0 Vに設定し，電流密度を0.1 C（200.7 mA），温度を25℃にて行った。1, 2, 10, 300サイクル時の充放電曲線を図6に示す。負極として用いるため，低電位に向かう場合が充電で，電極活物質にリチウムが挿入される反応に対応し，高電位に向かう場合が放電で，電極活物質からリチウムが脱離する反応に対応する。負極活物質に一酸化ケイ素を用いる場合，この充放電におけるリチウムの挿入・脱離反応は以下のように表記できる[9, 10]。

$4SiO + 17.2Li^+ + 17.2e^- \rightarrow 3Li_{4.4}Si + Li_4SiO_4$　　（初期充電反応）
$Li_{4.4}Si \leftrightarrows Si + 4.4Li^+ + 4.4e^-$　　（充放電反応）

リチウムイオン二次電池用シリコン系負極材の開発動向

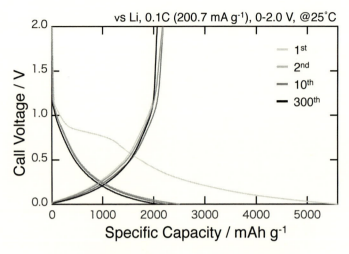

図6　積層膜電極を用いたハーフセルでの充放電曲線

　初期充電反応で生じる Li_4SiO_4 は安定相で，その後の充放電反応には寄与しない。そのため，初期充電反応の過程で大きな不可逆容量が生じることを示す。その後の充放電反応は，ケイ素を活物質として用いた場合と同じで，ケイ素1に対してリチウム4.4の比で反応する。この場合，活物質 SiO の理論容量は 2007 mAh g^{-1} となる。今回開発した電極の充放電曲線を示す。反応式で示されたように，初期の充電曲線においては 1.0 V 付近に平坦部が見られ，このプロセスのみでリチウムが過剰に取り込まれていることがわかる。その後は電位が下がるにつれて容量を増していき，0 V 付近では 4000 mAh g^{-1} 程度まで達した。次に放電が始まると充電の逆で電位が上がるにつれてリチウムの脱離が起こるが，充電時に見られたような平坦部は現れず 1.1 V 付近でリチウムの脱離が終了しており，その時の容量は 2188.8 mAh g^{-1} である。この値は反応式で示された SiO の理論容量とほぼ一致する。2サイクル目以降は充放電曲線がほぼ同一で繰り返しており，反応が可逆的に起きていることを示している。300サイクルまでの容量変化を図7および表1に示す。1サイクル目の充電容量は Li_4SiO_4 の生成でリチウムを使用してしまうため，5000 mAh g^{-1} を超える大きな値を示している。他方それ以外は高い可逆性を持って充放電が行われ，放電容量は1サイクル目が 2188.8 mAh g^{-1} で300サイクル後でも 2068.7 mAh g^{-1} を示し，その容量維持率は 94.5% に達している。ケイ素系負極で問題となるサイクル劣化は，この積層膜電極では生じない。300サイクルでの充電容量は 2077.7 mAh g^{-1} でクーロン効率は 99.6% に達する。また，この充放電反応は SiO の初期充電で酸素が安定相の生成に使用されているので，反応としてはケイ素の充放電の場合と同一である。そのため，ケイ素を活物質として評価した充放電曲線と今回の結果は同じ傾向を示している。今回の電極では導電助剤層としてカーボンブラックを用いており，そのカーボンは負極活物質としても機能する。しかしながら，カーボンを負極として用いた場合，その容量は充電時に電位が 0.1 V 付近まで低下した場合に顕

第6章　SiOナノ薄膜の形成と負極への応用

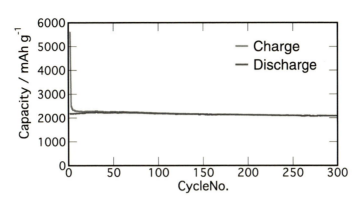

図7　積層膜電極での充放電試験のサイクル特性

表1　積層膜電極での充放電容量

mAh g^{-1}

Cycle No.	Charge	Discharge
1	5597.3	2188.8
2	2514.1	2175.3
10	2278.7	2192.0
300	2077.7	2068.7

著となる．すなわち，カーボンが電極活物質として機能している場合，その充電曲線は電位が0.1 V付近へ低下するまでは容量が出ず急降下し，電位が下がったところから容量が発揮されていくパターンを示さなければならない．今回の測定結果では2サイクル目以降の充電曲線で0.1 Vに達する前にフル充電の80%近くの容量に達しており，その後も充放電曲線に顕著な曲率の変化などが見られないことからして，カーボンの存在がこの電極の容量に影響を与えているとは見なせない．付け加えて，カーボンと比べ電位が高いところで容量が発揮されるため，電極におけるリチウムの析出は起きにくく長寿命化にも優位に働く効果もある．

　ケイ素系負極のサイクル劣化は活物質をナノスケールまで微細化することで抑制できると言われる．今回開発した電極は薄膜でナノスケール化を実現しているが，測定結果からは薄膜でも十分にサイクル劣化抑制の効果が発揮されることが実証された．今回の電極は一酸化ケイ素の薄膜でナノ構造を準備したが，充放電は反応式で示されるように一酸化ケイ素は安定相であるLi$_4$SiO$_4$を生成し，この安定相と共存するかたちでケイ素と同じ反応式に従って充放電が行われる．すなわち，この電極においても，充放電に関与するケイ素は4倍に近い体積変化を電極内で生じさせていることになる．高い可逆性を持って理論値とほぼ等しい容量で充放電が起きており，同じ特性をケイ素だけを用いた電極では達成が困難であることから，初期充電で生成する安定相であるLi$_4$SiO$_4$の存在は緩衝材としての機能を発揮し，電極全体としての体積変化の影響を

減少させ，高サイクル特性の実現に貢献していると考えられる。生成する Li_4SiO_4 そのものは非常に微細で直接観察することが難しく，未だ確定した結果が得られていないため，さらなる検証を継続して行っていく予定である。

5　製品化への課題

今回開発した電極は，ケイ素系負極におけるサイクル劣化を抑制するためにナノスケールの活物質を簡便に効率良く構成させることを主目的として研究した結果である。そのため，蒸着を用いて導電性基板に電極活物質をナノスケールで成膜する手法を用いた。ナノスケールの薄膜であるため，電極活物質の重量は非常に小さい。今回サイクル特性を評価した試料では，直径15 mm のステンレス基板上に 0.22 mg の SiO を蒸着させて電極として用いているため，単位面積当たりの容量が 0.2 mAh cm^{-2} となっている。これは前述のように蒸着での厚膜化には技術的課題があり，まずは容易に作製できる試料で評価したからである。断面観察より膜厚は 70 nm 程度であることが確認されており，販売されている正極シートが数 mAh cm^{-2} の容量であるため，対応させるには現在の 10 倍程度の膜厚を準備する必要がある。サイクル劣化を抑制できるのは活物質のスケールが数百 nm 以下とされるため，成膜できればナノスケールの膜であっても市販正極とのマッチング可能な負極として提供できる。今回は簡便という特徴を利用するために蒸着法を用いたが，厚膜化には技術的困難が見受けられた上，大量生産を目指した大面積の膜を作製する視点からすると必ずしも最適な手法とは言えない。成膜法の限定はないので，今後スパッタ法やエアロゾルデポジション法などの成膜法を適用して大面積化が達成されることを期待したい。

電極の体積当たりのエネルギー密度を考えると，ナノスケールの活物質膜よりその上部に積層させたカーボン層の厚みの影響が大きい。現時点では均一に塗工することを目的に行っているため，カーボン層の厚みを減少させる工夫はせず 5 μm 程度の厚みの層で試験を行っている。しかしながら，この厚みは実験の確実性を上げる目的のために過ぎないので，膜厚を薄くして体積当たりのエネルギー密度向上に余地は残っている。

一酸化ケイ素は充放電反応式で示されるように，初期充電で安定相である Li_4SiO_4 を生成するためリチウムを使用してしまい，大きな不可逆容量が発生する。この容量分のリチウムを正極から供給させると，実際に使用する活物質の 2 倍近い量を正極に準備する必要がある。正極活物質の消費を防ぐために，事前にリチウム金属などを用いて電池セルを組み負極の不可逆容量分のリチウムを事前に反応させるプレドープで対応することもできる。ただし，リチウムのプレドープは反応させた後に正極を組み込み，電池セルを再構築する必要があるため，実用化の観点では障害となる。プレドープはケイ素系負極で克服すべき課題で多方面から研究がなされており，障害を取り除く成果が得られることを期待したい。

6　おわりに

　本研究は，ケイ素系負極でのサイクル劣化という問題を薄膜による活物質のナノスケール化で克服した，という結果である。ただし，そこで用いられている技術は数十年以上前から行われている一酸化ケイ素の蒸着とカーボンブラックの塗工だけである。一般的に電極は電極活物質を粉末化して導電助剤と混ぜてコンパウンドを作製するプロセスが用いられるが，常に最適という訳ではなく，性能が十分発揮されない場合は電極構造について再検討してみる価値があることを示した。今回開発した積層膜電極は，初期充電で分相する特性があるため，他の電極活物質に適用しても同様に性能改善の効果を示すかどうかは現時点では不明である。この積層膜電極の実施例が増え，高容量化をもたらす電極構造の1つとして社会に貢献していくことを期待したい。

文　　献

1)　J. Graetz *et al., Electrochem. Solid-State. Lett.,* **6** (9), A194 (2003)

2)　X. H.Liu *et al., ACS Nano,* **6** (2), 1522 (2012)

3)　S. Goriparti *et al., J. Power Sources,* **257**, 421 (2014)

4)　T. Chen *et al., J. Power Sources,* **363**, 126 (2017)

5)　J. Yang *et al., Solid State Ionics,* **152**, 125 (2002)

6)　M. Yamada *et al., J. Electrochem. Soc.,* **158** (4), A417 (2011)

7)　H. Hirose and Y. Wada, *Jpn. J. Appl. Phys.,* **4** (9), 639 (1965)

8)　M. J. O'Leary and J. H. Thomas, *J. Vac. Sci. Technol. A,* **5** (1), 106 (1987)

9)　H. Yamamura *et al., J. Ceramic Soc. Jpn.,* **199** (11), 855 (2011)

10)　J. Wang *et al., J. Power Sources,* **196**, 4811 (2011)

第7章 プラズマスプレーPVDによる Si系ナノ粒子の高次構造化

太田遼至[*1], 神原 淳[*2]

1 はじめに

次世代高密度リチウムイオン電池（LiB）の負極として現行材料の炭素の約10倍の理論容量を示すSiが注目を集めている。ただし，Siは充放電時のLiとの反応により約400％にも及ぶ体積変化を生じることで粉砕し，破壊新生表面でのSEI（Solid Electrolyte Interphase）形成，導電パスの断絶に伴う急激な容量低下などが課題とされる[1]。この課題に対して，Siのナノ構造化が有効であると報告されており，例えば，ナノサイズ化による対割れ強度の向上[1]やポーラス構造による体積膨張の緩和[2,3]，グラフェンなどのC材料やCuやSnなどの金属元素添加による導電性の向上が報告されている[4~6]。しかし，これらナノ構造化に用いられる多くの手法は多段階・低速プロセスのため，年々拡大するLiBの巨大市場の要請に応えうる，低コスト・高スループットでの生成が見通せる技術が求められている[7]。そこで本稿では，安価な粉体原料を用いて高速でナノ粒子を作製することが可能な[8~10]，プラズマスプレーPVD（PS-PVD）法に着目して，Siナノ複合粒子生成の特徴とそのLiB電池特性への効果について紹介する。

2 電極材料製造法におけるPS-PVDの位置づけ

主なLiB電極材料の製造プロセスとして，噴霧乾燥法（Spray Drying）[11~13]，プラズマCVD（Plasma Enhanced CVD：PE-CVD）[14~17]など原料の凝縮過程を利用する手法が多く報告される。噴霧乾燥法は，液体もしくは液体と固体の混合物を原料に用い，高温気体中に噴霧することで急速乾燥させて微粒子を得る。特徴として，合成工程が単純かつ連続的であるため比較的高い生産性を持ち，安定した粒度分布を示す。本プロセスにより，数十nm程度のSiナノ粒子の作製も報告されている[11]。PE-CVDでは，気体や液体を原料に，プラズマ内で生成される様々なプラズマ化学種を利用することで，Siコートを有するカーボンナノチューブ[14]やZnOでコートされたLiCoO$_2$などの複合電極材料作製[15]も可能である。熱CVDと比較して低温での作製を可能とする点が特長となるが，一般に低圧環境が求められ，生成速度は必ずしも速くない。

一方，PS-PVD法は，流れを有するプラズマ中に原料を導入し，プラズマ内部での化学的物

---

*1 Ryoshi Ohta 東京大学 大学院工学系研究科 マテリアル工学専攻

*2 Makoto Kambara 東京大学 大学院工学系研究科 マテリアル工学専攻 准教授

第7章　プラズマスプレー–PVD による Si 系ナノ粒子の高次構造化

理的現象を利用して高スループットで処理する「プラズマスプレー法」の1つである[18]。主に熱プラズマを用いて，粉体を原料としてプラズマ内に投入し，完全蒸発により生成する高温蒸気をプラズマフレーム端部にて急速冷却することで核生成および成長を促し，原料と同じ組成の微粒子を合成させる手法であるが，その物理蒸着の素過程との類似性から，PS-PVD として区別して称される[19]。特に，ナノ粒子作製を対象とする場合には，Fe 微粒子の作製に端を発するプラズマフラッシュ蒸発（plasma flash evaporation）とも呼ばれる[20, 21]。前述の CVD 法との大きな違いは，選択材料系によっては副生成物を伴わない点，安価な粉体を原料として利用できる点，高スループット生成が期待できる点などがあげられる。

　さらに，熱プラズマの大きな温度変化を利用する特徴として，複数の原料投入により得られる多元系高温蒸気に対して冷却過程を適切に制御すれば，化合物相や準安定相の合成だけでなく，自発的に構造化された粒子の生成も可能になる。共凝縮過程では，核生成温度が高い元素が冷却段階のはじめに核生成・成長し，そのナノ粒子表面に核生成温度の低い元素が不均質的に核生成する。続く冷却過程での混合・反応の制御次第で合金粒子や第2相粒子担持構造が可能となる[22]。実際，原料濃度と冷却速度の組み合わせにより，第2元素でコーティングされたコア–シェルナノ粒子や，第2相粒子担持ナノ粒子も，比較的速い処理速度で作製可能となる[23~25]。

3 PS-PVD による Si ナノ粒子作製

3. 1 ナノ粒子作製および評価手順

3. 1. 1 ハイブリッドプラズマトーチ

　流れを意図したプラズマスプレーには，主に直流 DC プラズマあるいは RF による誘導結合プラズマ（Inductively Coupled Plasma：ICP）が用いられる。DC プラズマジェットは半径方向および軸方向に急激な温度および流速勾配が存在するため，プラズマ中で均一に加熱や化学反応を進行させることは一般に難しい[26]。一方で，誘導結合プラズマはプラズマ内部の高温部の容量が大きく温度分布が緩やかで，粉体原料の加熱冷却履歴も比較的揃いやすい。しかし，コイル位置のプラズマ中心部近傍に上向きの渦流が発生するために，原料粉末がトーチ周辺の低温部を通過して，十分に加熱されない可能性もある[27]。これに対して，DC プラズマを RF プラズマに重畳させたハイブリッドプラズマトーチでは，RF プラズマによって発生する渦流が DC ジェットにより消失するため，DC プラズマ出口から投入される原料粉末はプラズマの高温部に直接入り，効率的な加熱蒸発が期待される[28, 29]。さらに，擾乱に対しても安定性の高い DC プラズマが容量の大きな RF プラズマに重畳されるため，大量の原料投入に対してもプラズマの消失を抑えられる点は特筆すべき特長である。その他，本プラズマの詳細な特徴については文献 19 および 26 を参照されたい。

3. 1. 2 原料粉末供給および第2元素添加

　原料粉末の供給がゆらぐとプラズマへの熱負荷は変わり，粉体の加熱冷却履歴も大きく変化す

ることから，ナノ粒子形成過程にも直接影響する。したがって，均質な粒子の生成制御には粉末供給方式も重要な工程となる。脈動なく原料を安定供給するためには，一般的に粒径50〜60 μm 程度の粉末が利用される[30]。最近では供給方式の検討が進み，蒸発に有利なサブミクロンサイズの微粒子を数十 g/min で安定供給できるシステムも開発されており[31]，材料選択の幅も拡がっている。

　多元系材料の供給方法には，ガスとして導入添加するか，液体を利用し粉体を混合して懸濁液として噴霧するか，粉末で混合原料として導入する。複数種の混合粉体の場合，原料サイズと密度に注意して各々が同程度の重量の粉体とすることが望ましい。C を含む複合材料合成においては，プラズマガスに CH_4 を添加して熱分解後の C を利用する方式が[32]，C 粉末を直接プラズマ内に投入して蒸発後の気相を利用する方式が報告されている[33]。本稿で紹介する実験では，CコートとSiO還元のために CH_4 を Ar ガスに混合して導入している。また，多元系複合ナノ粒子製造には，第2元素 M の粉末を Si 粉末とポットミルで混合したものを原料として使用する。Si と密度が近い Ni や Cu の場合には，Si と同程度のサイズの粉末を利用すれば数 g/min の供給量で仕込み濃度を維持して安定供給できることを確認している。

3. 1. 3　高温蒸気冷却過程

　高温のプラズマ内で蒸発した粉体原料はプラズマフレーム端部での冷却によって過飽和となり，均質核生成を経てナノ粒子として成長する。冷却速度が上がれば粒成長は抑制されやすく，ナノ粒子径も減少する。高温蒸気の冷却方法には，主にクエンチガスの導入[34〜36]や水冷管[22, 37]が用いられる。クエンチガスの場合，プラズマ流に直交する径方向から軸中心に向かって導入する方式[34]や，プラズマ流に対向するように導入する方式[35, 36]が利用される。前者の場合，プラズマ中心の最高温度領域を直接冷却させるためのガス線速の制御が必要となる。一方，後者の場合，クエンチガスの流量を上げることで粒径は減少し，空間的に流量分布をつけることで粒径と共にサイズ分布も小さくできるが，分布が適切でないと二峰性（bimodal）分布になる可能性もあると数値的に予測されており，注意が必要である[38]。

　PS-PVD 後の Si ナノ粒子は原料と比較して比表面積が 100 倍程度増加するため，プロセス直後に大気暴露回収を行うと，粉塵発火の恐れがあるだけでなく，ナノ粒子の含有酸素量が原料比 10 倍程度まで増加しうる。活物質中の含有酸素量の増加による電池容量の初期効率低下を防ぐためにも，プロセス後の過度の酸化は避けたい。大気非暴露での粉末回収を可能とする機構が備わっていない場合には，プロセス後の冷却に費やされる数時間の低真空保持を利用した徐酸化や，PS-PVD 直後のナノ粒子への低入力での Ar + CH_4 プラズマを利用した C コート処理も酸化抑制に有効であることが経験的にも確認されている。

3. 1. 4　ナノ粒子作製と電池特性評価

　本稿では Si 粉体原料の完全蒸発が確認されている典型的条件における Si ナノ粒子生成実験を紹介する[8〜10]。はじめに反応器を 20 Pa まで排気したのち，円筒型トーチの半径方向および接線方向からプラズマガスとして Ar をそれぞれ 140，30 slm，半径方向から H_2 ガスを 30 slm で導

第7章　プラズマスプレーPVD による Si 系ナノ粒子の高次構造化

入し，DC 入力 8 kW，RF 入力 90 kW，チャンバー内圧力 400 Torr でプラズマを発生させる。

　原料粉末として，純度～99.5％で平均粒径 19 μm の冶金級 Si 粉末および同 15 μm の SiO 粉末を用いる。3.6 slm の Ar をキャリアガスとして，DC トーチ出口から原料粉末をプラズマ中に投入する。完全蒸発した原料蒸気はプラズマトーチ直下に設置する水冷式粉末捕集器により急速凝縮される。本粉末捕集器では，典型的な冷却速度の［N］条件に加え，水冷式銅半球をプラズマ直下に追加導入することで冷却速度を向上させた［R］条件を設定可能である。

　プラズマ停止後，反応器の冷却と粉末の徐酸化を意図して減圧下で 1 時間放置した後，ナノ粒子を回収する。生成粉末はふるいと乳棒による粉砕によりに粗大な凝集体を排除する。得られた粉末はカーボン導電材，ポリイミド系バインダーを混合し，N-メチルピロリドン（NMP）を粘度調整材としてスラリーを作製する。混合比は重量比で試料粉末 60％，バインダー 25％，導電材 15％とする。スラリーを銅箔集電体上に塗布し，110℃のオーブンにおける大気乾燥とロールプレスにより，厚み約 10 μm の負極を作製する。この負極と，炭酸エチレンと炭酸ジエチルが体積比 1：1 の溶媒中に電解質 $LiPF_6$ を濃度 1 M で調整した電解液，および対極として金属Li を用いた 2016 ハーフセルをグローブボックス内で組み立てる。充放電試験は，1～3 サイクルを 0.1 mA，4 サイクル以降を 0.5 mA，カットオフ電圧を 0～1.5 V として定電流方式で行う。

3.2　Si 系ナノ粒子

3.2.1　ナノ粒子形成素過程

　PS-PVD におけるナノ粒子の生成過程は，プラズマ内部での急速加熱による原料粉末の完全蒸発，冷却過程における核生成・粒成長，および低温領域における凝集の素過程に大別される。

　ナノ粒子の核生成過程は，古典的核生成理論に基づき核生成温度が推算される[39～42]。核生成頻度は，Si の飽和蒸気圧に対する分圧の割合である過飽和度 S の関数として表され[42]，S は臨界核半径と Kelvin 方程式により関係づけられる。一方，核生成頻度の温度依存性より，臨界過飽和度 S^* は温度の関数として評価できる。以上より，S が S^* を上回る点を核生成温度として見積もることができる。第 2 元素 M を同時添加する場合，後述するように先に生成する Si ナノ粒子上への不均質核生成に伴う構造化も考えられる。本温度を見積もるためには，Si ナノ粒子の形状を考慮した形状因子と 2 元系の界面エネルギーを加味する必要がある[43, 44]。

　安定核生成後の粉成長は，初期段階を除けば，粒子の衝突・合体に基づく成長モデルで説明される[45, 46]。また，粒子サイズが数百 nm 程度であれば捕集器内部の代表的な流れに対してストークス数は 1 より十分小さいため，ガスの流れに沿って成長するとみなすことができる。したがって，核生成温度以下の捕集領域を通過するガス流線を流体計算より求めれば，粒成長過程を見積もることができ，実験条件の変化に対する粒子構造への影響を予測し得る。実際，均一粒径近似を導入した簡単な見積もりでも十分に実験結果の傾向を説明できている[8]。例えば，粉末供給量 F に対して，粒子サイズ d はおおよそ $d \propto \sqrt[3]{F}$ の比例関係が確認されている。

3.2.2 PS-PVD 作製 Si ナノ粒子およびカーボンコーティング

原料 Si 粉末と 1 g/min で PS-PVD により［N］条件で作製した Si ナノ粒子の SEM 像を図 1 (a), (b) に示す。原料粉末は平均粒径 19 μm の破砕粉だが, PS-PVD で作製した粒子は約 100 nm 程度の球状の粒子であることが確認される。また, TEM で観察した Si ナノ粒子の 1 次粒子径と, PS-PVD 粉末の XRD 測定の Rietveld 解析から見積もられた結晶子サイズは共に 30 nm 程度で, おおよそ良く一致したため, SEM で観察された粒子は 30 nm 程度の Si 粒子を 1 次粒子として構成した凝集体を観察していると考えられる。一方, レーザー散乱方式粒度分布計測からも体積基準で数百 nm〜数 μm の粒子に相当するピークが確認されるため, 凝集体の存在がうかがえる。また, BET 測定の結果から見積もられる粒径はおよそ 50〜60 nm と確認される。したがって,［N］条件で作製した Si ナノ粒子は 30〜40 nm の 1 次粒子が凝集することで 50〜100 nm の 2 次粒子を形成し, さらに 2 次粒子の凝集体が数百 nm の 3 次粒子を形成する粉末構造をとるものと推測される。

Si 原料と共に C/Si 物質量比が 1 になるように CH_4 を添加した時の Si-C ナノ粒子の TEM 像を図 1 (c) に示す。Si 粒子が厚さ 2〜3 nm の非晶質 C でコーティングされた構造が確認できる。一方で, XRD の結果, Li と不活性な SiC の存在も認められる。そこで, C/Si 物質量比を 0.5, 0.25 と減らしたところ, SiC 相の減少が確認された。

図 1 (a) 冶金級 Si 粉末原料, (b) 1 g/min で PS-PVD により作製した Si ナノ粒子の SEM 像および (c) Si に C/Si=1.0 になるように CH_4 を添加して PS-PVD で作製した Si-C ナノ粒子の TEM 像[8]

3.2.3 第 2 元素粒子担持構造化

Si に第 2 元素として Ni を混合した粉末を原料に用いて PS-PVD を行うと, 共凝縮時の核生成温度の違いと不均質核生成後の反応によって, 特徴的な Si-Ni 複合ナノ粒子が形成される。混合粉末原料を 1 g/min で供給した場合に作製される Si-Ni ナノ粒子では, 図 2 inset の TEM 像より, Ni ナノ粒子が Si に直接担持した構造が確認される。Si の均質核生成温度は, Ni 添加によらずおおよそ 2190 K と推算される一方, 1 at.% Ni 添加試料における Ni の Si ナノ粒子上への不均質核生成温度は 1726 K, Ni の均質核生成温度は 1488 K と見積られる。したがって, 核生成温度の点から, PS-PVD の冷却過程において, はじめに Si ナノ粒子が均質核生成した

第7章 プラズマスプレーPVDによるSi系ナノ粒子の高次構造化

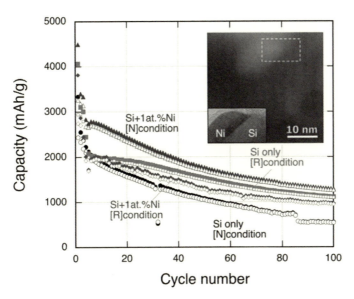

図2 各冷却条件で作製したSiおよびSi-Niナノ粒子を利用した電池のサイクル特性
(inset：[N]条件で作製したNi添加Siナノ粒子TEM像)[24]

後，NiがSiナノ粒子上に不均質核生成する形で，TEM像で確認される構造化粒子が形成したと推察される。なお，この場合，Niの均質核生成温度が一番低温のため，Niの単独粒子生成の抑制が期待される。

1 at.% Ni添加原料粉末について，典型的な冷却速度の［N］条件と急速冷却の［R］条件を比較した電池のサイクル容量特性を図2に示す。Siのみの粉末について，［R］条件における容量特性の改善が確認された。これは，急速冷却により粒成長が抑制されてSiの1次粒子径が減少し，粒子の割れが抑制されたためと考えられる。一方で，Ni添加試料では［N］条件の方が高容量を示している。5サイクル目以降の容量維持性は比較的同様の傾向を呈するが，とりわけ充放電初期段階での容量低下が抑制される特徴が認められる。Si-Niナノ複合粒子について，両冷却条件のTEM像を比較すると，［N］条件ではSi-Ni界面にエピタキシャル整合関係を持つ$NiSi_2$が生成する特徴的な構造が確認されるものの［R］条件では確認できない。また，初回の充放電前後の負極をXRDで比較すると，［R］条件では1回目の充電後には結晶Siのピークは確認できず粉砕が進行したと考えられる一方，［N］条件では初回充放電終了後でも結晶Siのピークが認められる。したがって，Ni担持による導電性の付与以外に，Liと反応性が低い$NiSi_2$がエピタキシャル界面を介して充放電時のSiの割れに対して補強する形で働いたことから，［N］条件ではサイクル特性が向上したと考えられる。対して［R］条件では冷却速度が速くSi-Ni間の反応が抑制され，$NiSi_2$相によるエピタキシャル界面が形成されず，容量維持の効果が発現しなかったと考えられる。

3.2.4 原料粉末供給量の影響

　PS-PVD によるナノ粒子生成および構造化の基本は前項で紹介した通り，構成元素の核生成が主要過程となる。核生成は当該元素の分圧に大きく影響を受けることから，原料粉体供給速度はナノ粒子構造を決める重要な実験変数である。とりわけ産業応用に際して高処理量を検討する場合，その粒子生成過程への影響は事前に把握しておきたい事項である。本節では，一例として，急速冷却［R］条件で Si および Si-5 at.% Ni 原料をそれぞれ供給量 1 g/min と 1 kg/hr 相当の 17 g/min で投入した結果を紹介する。図 3 は，粒成長モデル計算から見積もられる，異なる粉末供給量，Ni 添加量における Si ナノ粒子の成長過程をまとめている。Si 供給量増加に伴い Si 分圧は増加し，Si の均質核生成温度は 2190 K から 2543 K まで上昇する。一方で，Ni 添加に伴う Si 分圧変化は小さいため Si 粒子サイズへの影響は小さく，Ni 添加の有無によらず 1 g/min で約 20 nm，17 g/min で約 50 nm まで成長すると予測される。実際，実験的に得られたナノ粒子の Rietveld 解析より算出される結晶子サイズと良く一致している。また，体積基準の粒度分布測定では，1 g/min で作製の粒子は 0.1～10 μm の範囲にブロードなピークが確認されるが，17 g/min の粒子は 100 nm～1 μm の範囲にのみピークが見られ，逆に粗大な凝集体が減少する傾向を示す。17 g/min では原料の加熱および蒸発に要するエネルギーが大きいためプラズマの温度が下がりやすく，1 g/min で見られる粗大な凝集体の形成が抑制されると考えられる。

　一方，原料 Si は供給に際して特別な処理を施していないため，表面吸着酸素あるいは水分子のプロセス中への混入量は供給量と共に増加し，意図しない酸化が進む可能性も排除できない。そこで，生成ナノ粒子の含有酸素量を赤外線吸収法により SiO_x の x として評価すると，

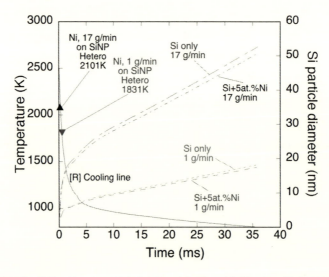

図 3　代表的なガス流線に沿った Si 核生成直後の冷却履歴（実線）と Si 粒成長過程の推測結果（破線），および粉末供給量ごとの Ni の Si ナノ粒子上への不均質核生成温度[10]

第7章 プラズマスプレーPVDによるSi系ナノ粒子の高次構造化

1 g/minでx=0.128に対して，17 g/minではx=0.037と含有酸素量は減少した。BET測定による比表面積も1 g/minの61.9 m²/gから17 g/minで16.5 m²/gと減少していることから，含有酸素量は生成粒子の表面積に強く影響を受け，原料表面吸着酸素の影響は限定的であることがうかがえる。

Ni添加原料について，供給量の増加に従ってNi分圧が増加するため，Niの均質核生成温度およびSiナノ粒子上への不均質核生成温度は共に上昇する。注意すべき点は，17 g/minの供給量の場合，大きく成長するSi粒子上への核生成となることから，核の生成エネルギーが形状因子に相当する分だけ下がり，より高い温度で不均質核生成が開始する[23]。また，すべてのSi粒子および生成核が同一サイズでかつ添加Niも各粒子に均質に分配されると仮定すれば，Si粒径に依存するNi/Si間の界面エネルギーバランスからSiナノ粒子上に不均質核生成するNiの担持状態，すなわちSi-Niナノ粒子構造の特徴を推測しうる。図4に示す通り，注目すべきは，粉末供給量が増えるとSi粒子上への担持Ni粒子数は増加し，Si粒子の表面積に対するSi-Ni界面の面積割合は1 g/minの8.9%から17 g/minでは39.0%まで増加する点である。粉末供給量の増加に伴い，より高い温度でSi-Ni界面が形成されつつ，界面積も増加することから，Si-Ni間の反応が著しく促進されることが予想される。

図5は，異なる粉末供給量で作製したPS-PVD粉末を負極活物質として用いた電池の放電容量維持率を比較している。Siのみ原料粉末の場合，17 g/minの方が1 g/minより初期段階での容量低下が抑えられ，100サイクル後にも相対的に高い維持率を示した。17 g/minの場合，粗大な凝集体の形成が抑制されたことが初期の容量低下を抑えたと考えられる。また，初回サイクルのクーロン効率は1 g/minで72.3%に対し，17 g/minで81.3%と増加する傾向が確認されており，17 g/minにおける比表面積の減少による含有酸素量の減少が初期効率を向上させる一因と考えられる。17 g/minで1次粒子サイズも50 nm前後まで大きくなるものの，Li合金化に伴う割れの臨界サイズとして報告される150 nmよりも十分小さいことから[47]，サイクルに伴う容量維持性は1 g/minと比較しても明確な相違は認められない。

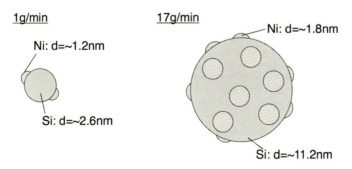

図4 原料粉末供給量によるSi-5 at.% Ni粉末のSiナノ粒子上へのNi不均質核生成時の粒子構造変化の概念図[10]

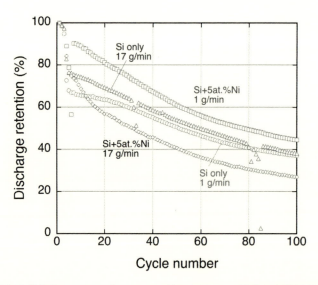

図5 各粉末供給量のSiおよびSi-Niナノ粒子を利用した電池の放電容量維持特性

Ni添加試料の場合，1 g/minではSiのみより特性が向上したが，17 g/min作製粉末は特性が大きく低下した．1 g/minの特性向上は3.2.3で紹介したNiSi$_2$相のエピタキシャル界面由来の効果と言える．一方で，17 g/minでは，前述の通りSi-Ni間の反応が促進されやすい環境となることから，Liと反応性が低いSi-Ni合金形成に活物質Siが過剰に消費されたために容量が大幅に減少したものと考えられる．したがって，高スループット粒子生成と高サイクル特性を両立させるためには，冷却速度を制御することで1次粒子径を低下させつつ，凝集体形成ならびにSi-Ni合金の過剰な形成を抑制することが重要と言える．なお，急冷［R］条件では$d = \alpha \times \sqrt[3]{F}$の相関係数は$\alpha = 20$と実験的に見積もられる．あくまで，モデル計算が成り立つとすれば，$F = 100$ g/minの供給量でも$d = 93$ nmの粒子破壊臨界サイズ以下のナノ粒子が作製できる可能性がある．17 g/minに対して，プラズマへの熱負荷も6倍となり，90 kW入力に対して34.8%が原料加熱に利用されることから，プラズマが安定に維持される方策もプロセス実現には重要と言える．

3.3 SiO系ナノ粒子
3.3.1 PS-PVDによるSiO系ナノ粒子構造と電池特性

Si代替活物質としてのSiOは，そのアモルファス構造ならびに含有酸素とLiの反応に伴うシリケート相に起因した比較的高いサイクル維持性を示すことが特徴とされる[48]．また，673～1273 Kで数時間程度の熱処理により不均化反応が進行し，母相SiO$_2$にナノ結晶Siが分散した複合組織が自発的に形成され[49,50]，この組織によるサイクル安定性の向上も確認されている[51,52]．しかし，SiOは含有酸素とLi合金化により生成するLi$_2$O相などが不可逆相として振る

第7章 プラズマスプレーPVDによるSi系ナノ粒子の高次構造化

舞うことから,初回充放電時の効率が低い点が解決すべき課題とされる。

SiOを原料としてPS-PVDによるSiOナノ粒子作製を行う場合,SiOが2200 Kで昇華する材料のため,Si原料に比べておよそ半分のエネルギー387 kJ/molで蒸気を生成しうる利点もある。また,固相SiOの還元による脱酸素を検討する場合には,SiO表面からの酸素脱離とならざるを得ず,SiOをコアに表面が還元された構造をとりやすく,充放電に不利な複合構造となる。この点,PS-PVDの場合,SiO粉末も完全蒸発するために,CH_4添加も検討すれば,高温で安定なCOとして気相SiOから優勢かつ均質に脱酸素化を進めることが期待される。PS-PVDで作製されるSiOナノ粒子のTEM像を図6(a)に示す通り,10〜20 nm程度の結晶性Siを厚み数nmのアモルファスSiO_xがコーティングしたコア-シェル構造を形成していることがわかる。また,CH_4添加量の増加に伴い,含有酸素量が減少することから,不均化反応後のコア部の結晶Siの体積分率増加も確認されている。実際,PS-PVDによるナノ粒子化およびCH_4添加による還元の結果,負極の直流抵抗成分の低減も確認されている[53]。図6(b)に示されるCH_4添加量ごとのサイクル特性からは,CH_4を添加しなかった場合には,PS-PVDによるナノ粒子化に伴う比表面積の増大から初期効率は原料粉末の58%から47%まで低下するものの,容量維持性は改善される。ここにCH_4をC/Si=0.25になるように添加すると,50サイクルまで約1000 mA h/gの高容量が維持される。初期効率は54%とわずかに低下するものの,還元の効果が表れていると言える。また,電池試験内容を電流値0.5 mA固定にすると,初期効率は変化しなかったものの,50サイクル後まで1250 mA h/gと容量維持性の向上が確認された。

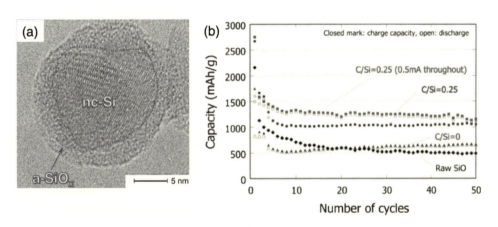

図6 (a) PS-PVDで作製したSi/SiO_xナノ粒子のTEM像[9]および(b) 異なるC/Si比になるようにCH_4を添加して作製したSi/SiO_xナノ粒子を使用した電池のサイクル容量特性[53]

3. 3. 2 SiO ナノ粒子の不均化反応

バルク体 SiO の不均化反応では，10 nm のナノ結晶 Si を得るために，1423 K で 4 時間，あるいは 1573 K で 24 分の熱処理が必要になる[49~51]。一方，PS-PVD における不均化反応は，1584 K での核生成後，1200 K の粉末捕集器壁到達までのおよそ 100 msec と，捕集器壁付着後のプロセス時間約 10 分の間に，10 nm まで結晶 Si が成長することになる。不均化反応により析出する Si の結晶サイズは Si 原子の拡散により説明されるが[54]，PS-PVD 時の急冷における Si 拡散係数を見積もると，バルク体 SiO の場合に比べて 2 桁程度大きくなることが明らかになった[55]。したがって，短時間で SiO の不均化反応を進行させ，ナノ複合粒子を自発的に形成できる点も SiO を原料とする PS-PVD の大きな特徴と言える。

4 おわりに

PS-PVD 法と生成する Si 系複合ナノ粒子の特徴について概説した。安価粉末を原料に高速でナノ粒子を生成する手法として，PS-PVD 法は特徴的なアプローチと言える。秀でた電池特性を提示するには，ナノ粒子生成後の凝集や大気解放時の酸化を抑制しうる，電池材料に特化したプラズマシステムとしての完備が必要となる。しかし，当該プロセスの基本特性としては，次世代 LiB 負極材料として十分に応用を検討しうる Si 系材料を，実験機においても少なくとも 1 kg/hr の速度で生成可能である点は注目すべき特長と言える。また，プラズマプロセスは一般に多大な電力を要するプロセスと認識されるものの，近年では，原料粉体のプラズマ内での加熱・冷却過程に同期して RF 入力を変調させることで，高い電力利用効率でより小粒径のナノ粒子形成も可能になることも報告されている[56]。さらに Si 系負極だけでなく，酸化物正極物質[36]，酸化物系固体電解質[57]のナノ粒子生成にも応用検討が進められており，将来的には，固体電解質の一貫製造も視野に入れられる。PS-PVD 法の研究開発が加速的に進むことで，電池材料製造法の有望な選択肢となるものと期待される。

文　　献

1)　J. Graetz *et al.*, *Electrochem. Solid-State. Lett.*, **6**, A194（2003）
2)　A. Magasinski *et al.*, *Nat. Mater.*, **9**, 353（2010）
3)　X. Li *et al.*, *Nat. Commun.*, **5**, 4105（2014）
4)　I. H. Son *et al.*, *Nat. Commun.*, **6**, 7393（2015）
5)　H. Chen *et al.*, *J. Power Sources*, **196**, 6657（2011）
6)　L. Zhong *et al.*, *Sci. Rep.*, **6**, 30952（2016）

第 7 章　プラズマスプレー PVD による Si 系ナノ粒子の高次構造化

7)　C. Martin, *Nat. Nanotechnol.*, **9**, 327（2014）

8)　M. Kambara *et al.*, *J. Appl. Phys.*, **115**, 143302（2014）

9)　K. Homma *et al.*, *Sci. Technol. Adv. Mater.*, **15**, 025006（2014）

10)　R. Ohta *et al.*, *J. Phys. D Appl. Phys.*, **51**, 105501（2018）

11)　D. S. Jung *et al.*, *Nano Lett.*, **13**, 2092（2013）

12)　M. Su *et al.*, *J. Electroanal. Chem.*, **844**, 86（2019）

13)　Y. Zhang *et al.*, *JOM*, **71**, 608（2019）

14)　M. W. Forney *et al.*, *J. Power Sources*, **228**, 270（2013）

15)　W. Chang *et al.*, *J. Power Sources*, **195** 320（2010）

16)　W. Ren *et al.*, *J. Mater. Chem. A*, **1**, 13433（2013）

17)　I. Dogan *et al.*, *Plasma Process. Polym.*, **13**, 19（2016）

18)　T. Yoshida, *Pure Appl. Chem.*, **78**, 1093（2006）

19)　プラズマ・核融合学会，プラズマの生成と診断—応用への道—，コロナ社（2004）

20)　T. Yoshida *et al.*, *Trans. Japan Inst. Metals*, **22**, 371（1981）

21)　T. Yoshida, *Mater. Trans.*, **31**, 1（1990）

22)　原田俊哉ほか，日本金属学会誌，**45**, 1138（1981）

23)　M. Kambara *et al.*, *Encyclopedia Plasma Technol.*, 1176（2017）

24)　K. Fukada *et al.*, *ECS Trans.*, **77**, 41（2017）

25)　古河電工，特開 2011-32541

26)　堂山昌男ほか，材料のプロセス技術，東京大学出版会（1986）

27)　M. Shigeta *et al.*, *J. Appl. Phys.*, **103**, 074903（2008）

28)　T. Yoshida *et al.*, *J. Appl. Phys.*, **54**, 640（1983）

29)　H. Huang *et al.*, *J. Therm. Spray Technol.*, **15**, 83（2006）

30)　https://www.oerlikon.com/metco/jp/products-services/coating-equipment/thermal-spray/feeders/feeders-plasma/twinsingle-120a/

31)　https://www.jeol.co.jp/products/detail/TP_99010FDR.html

32)　江口敬祐ほか，日本金属学会誌，**53**, 1236（1989）

33)　T. Watanabe *et al.*, *Thin Solid Films*, **506**, 263（2006）

34)　N. Kodama *et al.*, *J. Phys. D: Appl. Phys.*, **47**, 195304（2014）

35)　M. Tanaka *et al.*, *J. Phys. Conf. Ser.*, **518**, 012025（2014）

36)　H. Sone *et al.*, *Jpn. J. Appl. Phys.*, **55**, 07LE04（2016）

37)　姉川由男ほか，日本金属学会誌，**49**, 451（1985）

38)　S. V. Joshi *et al.*, *Plasma Chem. Plasma Process.*, **10**, 339（1990）

39)　F. F. Abraham, Homogeneous Nucleation Theory, Academic Press（1974）

40)　S. L. Girshick *et al.*, *Aerosol Sci. Technol.*, **13**, 465（1990）

41)　日本金属学会，金属データブック，丸善（1993）

42)　J. L. Margrave, The Characterization of High-temperature Vapors, Wiley（1967）

43)　S. Kotake *et al.*, *Prog. Aerosp. Sci.*, **19**, 129（1981）

44)　N. Eustathopoulos *et al.*, Wettability at High Temperatures, Pergamon（1999）

45)　J. R. Brock *et al.*, *J. Appl. Phys.*, **36**, 1857（1965）

リチウムイオン二次電池用シリコン系負極材の開発動向

46) G. D. Ulrich, *Combust. Sci. Technol.*, **4**, 47（1971）

47) X. H. Liu *et al.*, *ACS Nano*, **6**, 1522（2012）

48) C. H. Doh *et al.*, *Electrochem. Commun.*, **10**, 233（2008）

49) M. Mamiya *et al.*, *J. Cryst. Growth*, **229**, 457（2001）

50) J. Wang *et al.*, *Philos. Mag.*, **87**, 11（2007）

51) C. M. Park *et al.*, *J. Mater. Chem.*, **20**, 4854（2010）

52) J. H. Kim *et al.*, *J. Power Sources*, **170**, 456（2007）

53) M. Kambara *et al.*, *Jpn. J. Appl. Phys.*, **54**, 01AD05（2015）

54) L. A. Nesbit, *Appl. Phys. Lett.*, **46**, 38（1985）

55) T. Tashiro *et al.*, *Sci. Technol. Adv. Mater.*, **17**, 745（2016）

56) M. Kambara *et al.*, *J. Phys. D: Appl. Phys.*, **52**, 325502（2019）

57) R. Ohta *et al.*, in preparation

第8章　Li プレドープ法による Si 負極の効果的アクティベーションと界面安定化

齋藤守弘[*]

1　はじめに

　近年，CO_2 などの温室効果ガスの影響により，地球環境の温暖化は明確なものになってきている。これに伴い，エネルギー効率のより高い電気自動車が注目され，またそれと併せて持続可能な自然エネルギー，すなわち風力や太陽光発電へのシフトが加速している。そのような中，電気自動車の駆動電源や電力平準化のための蓄電池は益々その重要性が高まっており，現行のLiイオン電池のさらなる高容量化や大型化，さらには様々な次世代電池開発への取り組みが活発に進められている[1]。このような電池技術の鍵の一つは，より大量に Li を吸蔵・放出可能な電極材料であり，特に負極材料としては Si が現行の黒鉛（372 mA h/g）の10倍以上の理論容量（3580 mA h/g）を有していることから精力的に研究されている[2]。

　しかしながら，Li 空気電池や Li 硫黄電池など次世代電池の多くは Li を正極材料に含まないことが多く，そのため基本的には Li 金属を負極材料として使用することが想定されている。すなわち，Si を負極に使用する場合にもあらかじめ Li を合金化しておくことが必須であり，そのための簡便かつ安定な Li プレドープ，すなわち前処理としての Li 合金化法の確立が重要な要素技術の一つと言える。本章では，既往の黒鉛負極への Li プレドープから Si 系負極への Li プレドープ，すなわち Li 合金化法とその意義・効果について紹介するとともに，さらにもう一歩踏み込んだ形で，最近我々の検討している Li プレドープ法による Si 負極へ与える効果「Si ナノ粒子電極のアクティベーションと界面安定化」について概説する。

2　Li プレドープ法

2. 1　炭素負極への Li プレドープ（表1）

　これまで Li プレドープ技術は，特に Li イオンキャパシタの黒鉛負極について多く検討され，また実用化されてきた[3, 4]。代表的な手法としては，電気化学的な方法[5, 6]と化学反応による方法があり，前者はいわゆる黒鉛負極を充電することで Li 合金化することである。一方，化学反応による手法としては，大別して直接法と間接法がある。直接法は Li 箔を直接黒鉛負極に貼り合わせて電解液に浸漬する[6, 7]，すなわち内部短絡することで Li 合金化反応を進行するごく簡便な

　＊　Morihiro Saito　成蹊大学　理工学部　物質生命理工学科　准教授

リチウムイオン二次電池用シリコン系負極材の開発動向

表1 炭素負極に対する様々なLiプレドープ法

手法		操作	文献
電気化学的手法		Li箔対極を用いて，黒鉛電極に電気化学的にLi吸蔵	5, 6)
化学的手法		Li金属やそれ相当の還元力を有するLi含有化合物を利用	–
	直接法	黒鉛電極にLi箔を直接接触（短絡）させて電解液に浸漬	6, 7)
	間接法	黒鉛電極	Li箔対極 の2極セルを作製し，外部短絡	8, 9)
	圧着法	ハードカーボン電極に安定化Li金属粉末を圧着	10)
	溶液法	黒鉛電極をLi-ナフタレンラジカル錯体溶液に浸漬	11)

手法であり，一方，間接法は短絡せずにLi箔を対極にした2電極セルを作製し，これを外部短絡することでLi金属からLi⁺を溶解し，黒鉛負極を合金化していく[8, 9]。この際，穴あき集電体を用いた各電極を使用すれば，単層電極だけでなく積層電極体であっても，Li合金化をセル全体に施すことが可能であり，これがまさに現在のLiイオンキャパシタ（LIC）の実用化へと繋がっている。そのほか，ハードカーボン負極へ安定化Li金属粒子[10]をあらかじめ混合塗布しておき，それをLi源として初期充放電時にLi⁺がハードカーボンへプレドープされる手法，Li-ナフタレンラジカル錯体溶液に黒鉛負極を浸漬する方法[11]など，様々な手法が検討されている。

　いずれにしても，これらの炭素負極を対象にしたLiプレドープでは初回充電時の電解液の還元分解と分解生成物によるSolid State Interphase（SEI）皮膜の形成をするための正極のLi消費の低減やLIC用Liプレドープ黒鉛負極もしくはハードカーボン負極の場合も，正極が活性炭電極のためフル充電ではなく，また急速充放電による使用も考慮して，中程度のLiプレドープ深度を想定したものである。

2. 2　Si負極へのLiプレドープ（表2）

　一方，Si負極へのLiプレドープ，すなわちLi合金化Si負極の研究では次世代電池への応用を意図した研究が多く[12]，初期不可逆容量の低減という目的のほか，あらかじめLi合金化しておくことで，相対的な体積膨張を低減してSi活物質粒子の微粉化の抑制や，処理法によっては添加剤による良質なSEI皮膜の同時形成[13, 14]，Li合金時の形態変化を利用した応力緩和など，

表2 Si系負極に対する様々なLiプレドープ法

手法		操作	文献
電気化学的手法		Li箔対極を用いて，Si電極に電気化学的にLi吸蔵	12)
化学的手法		Li金属やそれ相当の還元力を有するLi含有化合物を利用	–
	直接法	Si電極にLi箔を直接接触（短絡）させて電解液に浸漬	13, 14)
	混合法	Si粒子とLiHを混合し，600℃に加熱	15)
		KSiとLiBrをボールミリング後，さらに400℃に加熱	16)
	溶融固化法	Si粒子とLi金属を溶融して合金化	17)
	溶液法	Si電極をLi-ナフタレンラジカル錯体溶液に浸漬	18)
		SiO電極をLi-ナフタレンラジカル錯体溶液に浸漬	19)

第 8 章　Li プレドープ法による Si 負極の効果的アクティベーションと界面安定化

より深い Li 合金化によるプラス α の効果を狙った報告が多い。Si 負極に特有の手法としては，Li 金属や Li 化合物と Si や Si 化合物を機械混合して Li 合金化する方法[15, 16]や，Li と Si を溶融する方法[17]などがあり，これらの手法ではより均一な Li 合金化が可能となる。例えば，Liu らは LiH を Li 源に用いて Si をアモルファスな $Li_{12}Si_7$ 相まで均一に合金化し（図 1），これを充放電開始活物質とすることで，充放電過程における相対的な体積変化を低減している。また，アモルファス相を利用することでも，Si 活物質の膨張・収縮を緩和している。その結果，充放電容量やサイクル特性が大幅に向上することを報告している（図 2）。また，稲葉らはビニリデンカーボネート（VC）添加した電解液中で Si 電極に直接法で Li プレドープすることで，より良質な SEI 皮膜を形成し，これにより Si 負極のサイクル寿命が延伸することを示している（図 3）。さらに，逢坂らは不活性雰囲気下にて Li 金属と Si 粉末を 21：5 で混合・溶融して $Li_{21}Si_5$ 合金を調製し，これを遊星ボールミルで粉砕することで，Li 合金化度の高い均一なサブミクロンからミクロンサイズの $Li_{21}Si_5$ 粒子を合成している（図 4）。一方，Li-ナフタレンラジカル錯体溶液を用いた溶液法[18, 19]についても，2000 年初頭から SiO 電極に対して検討が試みられている。しかし，当時は SiO 負極の大きな初回不可逆容量を削減することを主な目的としており，その後，2015 年にデンソーの吉田らによって，純 Si 負極へのより深い Li 合金化を目指した研究が報告された（図 5）。

しかし，いずれの手法も処理工程において Li 金属や Li 化合物を必要とし，不活性ガス雰囲気下での処理となり電池製造工程が煩雑となるため，さらに簡便かつ安全に Li 合金化し得る方法論の確立が急務である。

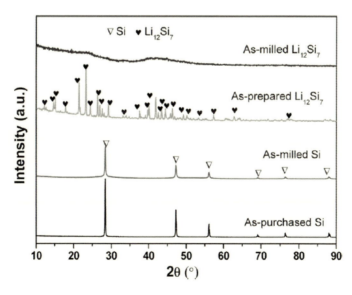

図 1　LiH を Li 源として混合・加熱して合成された $Li_{12}Si_7$ 合金の XRD パターン[15]
Reprinted with permission from ref.15 (Copyright 2012 American Chemical Society).

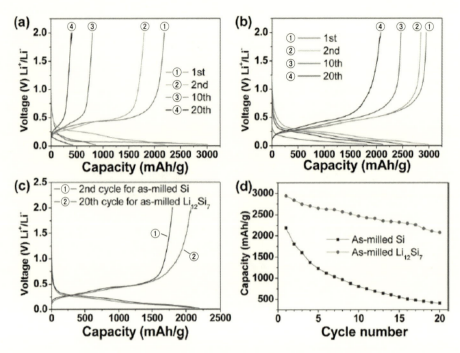

図2　LiHをLi源として混合・加熱して合成されたLi$_{12}$Si$_7$合金負極の充放電曲線とサイクル特性[15]
Reprinted with permission from ref.15 (Copyright 2012 American Chemical Society).

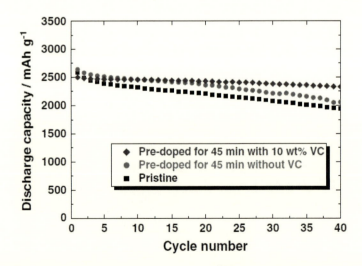

図3　10% VC添加1.0 M LiPF$_6$/EC+DEC (1:1) 電解液中にて直接法でLiプレドープしたSi負極のサイクル特性 (30℃)[13]

第 8 章　Li プレドープ法による Si 負極の効果的アクティベーションと界面安定化

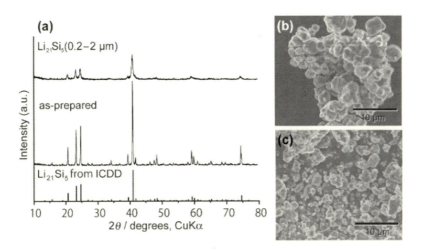

図4　溶融固化法で合成された Li-Si 合金の (a) XRD パターン，および (b), (c) SEM 像[17]
Figures adapted from ref.17 with permission.

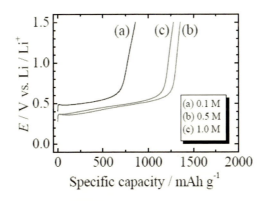

図5　種々の Li 濃度の Li-ナフタレン錯体溶液で Li プレドープ後の Si 負極の初回放電曲線 (30℃)[18]
(a)：0.1 M，(b)：0.5 M，(c)：1.0 M

　我々の研究室では，これらの Li プレドープ法を参考に，Si 負極への Li プレドープ，すなわち Li プレ合金化技術について検討を進めており，次節では特に直接法による Li プレドープが Si 負極へ及ぼす効果に焦点を当てて概説する。すなわち，電気化学的に充電反応にて Li 合金化する手法に比較して，直接法のような激しく反応する場合では Si 負極のその後の充放電反応に悪影響を及ぼすものと推測されてきたが，我々の研究では直接法の条件によっては，Si 負極を改質する可能性があることが明らかになってきている。特に，プレドープ時にフルオロエチレンカーボネート (FEC) を添加した電解液で直接プレドープすることで，Li 合金化の過程で安定な FEC 分解生成物による SEI 皮膜を形成することが可能であり，同時に直接法で急速に合金化を進行することで，より高深度で均一性も高い Li 合金化が達成可能であることも明らかになっ

てきた[12]。以下では，上記の種々のLiプレドープ法にも関連する研究例の一つとして我々の研究の一端を紹介するとともに，Si負極に対する効果的なLiプレドープ技術とは何か，またその利用法について議論する。

3 Liプレドープが Si 負極へ及ぼす効果

3.1 Liプレドープ Si 負極の充放電特性

ここでは，まず電気化学（EP）法と直接（DP）法で Li 合金化した Si 負極の充放電特性の違いについて紹介する。図6(a)と(b)は，それぞれ FEC 未添加と 10 mass％添加した電解液を用

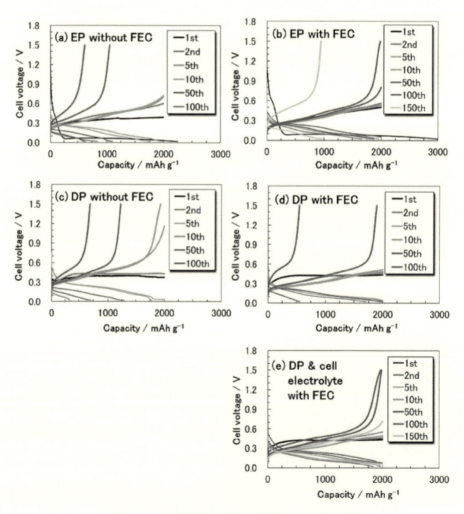

図6　LiプレドープSi負極の充放電曲線（30℃）[12]
(a),(b)：EP 法，(b),(d),(e)：DP 法

第8章　Liプレドープ法によるSi負極の効果的アクティベーションと界面安定化

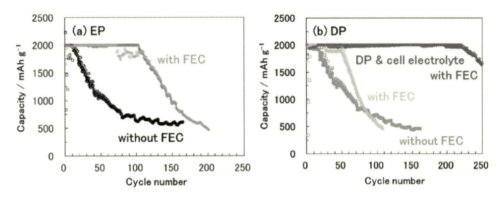

図7　LiプレドープSi負極のサイクル特性（30℃）[12]
(a)：EP法，(b)：DP法

いた場合のSiナノ粒子塗布電極の充放電曲線である．これらの結果より，電解液にFEC添加すると，サイクル寿命が大幅に向上することがわかる（図7(a)）．一方，直接法の際にFEC添加した電解液を用い，その後は未添加電解液で充放電した場合もサイクル寿命が延伸されるが（図6(c),(d)），さらにFEC添加電解液を使用した場合には，200サイクルを超えて安定に動作している（図6(e)，図7(b)）．すなわち，Liプレドープ時に安定な下地となるSEI皮膜を形成することで，さらに安定なSi負極界面が構築されるものと示唆される．

3．2　LiプレドープによるSi負極・粒子の形態変化

図8は，実際にLiプレドープ前後の各Si負極の走査型電子顕微鏡（SEM）像である．見ての通り，FEC添加した電解液でLiプレドープした場合では，EP法とDP法のいずれの手法においても，均一にムラなくLi合金化が進行している．黒鉛負極の場合はLiプレドープが進行すると黒色から青色，さらに金色に変化していくが，Si負極ではナノ粒子の黄色から灰色，さらに黒色へと変化していく．FEC添加では，Li合金化時の電解液分解によるガス発生が少なく，これが均一なLiプレドープに関係しているものと示唆された．

さらに，これらの各電極をスキャニングプローブマイクロスコープ（SPM）で観察したところ（図9），EP法ではいずれのSiナノ粒子も既往の報告の通り3～4倍程度に膨張しているのが確認されたが，DP法では各Siナノ粒子がさらに割れ微粒子化し，かつそれが凝集した二次粒子となっていることが明らかになった．すなわち，DP法では急激なLi合金化によりSiナノ粒子が急減に膨張して微細化し，これにより却ってSiナノ粒子の内部や隅々までLi合金化が進行したものと推測される．また，FEC添加ありのSi電極ではこれらの微細化したSiナノ粒子の表面をFEC由来のSEI皮膜が覆っているものと考えられ，さらなる界面安定化に寄与しているものと示唆される．

77

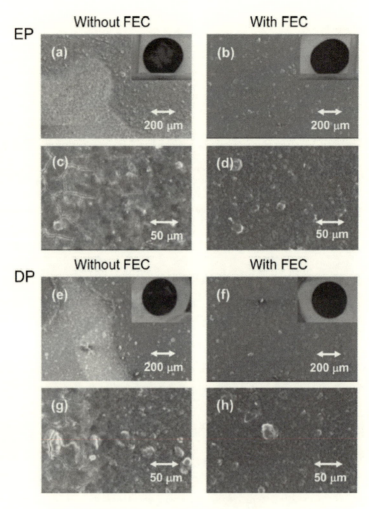

図8 Liプレドープ後のSiナノ粒子塗布電極のSEM像[12]
(a)-(d)：EP法, (e)-(h)：DP法

3.3 Liプレドープ反応の速度と深度

　前節では，急減なLi合金化がSiナノ粒子の微細化に繋がり，Li合金化をさらにスムーズかつ深く均一なものにした可能性を述べた。では，実際にどれほど速くLi合金化が進行しているのであろうか。図10(a)は，EP法で通常のC/6（700 mA/g）程度で充電した場合の充放電曲線である。この場合，充電は2100～3000 mA/g程度で完了することから，3時間から4時間以上かけてLi合金化していることになる。これに対し，DP法（図10(b)）では特にFEC添加することでLi合金化の速度が大幅に向上し，30分～1時間程度で全体の9割以上Li合金化が完了し，しかも電気容量も（初回は電解液分解の容量も含むが）EP法よりも多く，4000 mAh/g近くにまで達している。すなわち，DP法ではより急速かつ深度も大きくLi合金化が進行し，

第8章　LiプレドープによるSi負極の効果的アクティベーションと界面安定化

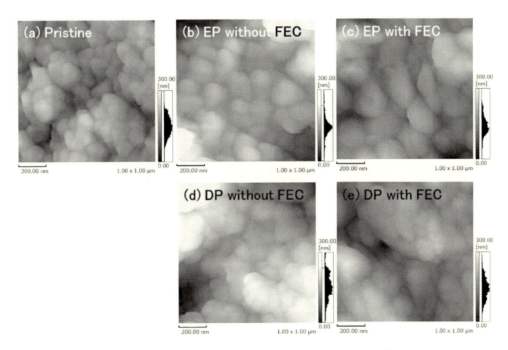

図9　Liプレドープ後のSiナノ粒子塗布電極のSPM像[12]
（a）：Liプレドープ前，（b），（c）：EP法，（d），（e）：DP法

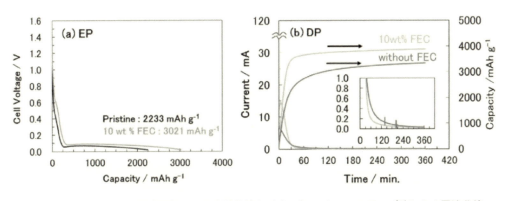

図10　（a）Siナノ粒子塗布電極の初回充電曲線と（b）ポテンシャルステップ法による電流曲線（30℃）[12]

これがSiナノ粒子の微細化を引き起こしたものと考えられる。実際，X線回折（XRD）分析にて，各LiプレドープSi負極の結晶構造を評価してみると（図11），EP法では，FEC未添加では残存していた初期の結晶性Siの回折ピークがFEC添加によりほぼ消失し，ほとんどのSiナノ粒子がLi合金化によってアモルファス化[20]している。一方，DP法ではFEC未添加でも結晶性Siの回折ピークはほぼ消失し，さらに常温で最もLiリッチなLi合金化層である$Li_{15}Si_4$の結

79

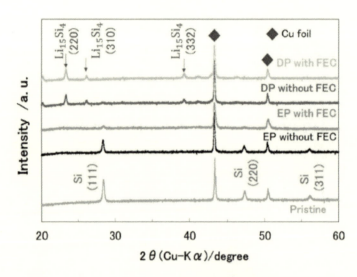

図11 Liプレドープ後のSiナノ粒子塗布電極のXRDパターン[12]

晶層[20]が新たに生成している。このことは，FEC添加の場合ではさらにはっきりと確認できる。すなわち，FEC添加した電解液を用いてDP法にてLiプレドープすると，Siナノ粒子電極全体をより深く均一にLi合金化，すなわちアクティベートすることができ，さらに，全てのSiナノ粒子表面がFEC由来の良質なSEI皮膜によって覆われるため，Si負極の界面安定化も同時に進行するものと推測される。

3.4 LiプレドープによるSEI皮膜形成と界面安定化

この節では，実際に生成されたSEI皮膜がどの程度安定であるのか，また，その成分や構造はどのようなものなのかについて議論する。図12は，各Si電極のサイクリックボルタンメトリー（CV）の図である。図12(a)と(b)は，FEC未添加と10 mass% FEC添加の電解液を用いて，EP法でLi合金化したSi負極の放電スタートのCV図である。これより，EP法ではいずれも充電と放電時ともに典型的な2つのアモルファスSi負極へのLi合金・脱合金化反応に由来する還元と酸化の電流ピークが確認できる。特に，FEC添加の場合では，それらの2つの電流ピークがより明確に現れている。一方，DP法の場合では初回放電時に$Li_{15}Si_4$の結晶層からのLi脱合金化に起因する酸化電流が0.5～0.6 V付近に確認でき，特にFEC添加した場合，その電流ピークが増大する。すなわち，EP法よりも深いLi合金化が進行し，かつFEC添加によりさらに促進されることが判る。また，それらの酸化電流ピーク後に続き一定の酸化電流が流れ続けており，この際に生じる大量のLi脱合金化に伴うSiナノ粒子の大きな収縮に由来するSEI皮膜の破壊と，それによるSiナノ粒子表面での電解液分解に由来する大きな酸化電流が確認される。この電流は，FEC添加電解液でDP処理をした場合では比較的抑制され，さらに，電解

第8章　Liプレドープ法によるSi負極の効果的アクティベーションと界面安定化

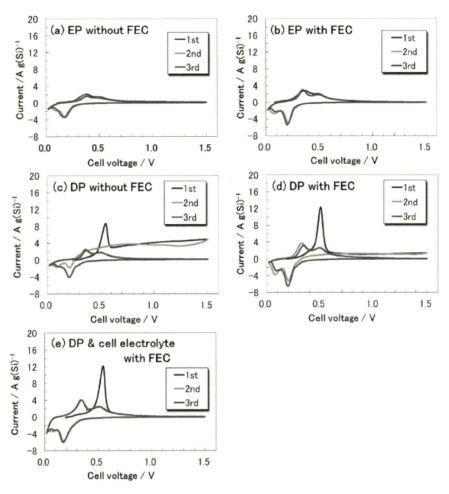

図12　LiプレドープSi負極のCV曲線（30℃）[12]
(a),(b)：EP法，(c),(d),(e)：DP法

液にもFEC添加した場合ではほぼ生じなくなる。すなわち，大きな体積変化で生じるSEI皮膜の破壊を，電解液中のFECが修復する効果があるものと示唆される。

では，実際に形成されるSEI皮膜の成分にはどんな特徴があるのか。このSiナノ粒子塗布電極の表面をSPMの弾性測定モードで分析してみると（図13），EP法もDP法もいずれの手法においてもFEC未添加では大きく2つの弾性の異なる分布ピークが現れた。すなわち，SEI皮膜の不均一性が確認された。しかし，FEC添加した場合ではこの不均一性が改善され，FEC由来の一つの均一な弾性を有するSEI皮膜がSiナノ粒子表面を覆っており，これにより後続するLi合金・脱合金化反応，すなわち充放電反応がより均一かつスムーズに可逆性良く進行することが示唆された。

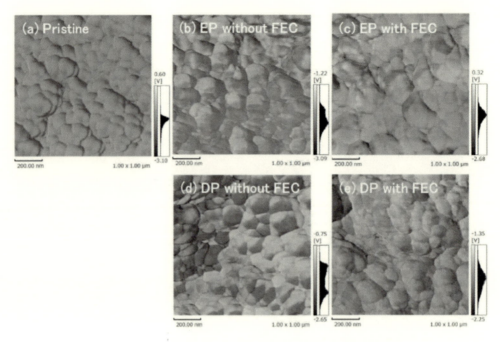

図 13 Li プレドープ後の Si ナノ粒子塗布電極の SPM 像（弾性像）[12]
(a)：Li プレドープ前，(b),(c)：EP 法，(d),(e)：DP 法

X 線光電子分光（XPS）法（図 14）による SEI 皮膜成分の分析では，FEC 添加の場合では FEC の分解生成物によるポリマー質の SEI 皮膜[21]がより厚く覆っており，その下に LiF や Li_2CO_3 の無機質な層が存在することが示唆された。また，硬 X 線光電子分光（HAXPES）法（図 15）の結果より，EP 法では，Si ナノ粒子表面に Li_xSiO_4 層が確認され，EP 法の際に Si ナノ粒子表面の SiO_2 薄層が電気化学的に不活性な Li_xSiO_4 層に変質する様子が伺えた。一方，DP 法では Si ナノ粒子の Li 合金化が急速かつ激しく進行することで SiO_2 層が一部フッ素化された SiO_xF_y 層[22,23]が形成することが確認され，このような積層構造かつ比較的均一な界面層が Si 負極の界面安定化に寄与しているものと示唆された。実際に，交流インピーダンス法による抵抗解析では，DP 法では EP 法よりも SEI 皮膜も電荷移動抵抗が低減され，かつ FEC 添加では皮膜抵抗は若干増加するが電荷移動抵抗は低減され，上記の事象を全て支持する結果となった。

3．5 アクティベーションと界面安定化のメカニズム

以上，ここまで EP 法と比較することで DP 法による Li プレドープ法の効果について概説してきたが，全ての結果をイメージ図に纏めると，図 16 のように描ける。すなわち，FEC 添加の場合では，EP 法と DP 法のいずれの手法でも FEC 由来の比較的均一で厚みのあるポリマー層とその内側に LiF や Li_2CO_3 などの無機化合物の層を含む SEI 皮膜を形成し，これにより後続

第8章 Liプレドープ法によるSi負極の効果的アクティベーションと界面安定化

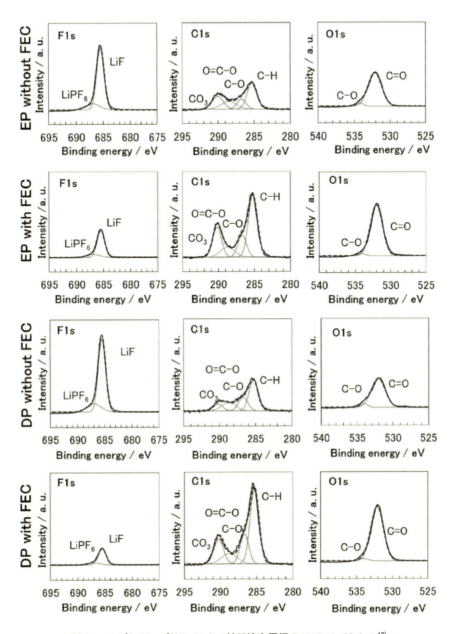

図14 Liプレドープ後のSiナノ粒子塗布電極のXPSスペクトル[12]

する余分な電解液分解を抑制してガス発生量を低減することで，Siナノ粒子表面におけるLi合金化反応を大きく妨げることなく促進する。また，DP法では急激なLi合金化とそれに伴う応力でSiナノ粒子を微細化し，Liプレドープの深度と均一性を向上する。さらに，DP法の急速で激しいLi合金化反応により，Siナノ粒子表面のSiO_2層も一部フッ素化され，これらの積層

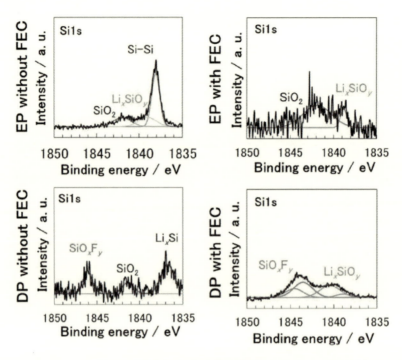

図15 Liプレドープ後のSiナノ粒子塗布電極のHAXESスペクトル[12]

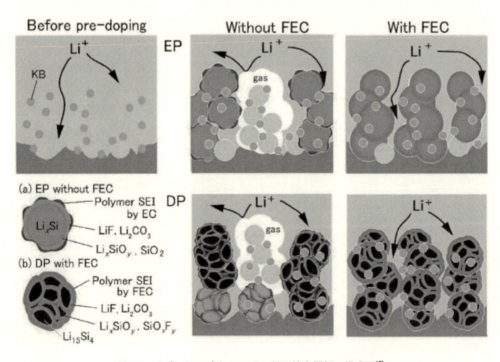

図16 Liプレドープ後のSiナノ粒子塗布電極の模式図[12]

第 8 章 Li プレドープ法による Si 負極の効果的アクティベーションと界面安定化

構造により強固な界面が構築される。形成された界面は，初回放電時の Li 脱合金化による Si ナノ粒子の大きな体積収縮で一部破壊されるが，電解液に FEC を添加しておくことで修復も可能であり，そのようにすることで安定な界面が保持され，飛躍的なサイクル寿命の向上が達成される。

4 おわりに

本章では，炭素負極や Si 負極への既往の Li プレドープ法を種々紹介するとともに，次世代電池の実現に向けた Si 負極へ Li プレドープの重要性を述べた。また，最近我々の検討している Li プレドープ法を応用した Si 負極の界面安定化する手法とその効果について概説した。すなわち，次世代電池では正極に Li を含まない系が多く，Li プレドープは初回不可逆容量の削減や低深度プレドープの範囲を超えて，できるだけ高深度でかつ均一に Li 合金化することが必要である。それにより，上記の Li プレドープ法（表 2）では Si 電極の初回充電時の体積膨張による影響の緩和や，良質な SEI 皮膜の形成，Li 合金時の形態変化を利用した応力緩和など Li プレドープ自体に新たな役割を付与することが可能となる。今回，我々の提示した DP 法に FEC 添加を組み合わせた手法もまさに Li プレドープ技術に「Si ナノ粒子電極のアクティベーションと界面安定化」という新たな役割と効果を見出したものであり，本章ではそのメカニズム解析の一端を紹介した。Si 負極を次世代電池へ応用するには，これらの知見を踏まえ，今後，さらに複合的かつ効果的な役割を有する Li プレドープ法を開発することが，その実現への大きな一歩に繋がるものと考えられる。

一方で，Li-Si 合金負極は，Li デンドライトの抑制の意味では Li 金属負極よりも優位であるが，これを如何に安価かつ簡便に調製できるかどうかの観点も，今後の次世代電池への応用の鍵であり，そのためには Si 負極への Li プレドープ技術の向上は欠かせない。実際の電池に本章で紹介した手法を適用するには，いずれも不活性雰囲気下での処理が必要なため，電池製造工程が煩雑になりコストも増える。すなわち，電池製造工程まで含んだ形での新しい Li プレドープ技術の開発が求められる。また，実用電池の観点からは Si 負極の目付量の増加やこれに伴う Li プレドープ法のさらなる改良も必要であろう。そのような意味では，次世代電池構築のための Li プレドープ Si 負極の開発は未だ始まったばかりであり，その報告例も他の材料研究と比較すると極めて少ない。しかし，もし安価かつ簡便な Li プレドープ技術が確立すれば，種々の次世代電池の実現に大きく寄与するだけでなく，新規電極材料の開発の観点からも Li-Si 合金負極以外のほかにも新しい電極材料を提案・創製する手法としての展開も拡がり，次世代電池の実現に向けて極めて魅力的な研究テーマの一つである。

本章における「Li プレドープ技術」に関する知見が，読者の研究をインスパイヤーし，新しい展開の一助になることを祈念している。

謝辞

　本章の一部は，NEDO「革新型蓄電池実用化促進基盤技術開発（RISING2）」において実施されたものである。関係各位に深く感謝いたします。

文　　献

1) P. G. Bruce *et al.*, *Nat. Mater.*, **11**, 19 (2011)
2) R. A. Huggins, *J. Power Sources*, **81-82**, 13 (1999)
3) B. A. Boukamp *et al.*, *J. Electrochem. Soc.*, **128**, 725 (1981)
4) S. R. Sivakkumar and A. G. Pandolfo, *Electrochim. Acta*, **65**, 280 (2012)
5) W. J. Cao and J. P. Zheng, *J. Electrochem. Soc.*, **160** (9), A1572 (2013)
6) S. Yata *et al.*, *Synth. Met.*, **73**, 273 (1995)
7) S. Yata *et al.*, *J. Electrochem. Soc.*, **154**, A221 (2007)
8) N. Ando *et al.*, The 46th Battery Symposium in Japan, abstract, p.294 (2005)
9) N. Ando, Capacitor Binran, p.449, Maruzen (2009)
10) Y. Li and B. Fitch, *Electrochem. Commun.*, **13**, 664 (2011)
11) T. Abe *et al.*, *J. Power Sources*, **68**, 216 (1997)
12) M. Saito *et al.*, *J. Electrochem. Soc.*, **166** (3), A5174 (2019)
13) T. Okubo *et al.*, *Solid State Ionics*, **262**, 39 (2014)
14) M. Saito *et al.*, *J. Electrochem. Soc.*, **163** (14), A3140 (2016)
15) R. Ma *et al.*, *J. Phys. Chem. Lett.*, **3**, 3555 (2012)
16) W. S. Tang *et al.*, *J. Electrochem. Soc.*, **160** (8), A1232 (2013)
17) S. Iwamura *et al.*, *Sci. Rep.*, **5**, 8085 (2015)
18) S. Yoshida *et al.*, *Electrochemistry*, **83** (10), 843 (2015)
19) T. Tabuchi *et al.*, *J. Power Sources*, **146**, 507 (2005)
20) J. Li and J. R. Dahn, *J. Electrochem. Soc.*, **154** (3), A156 (2007)
21) G. M. Veith *et al.*, *Sci. Rep.*, **7**, 6326 (2017)
22) B. T. Young *et al.*, *ACS Appl. Mater. Interfaces*, **7**, 20004 (2015)
23) F. Jeschull *et al.*, *J. Power Sources*, **325**, 513 (2016)

第 9 章　ロール to ロール Li プレドープ技術

小島健治[*]

はじめに

　プレドープを利用した蓄電デバイスの歴史は古く，世の中にリチウムイオン電池（LIB）が登場した時期とほぼ同じころに，Li プレドープ技術を用いたキャパシタが鐘紡㈱から「PASL キャパシタ」[1, 2]として平成初期に上市されており，当時の携帯電話のメモリーバックアップ用電源として広く用いられていた。当時，キャパシタはまだ小型のコイン型タイプが主流で，LIB も黎明期ということもあり，活物質の高容量化や電極高密度化などの改良を進めることで，携帯電話の待ち受け時間や通話時間を長くすべく，エネルギー密度の向上が図られていた時代であった。

　その後，様々な分野で蓄電デバイスのニーズが急速に高まっており，従来の LIB 市場を牽引してきたスマートフォンなどの携帯通信機器に加え，ドローンや HEV／EV などの移動体に用いられる蓄電池のグローバルな需要拡大が見込まれている。これら将来の大型需要に応えるべく「ギガファクトリー」と呼ばれる大規模 LIB 工場の立地が世界各地に計画されている。また，高エネルギー密度で安全性も高いとされている全固体電池の普及が待ち望まれているが，その一般的な普及にはまだ時間が必要と言われており，それまでに先進 LIB と呼ばれる現在の液系 LIB のハイスペックタイプ LIB の登場が期待されている。（図 1）。

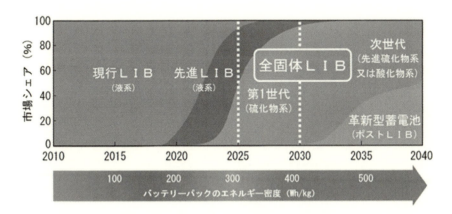

図 1　EV 用バッテリーの技術シフトの想定
（出典：2018 年 6 月 15 日 国立研究開発法人 新エネルギー・産業技術総合開発機構 News Release，https://www.nedo.go.jp/news/press/AA5_100968.html）

---

*　Kenji Kojima　JSR㈱　先端材料研究所　山梨分室　リーダー／参事

このような背景の下，LIB の高エネルギー密度化を狙って高容量タイプのシリコン系負極材の導入検討が進められてきているが，初期クーロン効率が低いために電極に添加できる量が制限されているのが実情である。また，この一つの解決策として「プレドープ技術」について世界中で様々な検討が行われ，その優位性，基礎的な効果確認までは進められてきているが，実際の製造プロセスへの落とし込みが難しく，量産工程に適用できるような新しいプレドープ技術の登場が強く望まれている。

1 プレドープについて

プレドープとは，セルを実際に充放電する前に負極（および／または正極）にあらかじめ Li イオンを担持させる技術であり，正極－負極間の電子の授受なしに電極活物質の充電深度を変えることのできる技術，例えば金属リチウムなどの Li イオン供給源から Li イオンを供給する技術であり，その大きな効果の一つに不可逆容量をあらかじめ補填することができるという特長がある。すなわち，LIB の高容量化，高出力化の検討を行う上で常に足枷となってきた「初期クーロン効率の低下」という枷を外して考えることができるという画期的な特長を有した技術である。

プレドープを行う対象としては一般的に負極電極が用いられることが多いが，負極材の種類としては図2に示すようにシリコン系の他にもハードカーボンやグラファイト，ポリアセン系材料[3]，もしくはこれらの混合物などを用いることができる。特にクーロン効率の低い電極に対してプレドープの期待効果は大きくなる。

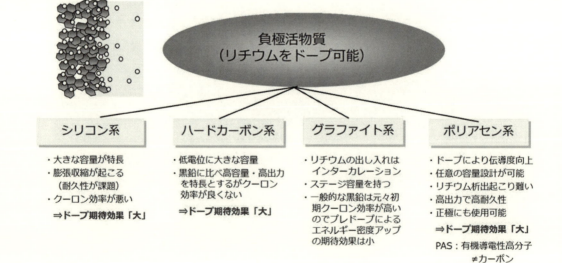

図2　ドープ対象となる負極材の種類

第9章　ロール to ロール Li プレドープ技術

　プレドープの技術，手法については今までにも様々な学会，セミナー，文献[4～13]で数多く報告されているが，これらの手法は大きく2種類に分けることができる。一つは「系内ドープ」と呼ばれている，いわゆるセル内で行うドープであり，これは垂直ドープと呼ばれる多孔質な集電体を用いた電極を利用したケースが代表的であり，セル内に所定量のLiを配置しておき，注液とともにドープを開始する方法で，外気との接触を持たない処方となる。もう一つは「系外ドープ」，つまり系外＝セル外でドープを行う方法であり，ドープの対象は電極や活物質などで，セル外で活物質や電極にLiをドープした後にそれを用いてセルを作る方法である。この方法はドープ後に一旦外気と接触する処方となるので，Liがドープされた電極を失活させない雰囲気制御が必要となる。本章で述べるロール to ロール Li プレドープ技術は対象が電極であり，後者の系外ドープに該当する技術を用いている。

　電極を対象として検討されてきたLiメタルを用いるプレドープ手法としては，電極の「表面」にLiを配置／ドープする方法と，電極の「内部」にLiを配置／ドープする方法がある。前者としては，ドープ相当量の薄厚Liフォイル（数μm～）を電極表面に貼り付けるLiフォイル貼付法や，粒径50～300 μmのLi粒子を負極上に均一に付着，注液・放置し，電極上で局部電池を構成し電極内に均一にドープするというLi粉末付着法，またSiOx膜表面にLi金属を蒸着させることで固相反応によってロスなくLiが吸蔵され不可逆容量が解消される反応性蒸着法などがある。後者の電極の「内部」にLi配置／ドープする方法としては，リチウムを液体アンモニアに溶解した溶液中に電極もしくは電極材料を浸漬してドープするアンモニア溶解-Li利用法や，電極層にアミド基を有するポリマーまたはオリゴマーで被覆したリチウムの微粒子を含有さ

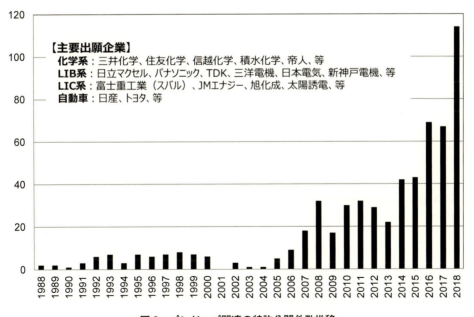

図3　プレドープ関連の特許公開件数推移

せ，電解液を含浸させることによりポリマー部分を電解液に溶出させるポリマー被覆Li微粒子法[14]などがある。

プレドープに関する特許公開件数も図3に示すように最近の10年で急激に増えてきており，電池業界においてプレドープ技術の注目度が高まっていることを示している。

2 プレドープの効果

LIBに対するプレドープの代表的な効果例について図4を用いて説明する。負極に初期充電容量900 mAh/g，放電容量630 mAh/gという高容量電極を用いた場合でも，クーロン効率が70％しかないとエネルギー密度の高いLIBは得られない。これは，プレドープを行わない場合は，正極，負極の充電量を一致させて設計するので，正極は実質充放電に関与できない余分な活物質を持つことになるためである。例えば本来の正極容量が135 mAh/gとすれば実質正極容量は135 × 0.7 = 94.5 mAh/gとなってしまい，セルとして高容量を得ることができない。しかしながら，プレドープを行った場合は，正極，負極の放電量を一致させて設計するので余分な正極を持たせる必要がなくなり，不要となった正極重量分の軽量化が図られ，セルとして高エネルギー密度化を図ることができる[15]。また，高価な原料である正極活物質の使用量を低減できることからコストダウンにもなり，さらに，熱暴走時に危険因子となる金属酸化物系の正極活物質を

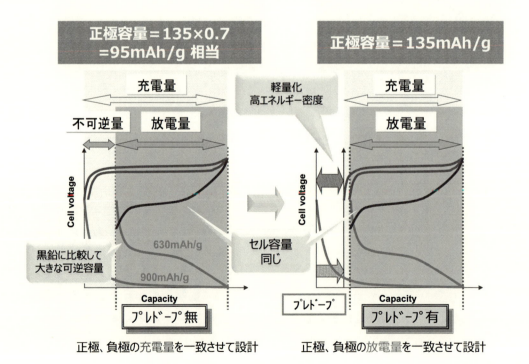

図4　プレドープの効果（例）

第9章 ロール to ロール Li プレドープ技術

セル内から減らすことにもなるので安全性の向上にも寄与する。実際にシリコン系負極材（SiO-30％／グラファイト-70％）の系でプレドープを行った場合，図5に示すように初期クーロン効率が71％から91％まで20％向上している。

また，従来のLIBや電気二重層コンデンサー（EDLC）などの蓄電デバイスの設計は一元的なものが多かった。つまり，高容量なデバイスを作る場合は高容量タイプの活物質を用いて電極厚みを厚く設計し，また高出力のデバイスを作る場合は高出力タイプの活物質を用いて電極厚みを薄く設計する，といった手法が一般的であった。プレドープは一般的に高容量化が期待効果とされることが多いが，実はLIBの設計に多様性を持たせることが可能となることが大きな特長であり，電極厚み以外にドープ量（＝ドープ深度），正極／負極の容量バランスといった新たな設計パラメータを導入することによって，ニーズに合わせたデバイスに設計することが可能となる技術である。表1に同じ活物質（正極：NCA，負極：SiO/Graphite = 33/67）を用いた場合でも，ドープ深度や正極／負極の容量バランスを設計に取り入れることにより，高エネルギー密度化（High energy cell design）と耐久性化（Long cycle cell design）が可能となるセルパフォーマンスの例を示す。前者（High energy）設計はプレドープすることによってミニセルでのクーロン効率が76.8％から88.8％まで向上し，初期放電容量も65.0 mAhから74.6 mAhまで大きくなっている。この理由は，図6に示すように，負極にプレドープすることによって放電時の負極電位上昇が抑えられ，それによってセルが終止電圧（2.5 V）に到達するまでにより多くの正極容量を利用することができるためである。なお，このミニセルの結果を大型セルに換算した結果は表1の後段に記載した通りであり，ドープなしは279 Wh/kg，ドープありは308 Wh/kgといったエネルギー密度となる。また，耐久性を考慮した後者（Long cycle）設計の場合，セルのエネルギー密度はドープなしと同程度だが，SiOが33％と高含有率にもかかわらず1Cで4.3〜2.5Vの定電流（CC）サイクル試験を行った時に250サイクル時で98％という高

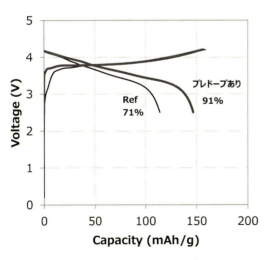

図5　初回充放電カーブ（プレドープ効果）

リチウムイオン二次電池用シリコン系負極材の開発動向

表1　セルパフォーマンス（例）　High energy／Long cycle

	without Pre-lithiation	with Pre-lithiation	
		High energy cell design	Long cycle cell design
Mini-cell results			
1st charge capacity	84.6 mAh	84.0 mAh	83.8 mAh
1st discharge capacity	65.0 mAh	74.6 mAh	75.0 mAh
1st cycle efficiency	76.8%	88.8%	89.5%
Large cell estimation			
1st charge capacity	31.9 Ah	31.6 Ah	31.6 Ah
1st discharge capacity	24.5 Ah	28.1 Ah	28.2 Ah
Cell weight	312 g	325 g	373 g
Energy density（wt）	279 Wh/kg	308 Wh/kg	277 Wh/kg

Conditions
　Laminate cell　　　　　　Anode：　　　　　　　　Cathode：
　4.3 - 2.5 V　　　　　　　SiO/Graphite = 33/67　　NCA
　1st charge 0.1 C CCCV　　Density 1.5 g/cm³　　　 Density 2.7 g/cm³
　1st discharge 0.1 C CC

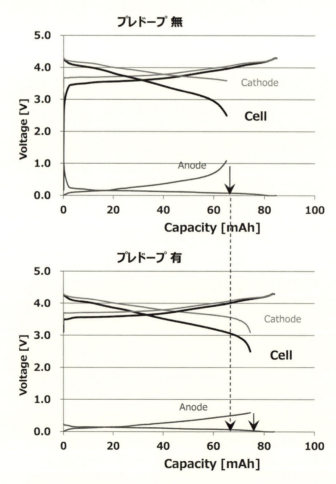

図6　初期充放電カーブ　プレドープなし（上），あり（下）

92

第9章 ロール to ロール Li プレドープ技術

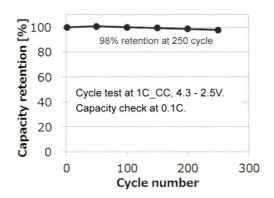

図7 容量保持率（Long cycle cell design）

い容量保持率を示す（図7）。

3 ロール to ロール Li プレドープ技術

系外ドープの一種に「湿式ドープ」と呼ばれる方法がある。この方法はドープする負極電極を作用極，対極を Li メタルとして，電解液中で Li をイオンとして電気化学的に負極電極中に挿入する方法で，ドープした負極を一旦取り出してセルに組み替える必要があるが比較的簡便に行うことができるので，実験室レベルのプレドープ手法としては広く用いられてきた手法である。JSR はこの湿式ドープ法をベースにして，設備技術，電気技術，および化学技術を融合することでロール電極での連続的な Li ドープ処理技術を開発した。

3.1 設備概要（装置構成）

ロール to ロール Li プレドープ装置は，写真1に示すようにロール電極の巻出部，ドープ槽，巻取部から構成される。また，必要に応じてドープ槽の前後にそれぞれ湿潤槽，洗浄槽を設けることもある。湿潤槽はプリウェット槽とも呼んでおり，電極がドープ槽に移った時に直ぐに Li イオンが電極内部にスムーズにドープされるようにあらかじめ電極に電解液を含浸させておくための槽で，洗浄槽は電極中に含まれる余分な電解質や塩を洗浄する場合の槽となる。

ドープ槽では実際に Li イオンが負極電極内に電気化学的にドープされる工程であり，電源装置を用いて給電ローラーと電極を WE（ワーキング電極），Li を CE（カウンター電極）として，電解液中で電気化学的に電極内部へ所定量の Li を入れる工程となる。なお，このドープ工程は生産性を考慮して通常複数のドープ槽を用いることが多く，各槽にそれぞれ所定量の電流を流し，すべてのドープ槽で Li 極から電極に送り込まれた電気量の総量が目的とするドープ量となる。ドープ槽内の Li 極板はマスキングによりドープしたいゾーンだけを選択的にドープすることも可能である。

リチウムイオン二次電池用シリコン系負極材の開発動向

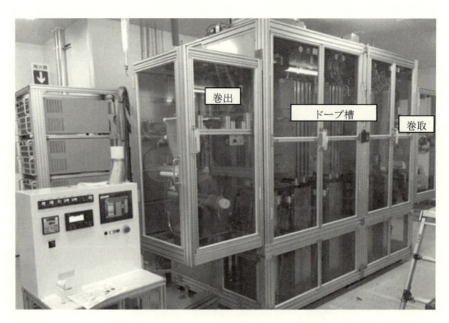

写真 1　ロール to ロール Li プレドープ装置

　なお，ドープ電極は内部に Li がドープされているので，水分を避けるなどの安全性考慮や失活などの保管環境への配慮は必要となるが，通常の LIB 組立で後工程となる捲回や積層に進めて行くことは可能である。

3.2　ロール to ロール Li プレドープ技術の主な特長
　本技術の主な特長としては以下のようなことが挙げられる。
①　現行電極をそのまま利用することが可能
　LIB メーカーの電極は，活物質のみならず，導電助剤，CMC，バインダーなどの副原料組成の種類，添加量，添加方法など多くの技術を盛り込んで作られており，本ロール to ロール Li プレドープ技術はこういった電極をそのまま用いてドープすることが可能なので，プレドープを導入した LIB の設計が比較的容易にできるという特長がある。
②　大きなプロセス変更が不要
　基本的には LIB メーカーが保有している工場のライン設備を大きく変更する必要がなく，現行ラインにプレドープ設備を追加するのみである。一例としては図 8 に示すように，負極の電極製造工程の乾燥工程とセル組立工程の積層／捲回工程の間にロール to ロールの Li プレドープ装置を追加することで対応が可能となる。ただし，本プレドープ工程は金属 Li や Li 塩電解液を取り扱うので露点が管理されたドライ環境が必要となる。
③　任意なドープ量の調整が簡便にできる
　本技術ではドープする Li の量を容易に調整することが可能となる。他の Li プレドープ手法で

第9章 ロール to ロール Li プレドープ技術

は，負極電極に導入したい所定量の Li を金属やイオンとしてあらかじめ別途準備して進める必要があり，また，ドープに長い時間を必要としたり，ドープが不均一になる，副反応で想定量の Li がドープされない，などの課題も多く，制御が煩雑となる場合が多い。しかしながら本法では必要な量だけ電気化学的に負極電極内部に直接 Li イオンを入れる（ドープする）ので，必要に応じてドープ量を浅くしたり深くすることが容易にできる。本技術を用いて望みの量を均一にドープした例を図9に示す。

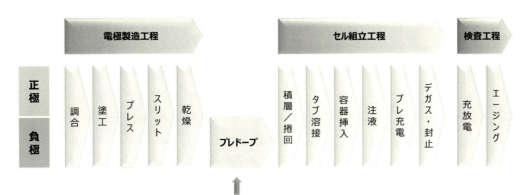

図8　プレドープ工程の位置付け

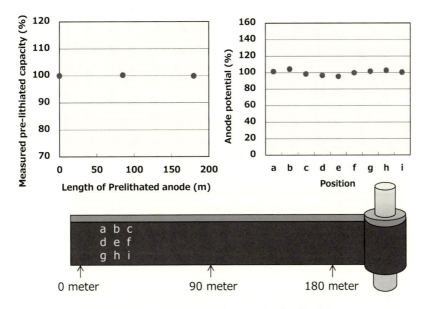

図9　ロール to ロール Li プレドープの均一性（例）

④ 新しい Solid electrolyte interphase（SEI）制御技術の導入が可能

　ドープする電極の種類に合わせてドープ液の組成，比率や添加剤の種類，添加量を調整することで，従来とは異なる SEI 被膜の制御が可能となる。これは，一般的な LIB の場合，セル組立後の初回の充電時で負極電位が下がる時に SEI 被膜が負極材表面に形成されるが，本技術ではドープ槽で最初に Li イオンが電極内に入る時に電位が下がり初回の SEI 被膜が形成され，その後一旦槽外へ出た後に再度セルとして注液時に 2 回目の SEI 形成も可能となる。つまり，ドープやセル特性を考慮した差別化技術を盛り込むことが可能となることも本技術の特長となる。

4　今後の展開

　LIB 市場は当面需要に後押しされて広がりを見せるものと思われるが，やがて普及期に入ると淘汰が進み，LIB の差別化が重要かつ必須になってくるであろう。他社に先んじて，如何にして新しい差別化技術を導入できるかが LIB メーカーの生き残りを左右するものと考えられる。

　上記の「ロール to ロール Li プレドープ技術」のような量産適用性に優れた技術は，市場のニーズに応える新たな先進 LIB へ繋がる差別化技術となることが期待される。さらには，高出力だがクーロン効率の悪さで実用化されなかったナノポーラス負極材料[16]や，次世代電池として位置付けられる Li 硫黄電池や全固体電池へのプレドープ応用技術検討など，もう一段上のステージを目指した新たな LIB の改良技術が進むことを期待したい。

文　　　献

1) 矢田静邦，工業材料，**40**（5），32（1992）
2) 山邊時雄，化学，**70**（12），40（2015）
3) T. Yamabe *et al.*, *Solid State Commun.*, **44**, 823（1982）
4) 小島健治，近畿化学協会セミナー要旨集（2018）
5) A. Shirai, 4th International AABC Europe（2013）
6) T. Tezuka, 1st International AABC Asia（2014）
7) J. Ronsmans, 9th International AABC Europe（2019）
8) 澁谷秀樹，小島健治ほか，*SUBARU Technical Review*, **33**, 80（2006）
9) 小島健治，炭素素原料科学と材料設計Ⅸ，p.64，CPC 研究会（2007）
10) F. Holtstiege *et al.*, *Batteries*, **4**（1），4（2018）
11) 石川正司ほか，リチウムイオンキャパシター技術と材料，シーエムシー出版（2010）
12) 小島健治，第 9 回スキルアップセミナー要旨集，炭素材料学会（2013）
13) 安東信雄，第 38 回無機高分子シンポジウム要旨集（2019）

第 9 章　ロール to ロール Li プレドープ技術

14)　近藤敬一ほか，特許第 4802868 号
15)　S. Yata *et al., Mat. Res. Soc. Symp. Proc.,* **496**, 15 (1998)
16)　国立研究開発法人新エネルギー・産業技術総合開発機構，平成 17-19 年度成果報告書，
　　　p.73

第10章　リチウムプリドーピングを容易にする
シリコン電極穿孔技術

山野晃裕[*1]，杣　直彦[*2]

1　はじめに

リチウムイオン電池（LIB）はスマートフォン，タブレット，ラップトップPCなどの電子デバイスに欠かせないものとなっているだけでなく，環境問題の点からハイブリッド自動車（HEV，PHEV）や電気自動車の電源としての用途が拡大しており，LIBのさらなる高容量・高エネルギー密度化が望まれている。LIBの高容量化には多くの取り組みがなされているが，中でも，より高容量な活物質の利用が試みられている。

従来，LIBの負極としては黒鉛材料が主に用いられているが，その容量は300～350 mAh/gと限られているため，より高容量なスズ系[1~5]やシリコン系材料[6~8]などの材料が注目されている。特に，SiやSiOなどのシリコン系材料は，それぞれ約3000 mAh/g，約1500 mAh/gの大きな容量を有していることから，その利用が期待されている[1]。

しかしながら，シリコン系負極は充放電に伴う体積膨張[9]が大きく，電極の変形や割れによるサイクル劣化も大きいため，サイクル寿命の低下が問題となっている。これに対し，機械的強度の高いステンレス（SUS）箔とポリイミドバインダーを使用することでサイクル寿命の向上が図られている[10,11]。また，シリコン系材料には初回の充放電での大きな不可逆容量（Si：約20%，SiO：約40～60%）があるため[10,11]，電池容量の低下の原因となり，これら材料の実用化を妨げている。そこで，初期不可逆容量による電池容量の低減を避けるため，あらかじめ，リチウム金属を対極に用いた電気化学的方法[12,13]や電極表面へのリチウム金属の貼り付け[10,14,15]，安定化リチウム金属粉末[16]の利用などにより，負極へのリチウムプリドーピングを行った後に電池が作製されるが，いずれの方法も煩雑であり，シリコン系材料の実用化を妨げる原因の一つとなっている。

本稿では，著者らが取り組んできた，レーザ電極穿孔技術を用いたより簡便なリチウムプリドーピングプロセス[17~19]について紹介するとともに，Si負極やSiO負極へのリチウムプリドーピング例を紹介する。

---

* 1　Akihiro Yamano　山形大学　有機エレクトロニクスイノベーションセンター
　　　　プロジェクト研究員
* 2　Naohiko Soma　㈱ワイヤード

2　シリコン系負極に適したレーザ連続穿孔技術

2.1　穿孔技術開発

　本プロセスを実現するために開発した穿孔技術は，株式会社ワイヤード（以下ワイヤード）が研究開発した技術である。

　ワイヤードは，前身メーカのレーザ微細加工技術を踏襲し，レーザ加工による穿孔技術のロール to ロールによる量産展開を実現した技術開発型のベンチャー企業である。

　ワイヤードが所有する試作装置は，枚葉試作加工機4台，ロール to ロール型穿孔試作加工機2台があり，それぞれ材料に合わせた波長を選べるようになっている。電極への穿孔試作の要望を受ける時には，クライアントの開発ロードマップに合わせて，まず枚葉加工機で電極への穿孔をし，事前の電池性能確認テストを実施した後，量産化を前提としたロール to ロール穿孔加工の試作を行うことが可能である。さらに，ロール to ロール穿孔加工の試作においては，量産時の性能の安定性やコスト設計を重視した条件検討が可能である。

2.2　従来のレーザ加工技術について

　従来のレーザ穿孔では，発振器のパルスエネルギーが十分でなく，貫通するためには同じ場所にショットを重ねる必要があった。しかもスキャナに関しても従来のガルバノミラーやポリゴンミラーではスキャン速度に限界があり，多重ショットとスキャン速度により結果，静置された物に限り1秒間に最大3,000孔程度しか穿孔できていなかった。しかもこの工法はロール to ロールのような移動体に穿孔を施すには問題があり，移動している加工点を追って同じ場所にレーザを当てるという機能が必要になり，光学設計が高精度かつ複雑な仕組みにならざるを得なかった。

2.3　独自の光学設計と新型スキャナ

　近年，レーザの性能も向上し電極穿孔が可能となるハイエネルギーのレーザも販売されており，加工効率の向上が図れる環境が整ってきている。しかし前述の従来のスキャナを活用するとそのエネルギーの約50%以上がロスとなってしまうため，引き続き加工速度の向上には課題があり，また，ロールの巾なりの穿孔形状にバラツキが発生する問題を解決できなかった。

　そこでワイヤードは，光学設計を見直し，従来と全く違う独自のスキャン方式を開発した。螺旋状に加工を施すという特徴があるため，「グランドヘリカルスキャン方式」と呼称している。さらに，光学上のエネルギーロスを10%以下に抑え，1ショットの穿孔で厚さ方向には200 μm以上の加工深度をロールの巾なりに均一に確保する光学設計とすることで，電極穿孔の量産化を可能とする加工装置の開発を実現し，量産装置の販売を進めている。

　また，加工時に発生する蒸散成分も連続加工においては阻害要因になり得るので，この蒸散成分の集塵も効率的にかつ連続で行わないといけない。この機能もスキャナ一体型の構造とするこ

とにより，ロール to ロールによる連続穿孔加工が実現した。

図 1　レーザー穿孔した SiO 負極の外観写真（中央部透過）

3　レーザ穿孔電極を用いたリチウムプリドーピングプロセスと電池製造技術

3.1　レーザ穿孔電極を用いた電池構成

レーザ穿孔加工例として NCM（523）正極と Si 負極の外観写真を図 2 に示す。電極を蛍光灯にかざすと，後ろの蛍光灯の光が透けて見えるが，いずれの電極（開孔率は正極：1.5%，負極：1.0%）もレーザ穿孔による大きな形状の変化はなく，通常の電極と同様に扱うことができる。

これら穿孔電極を用いたリチウムプリドーピング用セルの構成を図 3(a)に示す。レーザ穿孔した正負極を，従来の電池と同様に，所定の枚数積層し，この積層体両側にリチウム金属箔を配置する。なお，このリチウム金属については，本来はプリドーピングに必要な量を用いればよいが，ここでは実験作業の都合上，過剰量のリチウム金属を用いている。その後，これらをアルミラミネートフィルムに封入して電池とする。両側に配置したリチウム金属と各正極はそれぞれ 1 つのタブリードで接続するが，負極は後述するようにリチウムプリドーピングの進行度を確認するために各負極にタブリードを接続した。このようにして作製した電池の外観写真を図 3(b)に示す。各負極にタブリードが接続されている点とリチウム金属に接続されているタブリードがある以外は従来の LIB と違いはない（図 4）。

第10章　リチウムプリドーピングを容易にするシリコン電極穿孔技術

図2　レーザー穿孔したNCM正極とSi負極の外観写真
開孔率：正極1.5%，負極1.0%

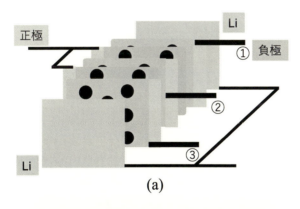

(a)

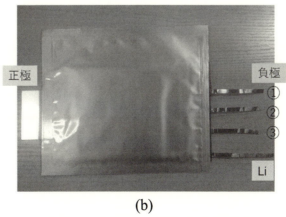

(b)

図3　レーザー穿孔電極を用いて作製した電池の (a) 構成および (b) 外観写真

101

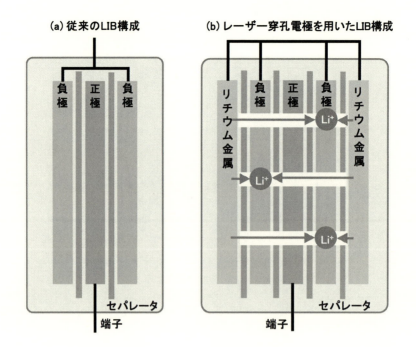

図4 (a) 従来のLIB構成と (b) レーザー穿孔電極を用いて作製した電池の比較
レーザー穿孔電極を用いた電池では，リチウム金属極から電極穿孔部分を介してリチウムイオンが移動することができる。

3.2 リチウムプリドーピングとプリドーピング進行度の確認

リチウムプリドーピングの手順について説明する。まず，負極へのリチウムプリドーピングは負極タブリードを銅板で接続し（図5(a)），これとリチウム金属極とを導線を用いて外部短絡させる（図5(b)）。ここで，リチウム金属極からリチウムイオンが正負極積層体の穿孔部分を通り負極に移動することにより，リチウムプリドーピングが進む（図4(b)）。リチウムプリドーピングの進行度の確認は，リチウム金属極と負極とを所定の時間，外部短絡後，開回路にし，リチウム金属とそれぞれの負極との開回路電位を測定することにより行う（図5(c)）。

このように，レーザ穿孔電極を用いたリチウムプリドーピングプロセスはリチウムプリドーピング後の電池解体工程などはなく，同一電池内でリチウムプリドーピングが可能である。

第 10 章　リチウムプリドーピングを容易にするシリコン電極穿孔技術

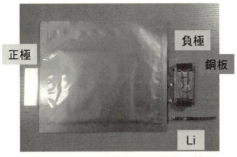

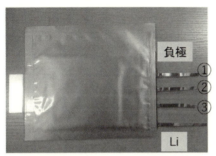

図 5　リチウムプリドーピング手順
(a) 各々の負極を銅板で接続，(b) 負極とリチウム金属極とを導線で外部短絡，および，
(c) 所定の時間外部短絡した後，負極それぞれとリチウム金属極との開回路電位を測定。

4　Si 負極へのリチウムプリドーピングと電池特性

　NCM（523）正極と Si 負極からなる電池において，Si 負極へのリチウムプリドーピングを行うことにより，電池のさらなる高容量化に取り組んだ。Si 負極は約 20％の不可逆容量を有している（図 6(a)）。そのため，リチウムプリドーピングを行わない従来の電池構成では，不可逆容量分，電池の容量が低下してしまうため，NCM 正極／Si 負極セルの初回充放電効率は 80％となる（図 6(b)）。そこで，Si 負極へのリチウムプリドーピングを行い，負極の不可逆容量を低減させることにより，電池の高容量化を図った。

　レーザ穿孔した NCM 正極 2 枚，Si 負極 3 枚からなる 100 mAh セルを作製し，Si 負極へのリチウムプリドーピングを行った。リチウム金属極と負極とを 93 h 外部短絡させた後，開回路にして，リチウム金属極に対する負極それぞれの開回路電位を測定した（図 7(a)）。外部短絡後の負極それぞれの開回路電位は，いずれも 0.002～0.003 V 程度の電圧を示しており，いずれの

103

リチウムイオン二次電池用シリコン系負極材の開発動向

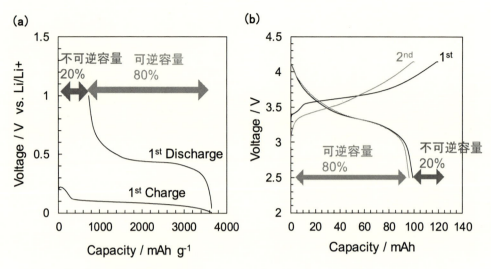

図6 (a) Si負極の初回充放電曲線（Liハーフセル）と (b) リチウムプリドーピングせずに用いたSi負極とNCM(523)正極との電池特性

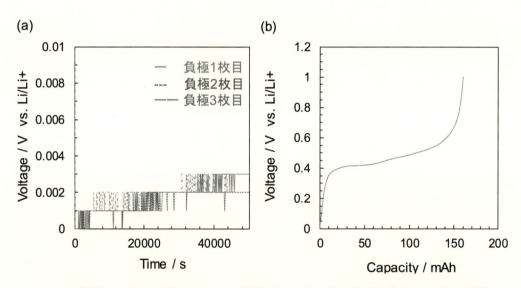

図7 Si負極とリチウム金属極とを93h外部短絡させた後，(a) 負極それぞれのリチウム金属極に対する開回路電位と (b) リチウム金属極に対して1Vまで電気化学的に放電させたときの放電曲線

第 10 章　リチウムプリドーピングを容易にするシリコン電極穿孔技術

負極も同様にリチウムプリドーピングが進んでいることが考えられる。

　次に，このリチウムプリドーピング後の Si 負極とリチウム金属極とで充放電装置を用いて電気化学的に Si 負極の放電（脱リチウム化）を行った。これは，この状態のまま正極と充放電を行っても，Si 負極はこれ以上リチウムを吸蔵できないため，一度，負極の可逆容量分だけ放電させる必要があるためである。そこで，それぞれの Si 負極を銅板で接続し，これとリチウム金属極とで 1 V まで放電を行った（図 7(b)）。また，このときの放電容量から求めた電極容量密度（電極 1 枚，片面当たり）は 3.1 mAh/cm^2 であり，これはあらかじめコインセルで確認した容量密度約 3 mAh/cm^2 の容量とほぼ同じ容量であることから，このことからも Si 負極へのプリドーピングが完了していると言える。

　このようにしてリチウムプリドーピングした Si 負極と NCM 正極とで充放電を行った（図 8）。リチウムプリドーピングせずに充放電した場合の初回充放電効率は 80 % であったが，リチウムプリドーピング後のセルの初回充放電効率は 91 % まで向上した。ここで，初回不可逆容量が 9 % あるが，これは正極自体の不可逆容量（約 10 %）に起因するものであり，負極の不可逆容量は先のリチウムプリドーピングで全て低減させることができたと考えられる。

　さらに，上の NCM 正極／Si 負極セルと電極枚数は等しく，電極面積を大きくして 1 Ah クラスのセルを作製した。このセルにおいても同様のリチウムプリドーピング操作を行った後，正負極での充放電を行ったところ，充放電効率は 93 % を示し（図 9），小型セルにおいてだけでなく，1 Ah クラスのセルにおいても，レーザ穿孔した正負極を用いたリチウムプリドーピングが可能であることがわかった。従来の黒鉛負極を Si 負極に置き換えることにより，電池の高容量化が図れるが，それだけでなく，このように，レーザ加工により僅かな穿孔率（正極 1.5 %，負極 0.5 %）で電極を穿孔するだけで，セル内での垂直方向へのリチウムプリドーピングによる負

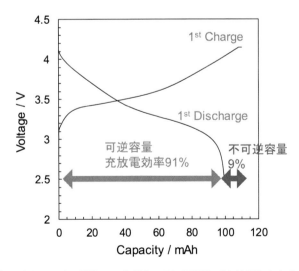

図 8　リチウムプリドーピング後，Si 負極と NCM 正極とで充放電したときの充放電曲線

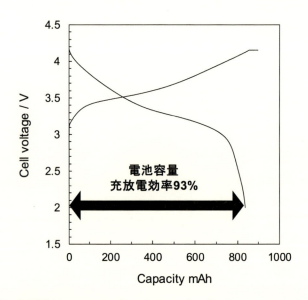

図9 レーザー穿孔電極を用いてリチウムプリドーピングした1 AhクラスセルNCM(523)正極／Si負極セルの充放電曲線

極の不可逆容量の低減が可能となり，Si負極を用いた電池のさらなる高容量化が可能となった。

5 SiO負極へのリチウムプリドーピングと電池特性

Si負極は3000 mA h/gもの高容量を有しているため，黒鉛に代わる高容量負極として期待されているが，一方，充放電時の膨張収縮が大きく，サイクル寿命の大きな低下があることは上で述べた。そこで，Siよりは容量が小さいものの（約1500 mAh/g），サイクル寿命に優れるSiOが注目されている。しかしながら，SiOは図10(a)に示すように60％もの大きな初期不可逆容量があり（材料によっては40％程度のものもある），リチウムプリドーピングせずにSiO負極を用いると電池容量の大きな低下を招く（図10(b)）。そこで，レーザ穿孔電極を用いたリチウムプリドーピングプロセスをSiO負極に適用し，電池の高容量化を図った。

そこで，レーザ穿孔したNCA正極3枚，SiO負極4枚からなる1Ahセルを作製し，SiO負極へのリチウムプリドーピングを行った。リチウム金属極と負極とを316h外部短絡させた後，開回路にして，リチウム金属極に対する負極それぞれの開回路電位を測定した（図11(a)）。なお，外部短絡時間を316hとしたのは，先のSi負極の場合よりも電極枚数が大きくなっているため，および，実験の都合上のためである。外部短絡後の負極それぞれの開回路電位は，いずれも0.001～0.002 V程度の電圧を示しており，いずれの負極も同様にリチウムプリドーピングが進んでいることが考えられる。

次に，Si負極の場合と同様の理由から，このリチウムプリドーピング後のSiO負極とリチウ

第 10 章　リチウムプリドーピングを容易にするシリコン電極穿孔技術

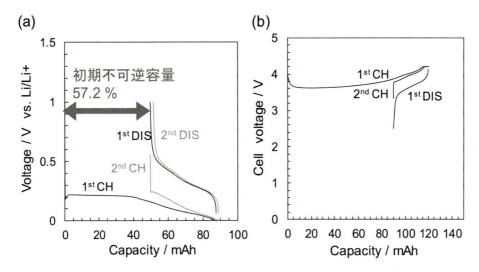

図 10　(a) SiO 負極の充放電曲線（Li ハーフセル）と (b) リチウムプリドーピングせずに用いた SiO 負極と NCM(622)正極との電池特性

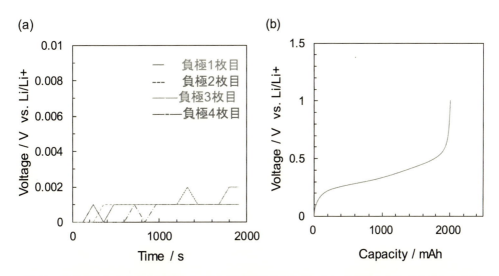

図 11　Si 負極とリチウム金属極とを 93 h 外部短絡させた後，(a) 負極それぞれのリチウム金属極に対する開回路電位と (b) リチウム金属極に対して 1 V まで電気化学的に放電させたときの放電曲線

ム金属極とで充放電装置を用いて 1 V まで電気化学的に SiO 負極の放電を行った（図 11(b)）。このときの放電容量から求めた電極容量密度（電極 1 枚，片面当たり）は 2.4 mAh/cm^2 であり，これはあらかじめコインセルで確認した容量密度約 2.2 mAh/cm^2 の容量とほぼ同じ容量であることから，SiO 負極へのプリドーピングが完了していると言える。その後，SiO 負極と NCA 正極とで充放電を行ったところ，セルの初回充放電効率は 78％であり（図 12(a)），レー

107

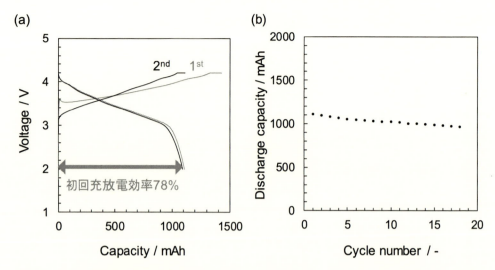

図12 レーザー穿孔電極を用いてリチウムプリドーピングした1 AhクラスセルNCA正極／SiO負極セルの (a) 充放電曲線と (b) サイクル特性

ザ穿孔電極を用いたリチウムプリドーピングを行うことにより，SiO負極を用いた場合においても，大きな充放電効率が得られた。また，このセルは良好なサイクル特性を示し（図12(b)），レーザ穿孔によるサイクル特性の低下はなかった。

6 おわりに

シリコン系負極へのレーザ連続穿孔技術と穿孔電極を用いたシリコン系負極のリチウムプリドーピングプロセスについて紹介してきた。従来，煩雑であったリチウムプリドーピングプロセスに対し，この方法は，電極に僅かな開孔率で穿孔するだけで，電極の容量を減らすことなく，また，従来の電池構成を大きく変えることもなく，電池作製後に電池内でのリチウムプリドーピングが可能となる簡便なプロセスであることから，量産プロセスへの適用が可能な技術である。またここでは，シリコン系負極へのリチウムプリドーピングの試みについて紹介してきたが，今後，シリコン系負極だけではなく，リチウムを含有しないためにこれまで利用が妨げられてきた高容量正極材料へのリチウムプリドーピングも可能と考えられ，電池の高容量・高エネルギー密度化を実現する有望な方法であり，今後の発展が期待される。

謝辞

本成果は国立研究開発法人新エネルギー・産業技術総合開発機構（NEDO）の助成事業の成果を一部活用している。

第 10 章　リチウムプリドーピングを容易にするシリコン電極穿孔技術

文　　　献

1) M. Winter and J. O. Besenhard, *Electrochim. Acta*, **45**, 31（1999）
2) Y. Idota *et al.*, *Science*, **276**, 1395（1997）
3) H. Morimoto *et al.*, *J. Electrochem. Soc.*, **146**, 3970（1999）
4) H. Yamauchi *et al.*, *J. Electrochem. Soc.*, **160**, A1725（2013）
5) A. Yamano *et al.*, *J. Electrochem. Soc.*, **161**, A1094（2014）
6) R. A. Huggins, *J. Power Sources*, **81**, 13（1999）
7) H. Usui *et al.*, *J. Power Sources*, **196**, 2143（2011）
8) 森下正典ほか，レアメタルフリー二次電池の最新技術動向，第 3 章第 1 節，p.125，シーエムシー出版（2013）
9) U. Kasavajjula *et al.*, *J. Power Sources*, **163**, 1003（2007）
10) T. Miyuki *et al.*, *Electrochemistry*, **80**, 401（2012）
11) A. Yamano *et al.*, *J. Electrochem. Soc.*, **162**, A1730（2015）
12) S. Yata *et al.*, *Synth. Met.*, **73**, 273（1995）
13) S. Yata *et al.*, *J. Electrochem. Soc.*, **154**, A221（2007）
14) Y. Yamakawa *et al.*, *Electrochemistry*, **76**, 203（2008）
15) J. Hassoun *et al.*, *J. Am. Chem. Soc.*, **133**, 3139（2011）
16) Y. Li and B. Fitch, *Electrochem. Commun.*, **13**, 664（2011）
17) 森下正典ほか，第 57 回電池討論会，1B24（2016）
18) 山野晃裕ほか，第 59 回電池討論会，2A22（2018）
19) 日経エレクトロニクス，2018 年 10 月号，p.21（2018）

第11章 負極用炭素へのシリコン／熱分解炭素コーティング

大澤善美[*1]，糸井弘行[*2]

1 CVD法による負極材料へのシリコン／熱分解炭素コーティング

リチウムイオン二次電池の負極材料には，総合的性能に優れた黒鉛系材料が主に用いられている。しかし，黒鉛の容量には限界（理論容量：372 mA h/g）があり，高い電流密度下での性能（レート特性）はそれほど良くない。また，低温での特性に優れたプロピレンカーボネート（PC）系の電解液を選択的に分解するため，PCを含む電解液中では黒鉛を用いることはできない。難黒鉛化性炭素や低温焼成炭素，スズ，シリコンなど黒鉛の理論容量を超える負極用活物質が見出されているが，容量ロスの要因である不可逆容量が大きい，サイクル特性が悪い，レート特性に劣るなどの問題点があり，総合的な性能ではまだ黒鉛を凌駕する負極用活物質が見出されたとは言いがたい。

新規負極材料のうち，シリコンは非常に大きな理論容量を持つことから，大変魅力的な材料ではあるが，充放電に伴う体積変化が著しく，サイクルに伴う容量劣化が大きいため，実用には至っていない。体積変化の影響を緩和するため，シリコン粒子の微粒化（ナノサイズ化）が検討されているが，比表面積が大きくなり，電解液の分解などによる初期クーロン効率の低下や安全性の低下を引き起こすのが問題である。別の手法として，ニッケルや銅箔上に数十nm程度以下の薄膜状シリコンを形成する方法があり充放電サイクルによる容量低下が抑制されるが，薄膜電極の場合，負極全体としての容量を稼ぐことは困難である。全容量を犠牲にすることなく，サイクル劣化も小さい材料として有望なものは，既存の炭素の表面にシリコン薄膜をコーティングなどにより複合化した材料，もしくはナノサイズのシリコン微粒子の表面に炭素の薄膜を複合化した材料と思われる。

近年，CVD（Chemical vapor deposition：化学蒸着）法やパルスCVD/CVI（Chemical vapor infiltration：化学気相含浸）法により，既存の負極用炭素材料の表面修飾を行うことによる，表面ナノ構造の最適化が検討されている。例えば，黒鉛系負極材料の表面に熱分解炭素膜をコーティングすることによる，低温特性に優れたPC（Propylene carbonate）系電解液中での分解の抑制について検討が進められている[1~3]。また，一部の難黒鉛化性炭素のような低結晶性

---

*1 Yoshimi Ohzawa 愛知工業大学 工学部 応用化学科 教授
*2 Hiroyuki Itoi 愛知工業大学 工学部 応用化学科 准教授

第11章　負極用炭素へのシリコン／熱分解炭素コーティング

炭素の負極特性の向上のため，気相原料から高結晶性の熱分解炭素薄膜のコーティングによる表面修飾が検討されている[4〜7]。この手法を利用し，例えばアプローチ①として，既存の負極材料として使用されている炭素をコア材料として用いて，シリコン薄膜をコーティングする，もしくはアプローチ②としてシリコンナノ粒子に熱分解炭素の薄膜をコーティングすることで，現在の黒鉛負極より高容量で，サイクル劣化も小さい負極材料が創製できると考えられる。図1にはアプローチ①による負極用炭素をコアに用いたシリコンとカーボンの複合負極材料の合成プロセスの模式図を示した。コア炭素に熱分解炭素をコーティングすると，初期クーロン効率の向上に効果が高いが，容量の増加は見込めない。コア炭素にシリコンのみを薄くコーティングすると容量の増加が期待できるが，気相から生成したシリコンの導電性は非常に低いので，電極材料としてそのまま用いるには，アセチレンブラックなどの導電助剤が必要と思われる。一方，シリコンコーティングの後，さらに熱分解炭素の薄膜をコーティングすれば，表面の導電性を増加させることができ，容量と初期クーロン効率の両特性を向上させることができると期待される。ここでは，アプローチ①の研究事例として，コア炭素に難黒鉛化性炭素繊維，もしくは天然黒鉛粒子を用いた炭素／シリコン膜／熱分解炭素膜からなる複合負極材料の合成と特性解析結果，アプローチ②の研究事例として，ナノサイズのシリコン微粒子に熱分解炭素の膜をコーティングした複合負極の合成と特性解析結果について紹介する。

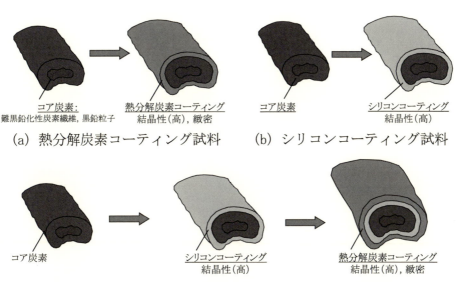

図1　負極用炭素をコアに用いたシリコンとカーボンの複合負極材料の合成プロセスの模式図

2 難黒鉛化性炭素繊維／シリコン膜／熱分解炭素膜からなる複合負極材料の合成と評価

2. 1 試料の合成，特性評価と条件

　コア炭素となる難黒鉛化性炭素繊維は，市販の濾紙（アドバンテック東洋 No.590）を，Ar 気流中，1000℃で，4 時間保持することで炭素化し，15 mm×10 mm×0.6 mm にカットすることで作製した。この板状基材に，典型的なパルス CVI 装置[8, 9]を用いて，C_3H_8（30%）-H_2 原料ガスから熱分解炭素を，$SiCl_4$（4%）-H_2 原料ガスからシリコンを析出させた。0.7 kPa 程度以下まで真空引きした石英製反応管内に，原料ガスを 0.1 MPa 程度まで瞬間的（0.1 秒）に導入し，ここで所定時間保持（保持時間）の後，再度，反応管内を真空引き（1 秒）した。これを 1 パルスとしてサイクルを繰り返した。本研究では，保持時間は 1 秒とし，反応温度は，熱分解炭素の場合 950℃，シリコンの場合 900℃とした。試料の結晶性は，XRD（X-ray diffraction，Shimadzu，XD-610），およびラマン分光法（RENISHAW，inVia Reflex 532St，レーザー源：Nd-YVO$_4$，532 nm）で評価した。また，比表面積は，窒素吸着装置（Shimadzu，Micromeritics，ASAP2020）を用いて BET（Brunauer-Emmett-Teller）法で評価した。

　充放電試験は，北斗電工 HJSM-8 を用いて，ガラス製 3 極式セル中，25℃で行った。板状試料を Ni メッシュ製ホルダーに挟み込むことで作用極を作製し，120℃，真空下で一晩乾燥して評価に供した。電池セルは Ar を満たしたグローブボックス内で組み立てた。対極，参照極には Li 箔を，電解液には 1 M-LiClO$_4$ EC/DEC（1：1 volume）を用いた。放電（Li 挿入）は，定電流 60 mA/g の後，3 mV 定電圧保持，トータル放電時間 24 時間とし，充電（Li 脱離）は，定電流 60 mA/g，終止電圧 2 V とした。電気化学的インピーダンス特性は，充放電測定で使用した電池セルと同様のものを用い，交流インピーダンス法によって評価した。2 回の充放電サイクルの後，30 mV になるまで Li$^+$ を再度挿入し，その電位で電流がほとんど流れなくなるまで定電位で保持した（約 24 時間）。その後，Solartron 製モデル 1287 を用いて，測定周波数範囲 100 kHz〜10 mHz，印加交流電圧 5 mV にて測定した。

2. 2 構造，電気化学的特性の解析

　図 2 に，コーティング処理前の難黒鉛化性炭素繊維（コア炭素），熱分解炭素のみをコーティングした難黒鉛化性炭素繊維，およびシリコンと熱分解炭素をマルチコーティングした試料の XRD パターンを示した。未処理のコア炭素と比較して，熱分解炭素のみをコーティングした試料は，C002 回折ピークの現れる角度が高角度側にシフトしているのが確認できる。このピーク角度から d 値を計算してみたところ，$d = 0.395$ nm（コーティング前）から $d = 0.355$ nm（コーティング後）に変化していた。これは，コアである難黒鉛化性炭素繊維の面間隔より黒鉛に近い面間隔を持つ結晶性の高い熱分解炭素が析出したことを示している。また，シリコンと熱分解炭素をマルチコーティングした試料は，28.4° にシャープなピークが確認でき，結晶性のシリコン

第11章 負極用炭素へのシリコン／熱分解炭素コーティング

が析出したことが確認された。また，熱分解炭素のみをコーティングした時と同様に，炭素のC002回折ピークが高角度側にシフトしたことから，シリコン上に析出した熱分解炭素の結晶性もコアの難黒鉛化性炭素繊維より高いことが分かる。また，SiCのピークは観察されなかった。SiCはリチウムと電気化学的に不活性であり，絶縁物であるため，SiCの生成は好ましくないが，XRDからのみの判断ではあるが，SiCの生成は認められなかった。

図3～6に，それぞれコーティング処理前の難黒鉛化性炭素繊維，23 mass％の熱分解炭素のみをコーティングした試料，20 mass％のシリコンのみをコーティングした試料，および11 mass％のシリコンと7 mass％の熱分解炭素をマルチコーティングした試料の交流インピーダンス法による測定データのNyquistプロットを示す。各プロットにおいて，2つの円弧（半円）が見られるが，小さい方の円弧は，活物質表面に生成した保護膜（SEI）の抵抗に起因し，大きい方の円弧は活物質の電池反応に伴う電荷移動抵抗に起因するとされている。円弧が大きいと抵抗が大きいことを示している。処理前の難黒鉛化性炭素繊維の円弧に比較して，熱分解炭素のみをコーティングした試料の円弧は小さくなっており，解析した電荷移動抵抗は処理前の60％程度まで小さくなっていることが分かった。コーティングした炭素膜の方がコア炭素繊維より結晶性が高いためと推測される。一方，シリコンのみをコーティングした試料の円弧は，コア炭素の円弧より大きくなっており，抵抗が増加していることが分かる。気相から生成したシリコンは不純物が少なく不導体であることを反映した結果と考えられる。抵抗の増加は，スムーズな電荷の移動を妨げるため，電極材料としては好ましくない。次に，シリコンをコーティングした試料にさらに熱分解炭素の薄膜をコーティングした試料の円弧は，コア炭素に熱分解炭素だけをコーティングした試料と同程度まで小さくなっており，電荷移動抵抗もコア炭素の60％程度

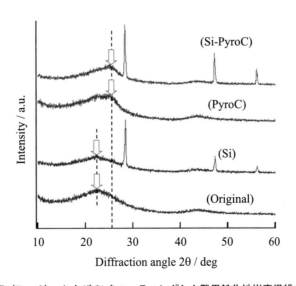

図2 熱分解炭素（PyroC），およびSiをコーティングした難黒鉛化性炭素繊維のXRDパターン

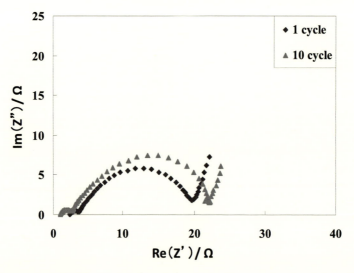

図3 難黒鉛化性炭素繊維（コア炭素）の交流インピーダンス法によるNyquistプロット

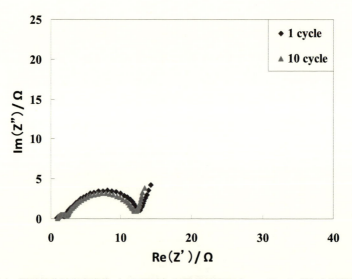

図4 難黒鉛化性炭素繊維（コア炭素）に熱分解炭素をコーティングした試料の
交流インピーダンス法によるNyquistプロット
試料中の重量割合：熱分解炭素23％

第11章　負極用炭素へのシリコン／熱分解炭素コーティング

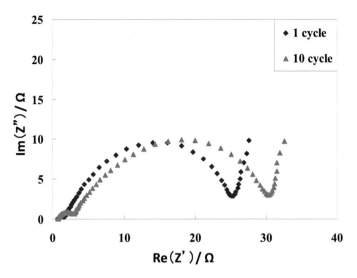

図5　難黒鉛化性炭素繊維（コア炭素）にシリコンをコーティングした試料の
　　交流インピーダンス法による Nyquist プロット
試料中の重量割合：シリコン 20％

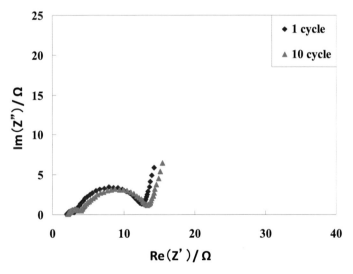

図6　難黒鉛化性炭素繊維（コア炭素）にシリコンおよび熱分解炭素をマルチコーティングした
　　試料の交流インピーダンス法による Nyquist プロット
試料中の重量割合：シリコン 11％，熱分解炭素 7％

まで小さくなることが分かった。内部に導電性の低いシリコンが存在しても，電解液と接触する活物質表面に導電性の高い膜をコーティングすれば電荷移動抵抗を低減できることが分かった。

　図7〜9に，それぞれコーティング処理前の難黒鉛化性炭素繊維，23 mass％の熱分解炭素のみをコーティングした試料，および11 mass％のシリコンと7 mass％の熱分解炭素をマルチコーティングした試料の初期充放電（Li脱離／挿入）曲線を示した。処理前の炭素化物は，難黒鉛化性炭素において一般的に見られるように，0.1 V以下での長い電位平坦領域と電位が徐々に変化する領域を有する挙動を示した。可逆（充電，Li脱離）容量は，370 mA h/gと黒鉛の理論容量（372 mA h/g）に近い高い容量を示したが，不可逆容量は186 mA h/gと大きく，初期クーロン効率は66％と低い。コーティング処理前のコア炭素は，結晶性が低く，また比表面積が比較的大きいので，電解液の分解などの不可逆反応が著しいためと考えられる。23 mass％の熱分解炭素のみをコーティングした試料では，電位の変化の挙動には大きな差は見られず，容量も380 mA h/gと処理前と同程度であった。しかし，不可逆容量は，67 mA h/g程度まで大きく減少し，クーロン効率は85％に向上した。結晶性が高く層状構造の熱分解炭素がコーティングされ，活性なエッジ面や官能基が電解液と接触する程度が小さくなったこと，および比表面積が大きく減少したこと，これらの相乗効果により電解液の分解などの不可逆反応が大きく抑制されたため考えられる。11 mass％のシリコンと7 mass％の熱分解炭素をマルチコーティングした試料では，充電（Li脱離）曲線の0.5 V近傍に新しいプラトーが現れ，1 stサイクルの可逆容量が631 mA h/gと処理前のコア炭素より高い容量を示した。シリコンによる容量増加を反映した結果と思われる。また，初期クーロン効率は84％と比較的高く，シリコンの上にさらに熱分解炭素薄膜をコーティングした効果と考えられる。

　図10に，難黒鉛化性炭素繊維（コア炭素）にシリコン，もしくは熱分解炭素のみをコーティングした試料，およびその両方をマルチコーティングした試料の充放電サイクル特性を示した。

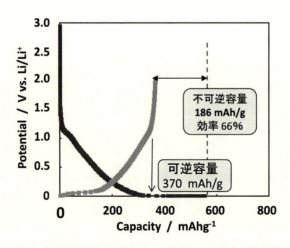

図7　難黒鉛化性炭素繊維（コア炭素）の初期充放電曲線

第 11 章　負極用炭素へのシリコン／熱分解炭素コーティング

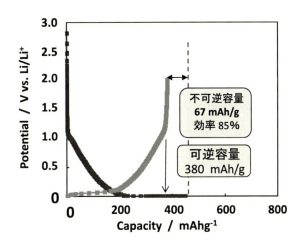

図 8　難黒鉛化性炭素繊維（コア炭素）に熱分解炭素をコーティングした試料の初期充放電曲線
試料中の重量割合：熱分解炭素 23％

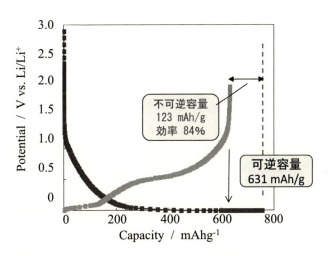

図 9　難黒鉛化性炭素繊維（コア炭素）にシリコンおよび熱分解炭素をマルチコーティングした試料の初期充放電曲線
試料中の重量割合：シリコン 11％，熱分解炭素 7％

熱分解炭素のみをコーティングした試料は，充放電サイクルによる容量低下はほとんど見られず，良好なサイクル特性を示した。しかし，シリコンのみをコーティングした試料は，容量の初期値は950 mA h/gと大きいが，5サイクル程度で，コア炭素と同程度の容量まで低下した。シリコン膜の剥離などが要因と考えられる。一方，11 mass％のシリコンと7 mass％の熱分解炭素をマルチコーティングした試料では，サイクルによる大きな容量低下は見られない。これはシリコン膜上の熱分解炭素膜がシリコンの剥離を抑制したためではないかと推定している。マルチコーティングを行った試料で，シリコンのコーティング量を多くすると，初期の容量が大きく増加していることが分かる。しかし，容量低下の割合が大きくなった。熱分解炭素のコーティング量の最適化を検討する必要がある。図11には，充放電測定を10サイクル行った後の難黒鉛化

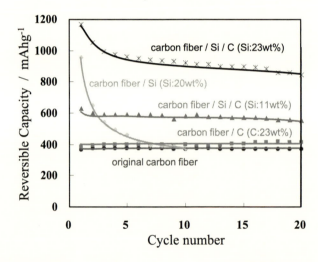

図10　難黒鉛化性炭素繊維（コア炭素）にシリコン，もしくは熱分解炭素のみをコーティングした試料，およびその両方をマルチコーティングした試料のサイクル特性

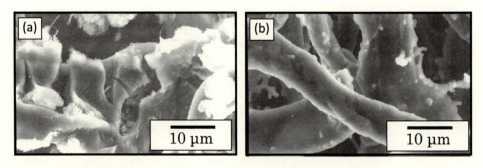

図11　充放電測定を10サイクル行った後の難黒鉛化性炭素繊維（コア炭素）にシリコンのみをコーティングした試料（a），およびシリコンと熱分解炭素の両方をマルチコーティングした試料（b）のSEM写真

第 11 章　負極用炭素へのシリコン／熱分解炭素コーティング

性炭素繊維（コア炭素）にシリコンのみをコーティングした試料（a），およびシリコンと熱分解炭素の両方をマルチコーティングした試料（b）の SEM 写真を示した。シリコンのみをコーティングした試料では，表面に析出している Si に，Li との合金化における体積膨張によりクラックが生じているのが確認できる。一部のシリコンは，コア炭素から剥離したものと思われ，容量の低下を引き起こしたと推察される。一方，シリコンと熱分解炭素の両方をマルチコーティングした試料では，クラックの発生は見られない。シリコンコーティングの後，さらに表面を熱分解炭素でコーティングすることにより Si の体積膨張によるクラックなどの発生を抑制することができると考えられた。

3　天然黒鉛粒子／シリコン膜／熱分解炭素膜からなる複合負極材料の合成と評価

3.1　試料の合成，特性評価と条件

コアの黒鉛には，天然黒鉛 NG-10（SEC カーボン製，平均径 10 μm）および NG-5（同，平均径 5 μm）を用いた。CVD 処理条件として，Si コーティングにおいては，温度を 900℃とし，Si 蒸着の原料ガスに，四塩化ケイ素（6％），水素（94％）を用い，総流量は 5 cc/sec とした。また，炭素コーティングにおいては，温度を 900℃とし，原料ガスにプロパン（30％），窒素（70％）を用い，総流量 10 cc/sec とした。

試料の形態は，走査型電子顕微鏡 SEM（Scanning electron microscope, Shimadzu, SUPER SCAN SS-550）と透過型電子顕微鏡 TEM（Transmission electron microscope, JEOL, JME-2010），結晶性は X 線回折装置 XRD（X-ray diffraction, Shimadzu, XD-610），およびラマン分光法（RENISHAW, inVia Reflex 532St, レーザー源：Nd-YVO$_4$, 532 nm）で評価した。また，比表面積は，窒素吸着装置（Shimadzu, Micromeritics, ASAP2020）を用いて BET（Brunauer-Emmett-Teller）法で評価した。試料の表面分析には，X 線光電子分光法 XPS（X-ray photoelectoron spectroscopy, KRATOS, ESCA-3400）を用いた。

充放電試験は，北斗電工 HJSM-8 を用いて，ガラス製 3 極式セル中，25℃で行った。作用電極は，試料粉末と，バインダーとしてポリフッ化ビニリデン（呉羽化学工業製，PVDF）を溶解した N-メチル-2-ピロリドンを，試料 80 mass％，PVDF 20 mass％となるように混合し，混練後 Ni メッシュ集電体に塗布し，120℃・真空下で一晩乾燥して作製した。電池セルは Ar を満たしたグローブボックス内で組み立てた。対極，参照極には Li 箔を，電解液には 1 M LIPF$_6$（EC：DMC＝1：1 v/v％）を使用し，電流密度 60 mA/g，電圧範囲を 0～3，もしくは 0～1.5 V（vs. Li/Li$^+$）で 10 サイクルの充放電測定を行った。

3.2 構造,電気化学的特性の解析

　コーティング処理前の黒鉛粉体(コア炭素),シリコンをコーティングした試料,および炭素をコーティングした試料のX線回折(XRD)パターンを解析した結果,$SiCl_4$を用いたCVD処理を行うとシリコンに由来する(111)回折ピークが$2\theta=28.4°$付近($d_{111}=0.314$ nm)に現れ,その形状はシャープであり,結晶性の高いシリコンが析出したことが分かった。また,シリコンを蒸着させた後も黒鉛のd_{002}面間隔に影響がないことからCVD処理した後もコアの天然黒鉛に影響なくコーティングできることが示唆された。シリコンや熱分解炭素をコーティングした際,$2\theta=35°$付近にSiCに由来するピークは観察されなかった。SiCはリチウムと電気化学的に不活性であり,絶縁物であるため,SiCの生成は好ましくないが,XRDからのみの判断ではあるが,SiCの生成は認められなかった。なお,XPS測定からは,同じく絶縁物であるSiO_2に起因するピークが観察されたが,ラマン分光からはSiO_2に起因するピークは観察されなかった。SiO_2の生成は,コーティング試料の表面近傍のみであると推定された。

　図12に,コーティング処理前の平均粒径10 μmの黒鉛(a),シリコンをコーティングした試料(b, c),およびシリコンと炭素をマルチコーティングした試料(d)のTEM写真を示した。シリコンコーティング前の黒鉛の表面は比較的平滑であるのに対し,コーティング処理後は,こぶ状の析出物により被覆されている様子が観察される。約24 mass%のシリコンが析出し

図12　天然黒鉛(NG10,写真a)にシリコンのみをコーティングした試料(b, c),およびシリコンと熱分解炭素の両方をマルチコーティングした試料(d)のTEM写真
試料の重量分率:(b, c) NG 76.1, Si 23.9 mass%;(d) NG 68.3, Si 18.8, pyroC 12.9 mass%

第11章 負極用炭素へのシリコン／熱分解炭素コーティング

た試料において、こぶ状シリコンの膜厚は、数十 nm であった。シリコンをコーティングした試料に、さらに炭素をコーティングすると（写真 d）、表面の形態は処理前の天然黒鉛に似て平滑になっていることが分かる。シリコンが平滑な炭素膜で覆われたことを反映した結果と思われる。

　NG-10 黒鉛にシリコンコーティングを行った試料の充放電測定結果から、コアの黒鉛の容量は、360 mA h/g であったが、シリコンを 10 mass％コーティングした試料の容量は、600 mA h/g 程度になり、シリコンコーティングは高容量化に有効な手法であることを明らかにした。図 13 には、NG-5 黒鉛を用いてシリコンをコーティングした試料の初期充放電曲線を示した。初期充電曲線において、0.4 V 付近にシリコンに起因するプラトーが現れることを確認した。このプラトーはシリコンとリチウムの脱合金化に伴うシリコン特有のものである。図 14 には、NG-5 にシリコンをコーティングした試料の 10 サイクルまでの容量の変化を示した。シリコンを 12.1 wt％コーティングした試料は初期容量が 650 mA h/g 程度であり、初期クーロン効率が 87％であった。また、比較的良好なサイクル特性を示すことが分かった。一方、シリコンのコーティング量を 29.6％と大きくすると、初期容量は 1120 mA h/g と増加するものの、充放電サイクルによる容量低下が大きくなった。コーティングしたシリコンの膜厚が大きくなり、充放電に伴うシリコンの膨張、収縮によりシリコン膜の破壊や黒鉛コアからの剥離が起きたためと考えられる。図 15 に、コア炭素として NG-5 と NG-10 を用いた場合のシリコンコーティング試料のサイクル特性を比較して示した。NG-5 を用いた方が、充放電サイクルによる劣化が小さいことが分かった。比表面積は、NG-5 が 12.6 m^2/g、NG-10 が 5.8 m^2/g であるため、同じ重量のシリコンをコーティングした場合、NG-5 を用いた方がシリコン膜厚は小さくなり、充放電に伴う体積膨張の影響が小さくなったためと思われた。図 16 は、NG-5 黒鉛にシリコンを 21 mass％程度析出させた試料と、その後、さらに炭素をコーティングした試料のサイクル特性

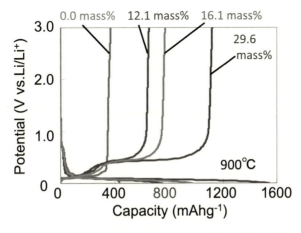

図 13　天然黒鉛（NG5）にシリコンをコーティングした試料の初期充放電曲線

を示したものである。図14でも述べたが，シリコン析出量が21 mass%と多い試料では，充放電サイクルに伴う容量低下が大きいが，炭素をコーティングすることでサイクルによる容量低下を抑制することができることが分かる。シリコンはLiイオンの吸蔵／脱離に伴い大きな体積変化を起こし，コア炭素からの剥離や欠落が起きるため容量低下が発生するが，コーティングした炭素膜がコア炭素からのシリコンの欠落を防止するのではないかと推察している。

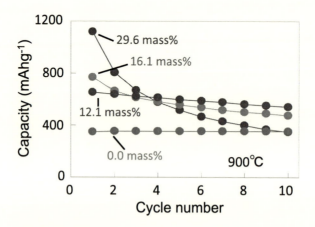

図14　天然黒鉛（NG5）にシリコンをコーティングした試料のサイクル特性（シリコン析出量の影響）

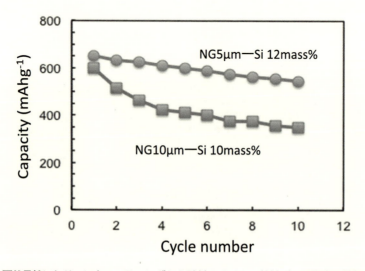

図15　天然黒鉛にシリコンをコーティングした試料のサイクル特性（コア炭素の粒径の影響）

第11章　負極用炭素へのシリコン／熱分解炭素コーティング

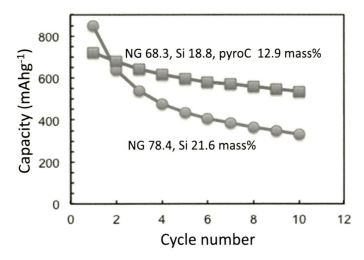

図16　天然黒鉛（NG5）にシリコンをコーティングした試料，およびシリコン／熱分解炭素（pyroC）をマルチコーティングした試料のサイクル特性

4　シリコンナノ粒子／熱分解炭素膜からなる複合負極材料の合成と評価

4.1　試料の合成，特性評価と条件

ナノシリコンには，ALDRICH製シリコン粉末（平均粒径50 nm）を用いた。原料ガスにCH_4（50％），キャリアーガスにN_2を用い，総流量5 cc/secとして，処理温度1000℃において，流通式CVD法により，シリコン粉末の表面に熱分解炭素をコーティングした。試料の形態は，走査型電子顕微鏡SEM（Scanning electron microscope, Shimadzu, SUPER SCAN SS-550）と透過型電子顕微鏡TEM（Transmission electron microscope, JEOL, JME-2010）にて観察した。電気化学特性評価として，試料：導電助剤：PVdF＝6：2：2（w/w）で混合したスラリーを集電体（発泡Ni）上に塗布し，120℃で6時間，真空乾燥したものを電極とした。導電助剤には，ケッチェンブラック（KB）を，電解質溶液には，$LiClO_4$ EC：DEC＝1：1（v/v）を用いて，定電流（CC）法により充放電測定を行った。

4.2　構造，電気化学的特性の解析

図17には，シリコン微粒子に熱分解炭素を17.8 mass％コーティングした複合負極粒子のSEM写真（a），およびTEM写真（b）を示した。SEM写真より，粒径5～20 µm程度の粒子が観察されている。この粒子は，熱分解炭素がコーティングされたシリコン微粒子の集合体であるシリコン／炭素複合二次粒子である。この二次粒子の内部を拡大したものが（b）のTEM写真となる。40 nm前後のシリコン粒子の周りに10 nm程度の厚みの熱分解炭素膜がコーティングされている様子が分かる。この熱分解炭素膜はお互いに連結されており，このことからシリコ

ン微粒子間に強固な導電ネットワークが形成されていることが分かる。また，シリコン微粒子間には 20 nm 程度の大きさの空隙が存在している。シリコンは，リチウムイオンの挿入脱離の際に，300% 程度の大きな体積膨張と収縮を繰り返すといわれている。20 nm 程度の大きさの空隙では，40 nm 前後のシリコン粒子の膨張を全て吸収することは困難と推察されるが，部分的にはシリコンの一次粒子の膨張によるシリコン／炭素複合二次粒子の破壊を緩和できるのではないかと期待される。

図 18 には，シリコン微粒子への熱分解炭素コーティング前後における初期充放電曲線を示す。炭素膜のコーティング前後における初期充放電容量を比較すると，17.8 mass% のカーボン

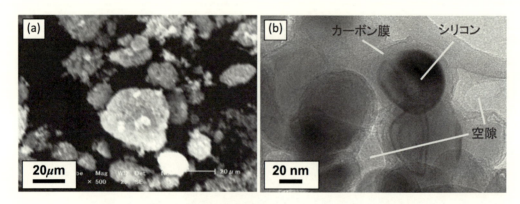

図 17 シリコンナノ粒子に熱分解炭素膜をコーティングした試料の SEM 写真（a）および TEM 写真（b）
熱分解炭素の重量割合：17.8 mass%

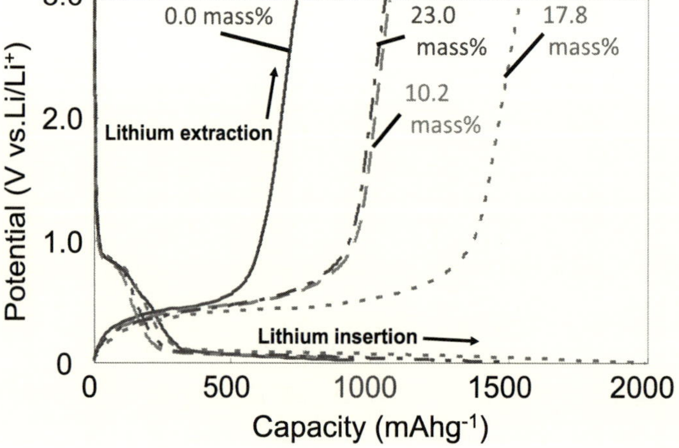

図 18 シリコンナノ粒子に熱分解炭素をコーティングした試料の初期充放電曲線

第 11 章　負極用炭素へのシリコン／熱分解炭素コーティング

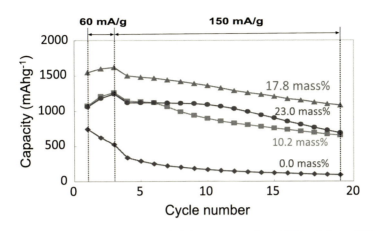

図 19　シリコンナノ粒子に熱分解炭素をコーティングした試料のサイクル特性
　　　（熱分解炭素析出量の影響）

　コーティング後の容量が約 1500 mA h/g となり，かなり大きくなっていることが分かる。これは，シリコン微粒子表面に熱分解炭素をコーティングしたことで，シリコン微粒子の低い電気伝導度が改善され，良質な導電性ネットワークを形成したことで，リチウムイオンの吸蔵・脱離効率が向上したためと推測される。しかし，熱分解炭素の重量割合が 23.0 mass％の時には，17.8 mass％の時より容量が低くなっている。これは，コーティングされた熱分解炭素膜が厚くなり過ぎたことにより，内部のシリコンへのリチウムイオン吸蔵量が減少したためであると考えられる。また，初期クーロン効率は，コーティング前のシリコンでは 61.5％であったが，17.8 mass％の熱分解炭素コーティングにより 77.7％へ向上した。これは，シリコン微粒子表面が熱分解炭素膜で覆われたことにより，活性なシリコン微粒子表面と電解質溶液の接触がなくなったことによる副反応の抑制が主な要因であると考えられる。図 19 には，充放電サイクル特性を示す。この結果から，カーボンコーティング後のサイクル特性は，カーボンコーティング前と比較して大幅に改善されていることが分かる。これは，シリコンへのリチウムイオン吸蔵・脱離時の体積変化によるシリコン粒子の微粉化による電極構造の崩壊が抑制されたためと推察される。

謝辞
　本章で紹介した研究の一部は，愛知工業大学「新エネルギー技術開発拠点」（グリーンエネルギーのための複合電力技術開拓），および JSPS 科研費 17K06022 の支援を受けて行われたものである。

文　　献

1) M. Yoshio *et al.*, *J. Electrochem. Soc.*, **147**, 1245（2000）
2) C. Ntarajan *et al.*, *Carbon*, **39**, 1409（2001）
3) 大澤善美，リチウムイオン二次電池用炭素系負極材の開発動向，第3編第5章，p.201，シーエムシー出版（2019）
4) 大澤善美，中島　剛，炭素，**2007**（230），362（2007）
5) 大澤善美ほか，炭素，**2008**（233），140（2008）
6) Y. Ohzawa *et al.*, *J. Power Sources*, **146**, 125（2005）
7) 炭素材料学会連載講座編集委員会編，カーボン材料実験技術（製造・合成編），p.318，国際文献社（2013）
8) J. Li *et al.*, *Mater. Sci. & Eng. B*, **142**, 86（2007）
9) 大澤善美，炭素，**2006**（222），130（2006）

第12章 高容量Si-Sn-Ti合金負極の研究開発

千葉啓貴[*]

1 緒言

　地球温暖化の防止のため，電気自動車（EVと略）の研究開発・普及に世界中が取り組んでいる。EVの本格普及には航続距離の増大が必須であり，Liイオン電池のエネルギー密度を向上するため，著者らは本研究開発に取り組んだ。Si系材料は非常に大きな充放電容量を示すため，次世代負極材料として注目されている。しかし，充放電時の大きな体積変化のため，サイクル耐久性は一般的な黒鉛負極に比べ非常に劣る。近年，Siをアモルファス合金化することで，サイクル耐久性が向上する結果が報告された[1,2]が，EV用電池としては不十分であった。

　著者らは，Si相アモルファス化によりSi-Siの原子間距離を拡大し可逆的なLiの挿入・脱離を容易にすること，および，Liと反応しない強固な導電性の金属間化合物とSi相をナノメータレベルで複合化し金属間化合物でSi相を強固に保持することで，サイクル耐久性を向上することを検討した。まず初めに，コンビナトリアル化学を適用した薄膜スパッタを用いた合金スクリーニング試験を行い，高容量と高サイクル耐久性を両立できるSi三元合金の候補材を複数発見した[3]。耐久性向上にはSi相アモルファス化・合金組織微細化が必須であること，実用電池に適する粉末材料としてはSi-Sn-Ti合金が最も優れることを見出した[4~7]。

　本章では，量産可能な工法として急冷凝固法およびメカニカルアロイング法（以下MA法と略す）を用いてSi-Sn-Ti合金を作製し，Liイオン電池負極として高容量と高サイクル耐久性を両立できたこと，高容量・高耐久性発現のためのSi合金微細組織・構造を特定できたことを述べる。

2 急冷凝固法によるSi相アモルファス化の検討

2.1 実験方法

　アモルファス合金の製造法として，一般に急冷凝固法，MA法が知られている。初めに急冷凝固法にてアモルファスSi-Sn-Ti合金の作製を試みた。組成をSi：Sn：Ti（wt%）= 65：5：10，60：10：30，60：20：20とし，アーク溶解法で作製した合金インゴットを出発原料とし，急冷ロール凝固装置にて急冷薄帯を作製した。これを遊星ボールミル装置にて粉砕して得た合金

---

[*]　Nobutaka Chiba　日産自動車㈱　総合研究所　先端材料・プロセス研究所
　　　シニアリサーチエンジニア

リチウムイオン二次電池用シリコン系負極材の開発動向

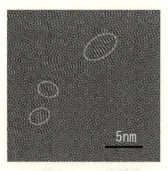
(a) 逆フーリエ変換像

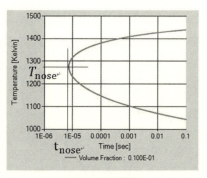
(b) TTT 曲線

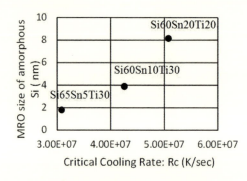
(c) RC と MRO サイズの関係

図1 Si-Sn-Ti 合金の MRO サイズ，TTT 曲線，臨界冷却速度 R_c

粉末を，ポリイミド・バインダー，導電助剤とともにインク状に攪拌脱泡し，Cu 集電箔上に塗布し電極を作製した。Li 対極，1 mol/L $LiPF_6$ EC + DEC（1：1）電解液を用いたハーフセルにて，電池負極性能を評価した。

作製した Si 合金の Si 相のアモルファス度は以下の方法で測定した。TEM 電子回折像から Si(220) の回折データを抽出し逆フーリエ変換像を作成する。代表例として，$Si_{60}Sn_{10}Ti_{30}$ 急冷品の逆フーリエ変換像を図1(a)に示す。この像では黒点1つが Si 四面体1つを表す。黒点が丸みを帯びた形に並べばアモルファス，格子状に並べば結晶である。図1(a)は全体に黒点が丸く並びアモルファス Si であることが分かるが，楕円で囲んだ部分に格子状に並んだ領域が存在する。これを中距離秩序構造 Medium Range Order（以下 MRO と略）と呼び，この MRO サイズの平均値でアモルファス度を評価した[4]。

2．2 Si 合金のアモルファス形成能の計算方法

Si 合金のアモルファス形成能は，計算熱力学を援用し結晶 Si 晶出の臨界冷却速度を求める手法[8]にて評価した。まず，液相単相から液相線温度以下の温度 T へ急冷し等温保持した時に，体

第12章　高容量 Si-Sn-Ti 合金負極の研究開発

積分率 X になるまで結晶成長するのに要する時間 t を表す，恒温変態曲線（以下 TTT 曲線と略す）を求めた。均一核生成成長理論に基づく Johnson-Mehl-Avrami の速度論的取扱いを式(1)に示す（保持時間：t において生成される結晶の体積分率：X，核生成頻度：I，核の成長速度：U とする）。式(1)より，Davies と Uhlmann が導出した式を式(2)に示す。

$$X = 1 - \exp\left(-\frac{\pi}{3} I U^3 t^n\right) \tag{1}$$

$$t = \frac{9.3\eta}{kT}\left\{\frac{a_0^9 X}{f^3 N_v}\frac{\exp(G^*/kT)}{[1-\exp(-G_m/RT)]^3}\right\}^{1/4} \tag{2}$$

ここで，G_m：液相から結晶を晶出する駆動力，G^*：液相から球形の結晶核を生成する自由エネルギー，η：粘性係数，N_v：単位体積当たりの原子数である。各合金組成について，必要となる熱力学量を計算熱力学ソフト：Thermo-Calc [9]，熱力学データベース：SSOL5 を用いて求め，式(2)へ代入し TTT 曲線を得た。

本研究の対象とした Si-Sn-Ti 系について，Thermo-Calc, SSOL5 を用いて作成した三元系状態図を図2に示す。図2(a)は 1683 K 等温断面図，図2(b)は 1583 K 等温断面図である。所望の組成，例えば $Si_{60}Sn_{10}Ti_{30}$（wt%）合金を液相から冷却すると図2(a)に示すように初晶 $TiSi_2$ を晶出し，さらに冷却すると図2(b)に示すように $TiSi_2$-Si の共晶組織を晶出する。ここでは Si 相に対するアモルファス形成能を評価するため，結晶 Si 晶出の TTT 曲線を求めた。

代表例として，$Si_{60}Sn_{10}Ti_{30}$ 合金の結晶 Si 晶出の TTT 曲線を図1(b)に示す[7]。この TTT 曲線のノーズにかからないように素早く冷却できれば，結晶 Si が晶出せずアモルファス Si が得られ

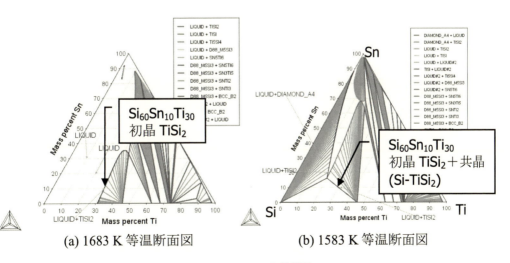

(a) 1683 K 等温断面図　　　　　　　(b) 1583 K 等温断面図

図2　Si-Sn-Ti 三元状態図

る。このアモルファス化の臨界冷却速度 R_c は式(3)にて求めた。

$$R_c \cong \frac{T_m - T_{nose}}{t_{nose}} \qquad (3)$$

ここで T_m：融点，T_{nose}：図1(b)に示す TTT 曲線のノーズ温度，t_{nose}：ノーズ時間である。

2．3　Si-Sn-Ti 合金組成違いでの耐久性評価結果および考察

急冷合金・組成違い品について，Li 対極ハーフセルにて測定した初回充放電曲線を図3(a)に示す。どの合金も，初期放電容量 1000 mAh/g 以上，充放電効率は 80% 以上と，高い値を示した。Li 対極ハーフセルでのサイクル耐久性の評価結果を図3(b)に示す。耐久性は，$Si_{65}Sn_5Ti_{30}$，$Si_{60}Sn_{10}Ti_{30}$，$Si_{60}Sn_{20}Ti_{20}$ の順に優れていた。

合金組成違いで耐久性に差が出た理由を解釈するため，耐久性を評価した合金3種類について，結晶 Si 晶出の TTT 線図を求め，臨界冷却速度 R_c を算出した[7]。

次に，3種類の急冷合金について，MRO サイズの平均値を求め，R_c に対しプロットしたグラフを図1(c)に示す。平均 MRO サイズ，R_c はともに $Si_{65}Sn_5Ti_{30}$，$Si_{60}Sn_{10}Ti_{30}$，$Si_{60}Sn_{20}Ti_{20}$ の順に小さかった。合金の臨界冷却速度 R_c が小さいほど，アモルファス Si 相の MRO サイズが小さく（アモルファス度が大きく）なったため，優れたサイクル耐久性を示せたものと考えられる[7]。

ただし，急冷法だけでは十分にアモルファス化できず，目標とするサイクル耐久性が得られないため，MA 法との組み合わせを検討した。

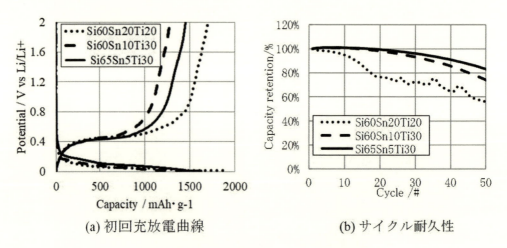

(a) 初回充放電曲線　　　(b) サイクル耐久性

図3　Si-Sn-Ti 急冷合金のハーフセル試験結果

第 12 章　高容量 Si-Sn-Ti 合金負極の研究開発

3　急冷凝固法＋ MA 法でのアモルファス化の検討

3. 1　実験方法

　急冷凝固法はプロセスコストは非常に安いが，冷却速度の限界のため，アモルファス化・微細化が不十分で耐久性が不足する。他方，MA 法は時間をかければ十分に微細化・アモルファス化でき優れた耐久性を示すがプロセスコストが過大となる。このため急冷法と MA 法を組み合わせ，急冷法で微細化・アモルファス化することで MA 時間を短縮しコストを低減し，耐久性との両立を検討した。

　合金組成は $Si_{60}Sn_{10}Ti_{30}$（wt%）とし，ロール回転数：4000 rpm（周速度：41.7 m/s），溶湯温度 1450℃にて，溶湯噴射圧を低圧（0.2 MPa），高圧（0.8 MPa）と 2 水準に変化させ，冷却速度の異なる 2 種類の急冷薄帯を作製した。これらの両者に対し処理時間を変えて MA 処理を施した。

　急冷凝固実験時の急冷薄帯の温度は，米国フリアーシステムズ社製の高分解能赤外サーモグラフ SC7500 を用いて測定した。噴射ノズル直下から，2.25 mm 間隔で急冷ロール面上の合金薄帯の温度を測定した。急冷薄帯は周速 41.7 m/s で移動するため，各測温点間（2.25 mm）を 5.4 × 10^{-5} sec で通過する。各測温点間の通過時間，温度差より，急冷凝固時の冷却速度を算出した。

3. 2　急冷凝固での析出シミュレーション計算方法

　次に，Thermo-Calc をベースとした析出成長シミュレーション：TC-PRISMA [10]，熱力学 DB：SSOL5，動力学 DB：MOB2 を用いて，析出物サイズを計算した。古典的核生成理論では，晶出の駆動力 ΔG は，核生成に伴う体積自由エネルギー G_v 項，界面エネルギー σ 項の和として，式(4)のように表せる。結晶核エンブリオが生成しても，過冷却が小さいと核の半径が式(5)に示す臨界半径 r^* より小さく，晶出の駆動力 ΔG が式(6)で示す臨界自由エネルギー G^* を超えられないため，エンブリオは消滅する。過冷却が十分に大きくなると，駆動力が臨界自由エネルギーを超えられるようになり，核成長する。

$$\Delta G = -\frac{4}{3}\pi r^3 G_v + 4\pi r^2 \sigma \tag{4}$$

$$\frac{d\Delta G}{dr} = 0, \quad r^* = -\frac{2\sigma}{\Delta G_v^{L \to S}} \tag{5}$$

$$G^* = \frac{16\pi\sigma^3}{3(\Delta G_v^{L \to S})^2} \tag{6}$$

析出シミュレーションでの温度プロファイルは,開始温度:1450℃(液相単相)とし,急冷凝固での冷却速度測定値(低圧噴射品:2.5×10^6 K/sec,高圧噴射品:4.6×10^6 K/sec)を用いた。

図2に示したSi-Sn-Ti三元状態図より,析出相:$TiSi_2$ およびSiとし,核生成モデル:バルクへの均質核生成の条件で析出シミュレーションを行った。

3.3 急冷条件違い品のMAでの耐久性向上結果および考察

急冷・低圧噴射+MA合金のLi対極ハーフセルのサイクル耐久性試験結果を図4(a)に,急冷・高圧噴射+MA合金のハーフセル耐久性の結果を図4(b)に示す[5]。急冷・低圧噴射品ではMA処理での耐久性の向上代は小さかったが,高圧噴射品ではMA処理で大きく耐久性が向上した。この差が生じた理由を,急冷凝固時の析出計算結果,および,急冷凝固薄帯の断面SEM像にて考察した。

急冷合金2種の析出計算結果を,断面SEM像,XRDパターンと合わせ図5に示す。低圧噴射品は初晶$TiSi_2$ が最頻半径420 nmであったのに対し,高圧噴射品は初晶$TiSi_2$ が最頻半径250 nmと小さかった。この析出計算での半径の円を断面SEM像上に描くと,灰色で示される$TiSi_2$ 析出物のサイズとよく一致した[5]。さらに,急冷薄帯のXRDを測定すると,低圧噴射品は$TiSi_2$ が安定相のC54構造であったのに対し,高圧噴射品は$TiSi_2$ が低強度の準安定相・C49構造であった。高圧噴射品の$TiSi_2$ がC49構造となったのは冷却速度が大きかったためと考えられる。

急冷・高圧噴射品,低圧噴射品それぞれに対しMAを行ったものについて,前述のTEM-MRO解析によりアモルファスSi相のSi四面体間距離を求め,耐久性(50サイクル後容量維持率)との関係を示すと図6になる。急冷・高圧噴射品でMAでの耐久性向上効果が大きかったのは,初晶$TiSi_2$ 粒子が小さく,低強度のC49構造であったため,MA処理で,$TiSi_2$ 粉砕・微

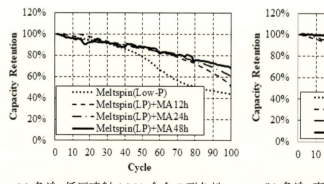
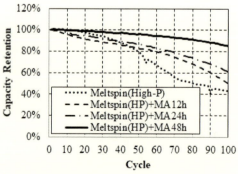

(a) 急冷・低圧噴射+MA合金の耐久性　　(b) 急冷・高圧噴射+MA合金の耐久性

図4　急冷+MA合金の耐久性

第12章 高容量Si-Sn-Ti合金負極の研究開発

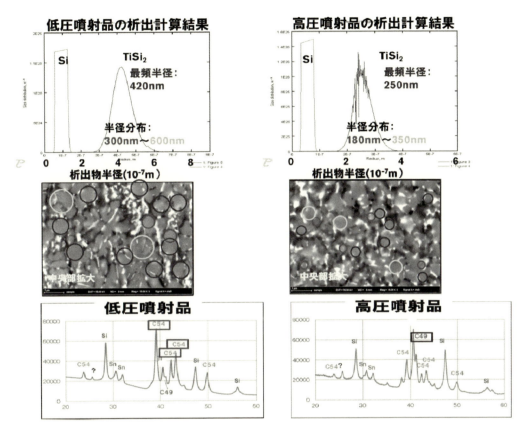

図5 急冷条件違い品の析出計算結果，断面SEM観察

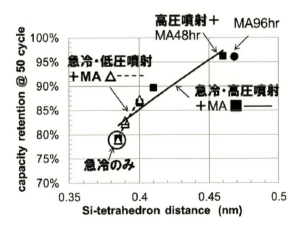

図6 急冷＋MAで作製したSi-Sn-Ti合金のSi四面体間距離とサイクル耐久性の関係

細化および Si 相アモルファス化が容易であったためと考えられる。逆に急冷・低圧噴射品は，初晶 $TiSi_2$ 粒子が大きく高強度の C54 構造であったため，MA 処理時に $TiSi_2$ 微細化，Si 相アモルファス化が進行しにくかったためと考えらえる。

なお，急冷法・高圧噴射と MA 法の組み合わせは，半分の MA 時間（48 hr）で長時間 MA 品（96 hr 品）と同等の耐久性を示し，コストと耐久性を両立できた[5]。

4 高容量と高サイクル耐久性を両立できる Si 合金

4. 1 実験方法

以上の検討を踏まえ，合金の製造条件は固定して合金粉末を作製し，Li 対極のハーフセルにて，初期容量，および，サイクル耐久性を評価した。50 サイクル後の容量維持率 97％を確保した上で，容量を最も高くできる組成を探索した結果，$Si_{65}Sn_5Ti_{30}$ 合金が最も優れていた[6]。

$Si_{65}Sn_5Ti_{30}$ 合金を用いて作製した電池セルのサイクル耐久性を確認するため，まず初めに 50 mAh 級小型ラミネートセルを作製した。正極は Li 過剰系，負極は炭素被覆した本合金，電解液としては $LiPF_6$/FEC-DEC ＋添加物を使用した。この小型ラミネートセルの充放電評価を行った。

さらに，実使用電池レベルの大容量電池で電池性能や安全性能を確認するために，3 Ah 級大型セルを作製した。大型化にあたり，負極作製プロセスを改良し，負極合材中の Si 合金／導電助剤／バインダーの均一分散化を行い，負極内反応分布の均一化を図った。さらに，品質工学を用いて，サイクル耐久性を最大化できる初期エージング条件を選定した。正極は Li 過剰系，負極は炭素被覆した $Si_{65}Sn_5Ti_{30}$ 合金，電解液としては $LiPF_6$/FEC-DEC ＋添加物を使用して，3 Ah 級セルを作製した。

4. 2 急冷法と MA 法の組み合わせで作製した $Si_{65}Sn_5Ti_{30}$ 合金の評価結果

急冷法＋ MA 法で作製した $Si_{65}Sn_5Ti_{30}$ 合金を，Li 対極ハーフセルで充放電容量を測定した結果を図 7 に示す。$Si_{65}Sn_5Ti_{30}$ 合金は放電容量 1200 mAh/g を示した。

50 mAh 級小型ラミネートセルのサイクル耐久性評価結果を図 8 に示す。このグラフには 1 回目と 300 回目の容量確認時の充放電曲線および 10 から 100 回目までの 0.3 C での充放電曲線を記載した。1 回目の容量は 54.6 mAh であり，電池セルのエネルギー密度に換算すると 300 Wh/kg であった。300 回目容量 48.3 mAh を，初回に対する 300 回目の容量維持率に換算すると 90％となり，優れたサイクル耐久性を示した。

図 9(a)に初期エージング後の 3 Ah 級セルの充放電曲線，図 9(b)に 3 Ah 級セルのサイクル耐久試験の結果を示す。3 Ah 級セルで，エネルギー密度 300 Wh/kg，サイクル耐久性 84％ ＠ 300 サイクルを達成した。

第 12 章　高容量 Si-Sn-Ti 合金負極の研究開発

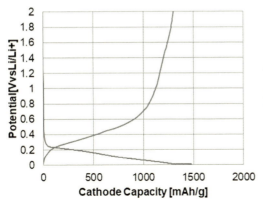

図7　急冷法＋MA 法で作製した Si$_{65}$Sn$_5$Ti$_{30}$ 合金の充放電曲線

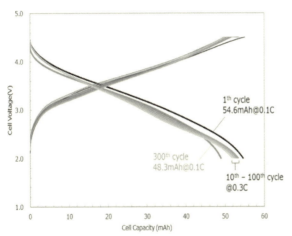

図8　小型ラミネートセルのサイクル試験時の充放電曲線

4.3　合金微細組織・構造による高容量と高耐久性の両立の考察

　急冷凝固法と MA 法の組み合わせにて作製した，高容量と高耐久性を両立できる Si$_{65}$Sn$_5$Ti$_{30}$（wt％）合金の微細組織を図 10 に示す[11]。図 10 は左側が Cs-STEM・HAADF 像（Z コントラスト像とも呼び，重い元素ほど明るく映る），右上が TEM 像，右下が TEM 電子回折像，中央は TEM 電子回折像から Si(220) の回折データを抽出して得た逆フーリエ変換像である。良好なサイクル耐久性を示す合金では，図 10 左側の HAADF 像より，20〜30 nm の TiSi$_2$ 相（灰色部）が 5〜10 nm の Si 相（黒色部）を包み込む形で複合化した微細組織を持っていたことが分かった。なお，TiSi$_2$ 相，Si 相は EDX マッピングおよび電子線回折で相を同定した。また，Si 相の逆フーリエ変換像では黒点が丸い形に並んでおり，平均 MRO サイズは 1.5 nm と非常に小

135

リチウムイオン二次電池用シリコン系負極材の開発動向

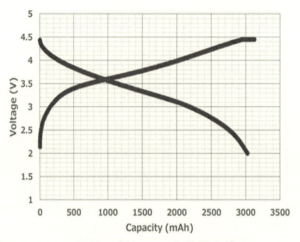

(a) 3 Ah級セルの充放電曲線

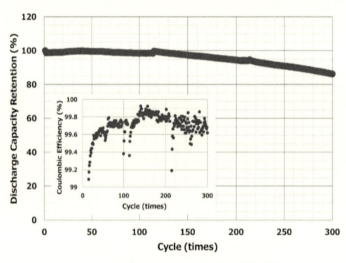

(b) 3 Ah級セルのサイクル耐久性

図9　3 Ah級セルの評価結果

さく，Si相は十分にアモルファス化していたことが分かった。さらにアモルファスSi中にSnが侵入固溶することでSi-Si結合距離が広がり，Si四面体間距離が0.45 nm以上となっていた。

今回，急冷法＋MA法で作製したSi-Sn-Ti合金が高容量にも関わらず優れたサイクル耐久性を示せたのは次の2点が主な理由であるものと考えられる。1点目は，Si相が十分にアモルファス化し，かつSi相へのSnの侵入固溶によりSi-Si結合距離が広がったため，充放電に伴うSi相の可逆的なLi挿入脱離が容易になり，Li挿入脱離を繰り返してもSi相が安定であった。2点目は，導電性で強固なTiSi$_2$で骨格を形成し，TiSi$_2$相でSi相を包み込む形で複合化したため，

第 12 章　高容量 Si-Sn-Ti 合金負極の研究開発

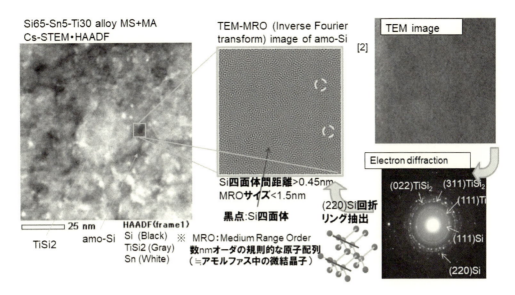

図 10　高容量と高サイクル耐久性を両立できる Si-Sn-Ti 合金の微細組織・構造

Li 挿入脱離に伴い Si 相が膨張収縮を繰り返しても，Si 相が壊れることなく合金複合組織が安定であった。以上の2点により，優れた耐久性を示せたものと考えられる。

5　まとめ

- 急冷凝固法＋MA 法の組み合わせで作製した $Si_{65}Sn_5Ti_{30}$ 合金は，初期放電容量 1200 mAh/g，小型ラミネートセルにてエネルギー密度 300 Wh/kg，300 サイクル時容量維持率 90% を達成した。
- 上記 $Si_{65}Sn_5Ti_{30}$ 合金を負極に用い，Li 過剰系正極と組み合わせて 3 Ah 級セルを作製し，エネルギー密度 300 Wh/kg，300 サイクル時容量維持率 84% を達成した。
- 高容量と高耐久性を両立できる Si-Sn-Ti 合金の微細組織・構造を特定できた。20～30 nm の $TiSi_2$ 相が 5～10 nm の Si 相を包み込む形態で複合化し，Si 相はアモルファス度が大きかった（平均 MRO サイズ ＜ 1.5 nm，Si 四面体間距離 ＞ 0.45 nm）。

謝辞

本研究は NEDO より交付された「リチウムイオン電池応用・実用化先端技術開発事業／高性能リチウムイオン電池技術開発／高容量 Si 合金負極の研究開発」助成を受けて実施した。関係各位に深く感謝を申し上げる。

文　　献

1) T. D. Hatchard *et al.*, *Electrochem. Solid-State Lett.*, **6**, A129 (2003)
2) M. D. Fleischauer *et al.*, *J. Electrochem. Soc.*, **155** (11), A851 (2008)
3) 渡邉学ほか，第 52 回電池討論会要旨集，2A01 (2011)
4) 蕪木智裕ほか，第 55 回電池討論会要旨集，3A18 (2014)
5) 千葉啓貴ほか，第 56 回電池討論会予稿集，3D01 (2015)
6) 吉岡洋一ほか，第 56 回電池討論会予稿集，3D02 (2015)
7) 千葉啓貴ほか，第 57 回電池討論会要旨集，1B26 (2016)
8) 徳永辰也ほか，日本金属学会誌，**70** (9), 741 (2006)
9) J. O. Andersson *et al.*, *Calphad*, **26**, 273 (2002)
10) Q. Chen *et al.*, *Acta Mater.*, **56**, 1890 (2008)
11) 千葉啓貴ほか，第 58 回電池討論会要旨集，1B30 (2017)

第13章 アトマイズ法により作製した Li イオン電池 負極材用 Si 合金粉末の高特性化

木村優太[*1]，南　和希[*2]，森井浩一[*3]

1　はじめに

　電気自動車の航続距離延長といった観点からリチウムイオン電池の高エネルギー密度化が期待されている[1]。高エネルギー密度化のためには正極および負極に使用する活物質をより高容量なものに変更する必要があり，現行負極材であるグラファイトの約10倍の理論容量を持つ Si が次世代高容量負極活物質として注目されている[2,3]。本稿では Si を合金化することによって Si 系負極材の課題である充放電に伴う容量低下を改善した我々の研究について述べる。

2　ガスアトマイズ法による Si 合金粉末の作製

2.1　Si の合金化について

　Si，Sn といった活物質は充放電に伴い Li 吸蔵時に Li 化合物を形成し，Li 放出時に元の金属に戻る反応形態をとる。Si の場合は Li-Si 化合物化時に体積が元の4倍に膨張するため，Li 吸蔵・放出の際には Si が膨張・収縮する。その際に発生する応力によって歪が蓄積され，Si は次第に崩壊して微粉化する。その結果，電極容量が低下してサイクル特性が低下する，と考えられている。Si の崩壊抑制手法として，Si に金属元素を添加して合金化し，Si と異なる相を複合化させる方法が検討されている。鳥取大学の坂口らは，Si の応力緩和に適した機械的特性，高い電子伝導性，適度な Li 貯蔵能，高い熱力学的安定性といった物性を有する物質を複合化した場合，Si のサイクル安定性改善に効果的であることを報告している[4~14]。

　しかし，上記のような物性を全て兼ね備えた単一の物質を見つけることは困難である。そこで我々は Si に数種類の金属元素を添加することで Si 相以外に複数の相を有する Si 合金を作製した。そして，物性がそれぞれ異なる相を数種類複合化することにより Si 合金のサイクル安定性改善を試みた。Si 合金を作製する手法としてはアトマイズ法・ロール急冷法といった急冷法やボールミルなどによるメカニカルミリングが知られている[5,9,15~18]。我々はこれらの手法のうち

＊1　Yuta Kimura　大同特殊鋼㈱　技術開発研究所　機能材料研究室　主任研究員

＊2　Kazuki Minami　大同特殊鋼㈱　技術開発研究所　機能材料研究室

＊3　Koichi Morii　大同特殊鋼㈱　技術開発研究所　機能材料研究室　室長

ガスアトマイズ法を用いた。その理由としては，粉末の大量生産が可能，冷却速度が速く微細な組織が得られる，不純物濃度を比較的低位にコントロールすることができるといった点が挙げられる。上記のような特徴を有するガスアトマイズ法を用いて物性の異なる複数の相を複合化したSi合金を作製し，崩壊抑制に効果的な合金系の探索を行った。

2.2 ガスアトマイズ法によるSi合金粉末の作製

ガスアトマイズ法による粉末作製法について概略を説明する。図1にガスアトマイズ装置の概略図を示した。

図1に示すガスアトマイズ装置を用い，
① 高周波誘導炉により所望組成の合金を溶解
② タンディッシュ（溶湯の一時的な受け皿）へ溶解した溶湯を注湯
③ タンディッシュ底部の穴（注湯孔）より棒状に溶湯を滴下
④ 滴下した溶湯に高圧ガスを噴射して分散・冷却
⑤ チャンバ底部の回収容器およびサイクロン回収機構により粉末回収

という一連のプロセスにより，合金粉末を作製する。

高周波誘導炉で溶解した溶湯が冷却され固化する過程で各元素および合金の融点や混合エンタルピーの差異により，複数の合金相を持つ合金粉末が形成される[19,20]。一例としてSi-Fe-Sn

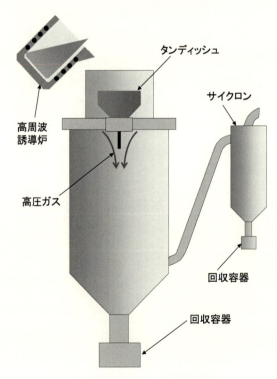

図1　ガスアトマイズ装置概略図

第13章 アトマイズ法により作製したLiイオン電池負極材用Si合金粉末の高特性化

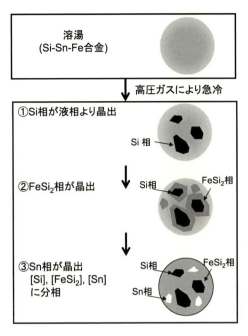

図2 凝固組織形成模式図

3元系合金の凝固組織形成の模式図を図2に示す。溶湯が冷却されると最も融点の高い［Si］相が最初に晶出する（図2①）。さらに温度が低下すると［FeSi$_2$］相が晶出し（図2②），最後に最も融点の低い［Sn］相が形成（図2③）され，［Si］相の周囲に［FeSi$_2$］，［Sn］相が配置された組織を有するSi合金粉末が作製できる。このように，成分バランスやガスアトマイズ条件をコントロールすることにより，複数相で構成される凝固組織を有するSi合金粉末を得た。

3 合金系と電極特性の関係

3.1 合金系と構成相

評価した合金系，組成および構成相を表1に示した。今回はSi-Sn-Fe系，Si-Sn-Cu系，Si-Sn-Fe-Cu系にて特性評価を実施した。Si合金の組成については，晶出するSi相の量に相当するSi合金の理論容量がグラファイトの約5倍の1500 mA h/gとなるように決定した。

図3にガスアトマイズ法で作製したSi合金粉末の断面SEM観察結果を示した。それぞれ［Si］相を取り囲むように他の相が配置している組織となっていた。各合金系において［Si］相以外に構成する相が異なっており，Si-Sn-Fe系では［FeSi$_2$］，［Sn］相が，Si-Sn-Cu系では［Sn$_5$Cu$_6$］相が，Si-Sn-Fe-Cu系では［FeSi$_2$］，［Sn$_5$Cu$_6$］相がそれぞれ複合化されていた。

リチウムイオン二次電池用シリコン系負極材の開発動向

表1 評価したSi合金の合金系，組成および構成相

合金系	配合組成 [mass%]				[Si] 相割合 [mass%]	構成相
	Si	Sn	Fe	Cu		
Si-Sn-Fe系	50.0	41.0	9.0	-		[Si] [FeSi$_2$] [Sn]
Si-Sn-Cu系	41.0	35.0	-	24.0	41	[Si] [Sn$_5$Cu$_6$]
Si-Sn-Fe-Cu系	50.0	25.0	9.0	16.0		[Si] [FeSi$_2$] [Sn$_5$Cu$_6$]

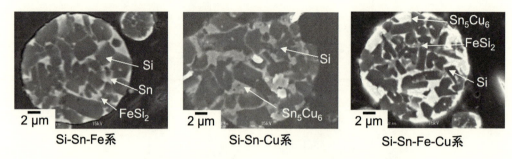

図3 ガスアトマイズ法で作製したSi合金粉末の断面SEM観察結果

3.2 合金の電極特性評価結果

図4に各合金の充放電サイクル試験結果を示す。評価はバインダにポリイミド（PI），導電助剤にケッチェンブラック（KB）を用いたスラリー電極（Si合金：KB：PI = 80：5：15 mass%比）を作製し，対極に金属Liを対向させた2032型のハーフセルにて実施した。電解液には1 M LiPF$_6$（EC：DEC = 1：1（vol%））を使用した。また，充放電サイクル試験は0.2 mA c.c.で初期容量を求めた後，0.2 Cのレートで50 cycleまで0.002〜1 Vの範囲で実施し

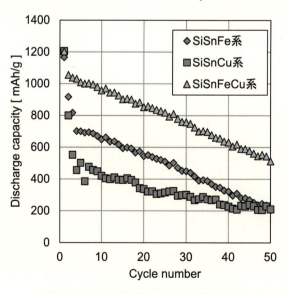

図4 Si合金の充放電サイクル試験結果

第13章 アトマイズ法により作製したLiイオン電池負極材用Si合金粉末の高特性化

た。

図4のように，合金系によってサイクル安定性に差が見られ，Si-Sn-Fe-Cu系が最も高いサイクル安定性を発揮した。

3.3 複合化した相の物性とSi合金の電極特性への影響

複合化した相がSi合金の電極特性に与える影響を調査するために，[FeSi$_2$]，[Sn$_5$Cu$_6$]，[Sn] 単相の粉末をガスアトマイズ法により作製し，特性を評価した。なお，これらの粉末はXRD解析により [FeSi$_2$]，[Sn$_5$Cu$_6$] および [Sn] の特性ピークのみで構成されていることを確認した。

3.2項と同様の手法で評価した複合化相単相粉末の電極特性を図5に示した。また，表2にLi吸蔵時の電極厚み変化率 Δt と粉末硬さの測定結果を示した。電極厚み変化率は1 cycle目の0.002 VまでLi吸蔵させた状態でコインセルを分解し，マイクロメーターで電極厚みを測定することによって算出した。Δt は下式のように定義したため，$\Delta t = 100\%$ では充放電前電極の2倍，200％では3倍に膨張していることを意味する。また，粉末硬さはナノインデンターを用いて測定した。

$$電極厚み変化率 \Delta t(\%) = \frac{[Li 吸蔵後電極厚み (\mu m)] - [Li 吸蔵前電極厚み (\mu m)]}{[Li 吸蔵前電極厚み (\mu m)]}$$

図5および表2より [FeSi$_2$] はLi吸蔵量が小さく，Li吸蔵による電極厚み変化も小さい。[Sn] はLi吸蔵量が大きく，Li吸蔵時の電極厚み変化も大きい。また，[Sn$_5$Cu$_6$] はLi吸蔵量

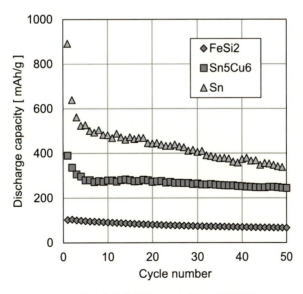

図5 複合化相単相粉末のサイクル試験結果

143

リチウムイオン二次電池用シリコン系負極材の開発動向

表2 Li 吸蔵時の電極厚み変化率 Δt と粉末硬さの測定結果

	硬さ [Hv]	Li 吸蔵時電極厚み変化率 Δt [%]
FeSi$_2$	1100	3
Sn$_5$Cu$_6$	550	51
Sn	523	145

は［FeSi$_2$］よりも大きいが［Sn］よりも小さく，電極厚み変化も［Sn］よりは小さい。また，サイクル安定性も［Sn］よりも高い。硬さについては［FeSi$_2$］は硬さが高く変形しにくいが，［Sn$_5$Cu$_6$］，［Sn］は硬さが低く柔らかい材料であることがわかった。

　各相の特徴を比較すると表3のようになる。［FeSi$_2$］は変形しにくく，Li 吸蔵時の体積変化も小さいことから，Si 合金に複合化した場合には［Si］相が Li 吸蔵し Si 合金が膨張する際にも［FeSi$_2$］自体は変形せず，Si 合金粉末の崩壊を抑制する効果があるのではないかと考えられる。また，［Sn$_5$Cu$_6$］，［Sn］は柔らかく，Li 吸蔵時に膨張することから，Si 合金中では［Si］相が膨張した際に発生した応力を緩衝する効果があるのではないかと考えられる。

　3.2 項で述べたように［FeSi$_2$］，［Sn$_5$Cu$_6$］を複合化した Si-Sn-Fe-Cu 合金系で最も高いサイクル安定性が得られた。これは，上述した［FeSi$_2$］の崩壊抑制と［Sn$_5$Cu$_6$］の応力緩衝の2つの効果が組み合わさったためではないかと考えている。［Sn］はそれ自体が大きく体積変化し，崩壊するために［Sn］を複合化した Si-Sn-Fe 系よりも［Sn$_5$Cu$_6$］を複合化した Si-Sn-Fe-Cu 系の方がサイクル安定性が向上したと考えられる。また，Si-Sn-Cu 系については［FeSi$_2$］が含まれておらず，充放電により Si 合金が崩壊したためにサイクル安定性が低下したと推察される。以上より，サイクル安定性を改善するのに有効な物性の異なる2種類の相を複合化することによって Si 合金の特性を向上できることがわかった。

表3 複合化した各相の特徴

	放電容量	サイクル安定性	Li 吸蔵時の膨張
FeSi$_2$	× （小）	○ （高）	○ （小）
Sn$_5$Cu$_6$	△ （中）	△ （中）	△ （中）
Sn	○ （大）	× （低）	× （大）

4　複合化する相の割合の最適化

　2，3節で述べたように，［Si］に［FeSi$_2$］，［Sn$_5$Cu$_6$］の2種類の相を複合化することによってサイクル安定性が改善することがわかった。複合化する［FeSi$_2$］，［Sn$_5$Cu$_6$］の割合の影響を調査するため，［FeSi$_2$］，［Sn$_5$Cu$_6$］の比率の異なる Si-Sn-Fe-Cu 合金を作製し，電極特性評価

第13章 アトマイズ法により作製したLiイオン電池負極材用Si合金粉末の高特性化

表4 複合化する相の割合の異なるSi-Sn-Fe-Cu合金の組成

配合組成 [mass%]				構成相の比率 [mass%]			$[FeSi_2]$：$[Sn_5Cu_6]$ [mass%比]
Si	Sn	Fe	Cu	[Si]	$[FeSi_2]$	$[Sn_5Cu_6]$	
44.0	31.8	3.0	21.2		5.9	53.1	1：9
49.9	24.7	8.9	16.5		17.7	41.3	3：7
55.8	17.6	14.8	11.8	41	29.5	29.5	5：5
61.7	10.5	20.7	7.1		41.3	17.7	7：3
67.6	3.5	26.6	2.3		53.1	5.9	9：1

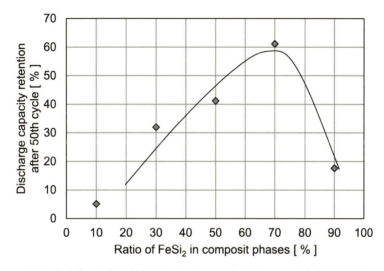

図6 複合化した相の割合とSi-Sn-Fe-Cu合金のサイクル安定性の関係

を実施した。評価したSi-Sn-Fe-Cu合金の組成を表4に示す。合金中の[Si]相の割合は一定(41 mass%)とし，$[FeSi_2]$，$[Sn_5Cu_6]$の割合のみが変化するように組成を決定した。図6に$[FeSi_2]$，$[Sn_5Cu_6]$における$[FeSi_2]$の割合とSi-Sn-Fe-Cu合金の50 cycle後の放電容量維持率の関係を示した。放電容量維持率は初期放電容量に対してサイクル経過後の放電容量が何%維持できているかを意味する。図6より$[FeSi_2]$，$[Sn_5Cu_6]$の比率によってサイクル安定性が変化し，$[FeSi_2]$と$[Sn_5Cu_6]$の比率が7：3 mass%比の時に最もサイクル安定性が高くなった。図7に1 cycle後の各Si合金の断面観察SEM結果を示す。図7を見ると，$[Si_2Fe]$：$[Sn_5Cu_6]$ = 70：30 (mass%比)の1サイクル充放電後の断面はクラックが形成されるものの，粉末形状を保っていた。一方，$[FeSi_2]$と$[Sn_5Cu_6]$の比率が30：70および90：10 (mass%比)の場合は大きなクラックが形成され，粉末の崩壊の程度が大きかった。このことから，性質の異なる2種類の相を複合化する比率に最適値が存在し，比率を最適化することによっ

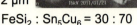

図7 1 cycle 後の Si 合金電極の断面観察 SEM 結果

て Si 合金の崩壊が抑制できることがわかった。

5 おわりに

　Si の欠点である充放電時の崩壊によるサイクル安定性低下を改善するために，我々は Si を合金化し，異なる相を複合化する手法を検討した。崩壊抑制に有効な物性を有する異なる 2 種類の相を複合化することによってサイクル安定性が向上した。また，複合化する相や比率を制御することによってさらにサイクル安定性を向上することできた。

　また，Si 合金の製造にはガスアトマイズ法を用いたが，本手法は量産設備であるため低コストで均一な組織の粉末の製造が可能である。また，溶解することさえ可能であれば何種類でも元素を添加することができるため，複合化する相の組み合わせも数多く存在する。今後も合金系の検討を継続し，複合化する相の種類やその割合を最適化することによってサイクル安定性をさらに改善できる Si 合金を開発したい。

文　　献

1) B. D. Whittingham, *Chem. Rev.*, **104**, 4271 (2004)
2) M. N. Obrovac et al., *Electrochem. Solid-State Lett.*, **7**, A93 (2004)
3) B. Key et al., *J. Am. Chem. Soc.*, **123**, 1196 (1976)
4) T. Iida et al., *Electrochemistry*, **76**, 644 (2008)
5) H. Sakaguchi et al., *IOP Conf. Ser. Mater. Sci. Eng.*, **1**, 012030 (2009)
6) H. Usui et al., *J. Power Sources*, **195**, 3649 (2010)
7) H. Usui et al., *Electrochemistry*, **78**, 329 (2010)
8) H. Usui et al., *J. Power Sources*, **196**, 2143 (2011)
9) H. Usui et al., *Int. J. Electrochem. Sci.*, **6**, 2246 (2011)

第 13 章　アトマイズ法により作製した Li イオン電池負極材用 Si 合金粉末の高特性化

10)　H. Usui *et al.*, *J. Power Sources*, **196**, 10244（2011）

11)　H. Usui *et al.*, *Int. J. Electrochem. Sci.*, **7**, 4322（2012）

12)　H. Usui *et al.*, *Electrochemistry*, **80**（10）, 737（2012）

13)　H. Usui *et al.*, *J. Power Sources*, **235**, 29（2013）

14)　H. Usui *et al.*, *Electrochem. Acta*, **111**, 575（2013）

15)　M. Bae *et al.*, *Electron. Mater. Lett.*, **10**, 795（2014）

16)　N. S. Nazer *et al.*, *J. Alloys Compd.*, **718**, 478（2017）

17)　Y. NuLi *et al.*, *J. Power Sources*, **153**, 371（2006）

18)　S. Kawakami *et al.*, *Electrochemistry*, **83**, 445（2015）

19)　C. P. Wang *et al.*, *Science*, **297**, 990（2002）

20)　石田清仁, まてりあ, **49**（6）, 265（2010）

＜第Ⅱ編＞

デバイス応用

第1章　シリコン負極用ポリイミドバインダー（UPIA®／ユピア®）

中山剛成*

はじめに

これまでリチウムイオン二次電池において，負極には炭素・黒鉛系が用いられてきた。しかし，スマートフォンの長時間使用，電気自動車の走行距離延長のためには電池の高容量化が求められており，Si（シリコン），SiO（酸化シリコン）系などの高容量の負極が検討されている[1]。また，炭素・黒鉛系あるいは炭素・黒鉛系に微量のSiを添加した負極のバインダーには，PVDF（ポリフッ化ビニリデン）[2]，SBR（スチレン・ブタジエンゴム）およびCMC（カルボキシメチルセルロース）の併用[3]などが用いられてきた。しかし，Si系などの添加量が多い高容量負極は充放電時の体積変化が大きく，より強靭なバインダーが必要となっている。この高容量負極のバインダーとして，ポリイミドが候補材として期待されており，数多くの検討がされている[4〜7]。これらの検討では，現行のPVDFは高容量化には適さないことが示されている。この章では高容量負極用として開発された高強度，高伸度，高密着性のポリイミドバインダーを用いた電池特性について紹介する。

1　ポリイミドとは

ポリイミドは主鎖にイミド結合を持つポリマーの総称であるが，直鎖状のポリイミドは合成困難なため，五員環を有するものが一般的である（図1）。

また，合成方法については前駆体を経由する2段反応と，経由しない1段反応があるが，前駆体を経由する2段反応が一般的である。2段反応は溶媒中で酸無水物とジアミンから前駆体であるポリアミド酸を形成し，脱水，脱溶媒によりポリイミドが合成される（図2）。

ここで，酸無水物のA，ジアミンのBの構造を変えることにより，様々な構造のポリイミドが得られる。

酸無水物の例としては宇部興産が製造・販売を行っている，3,3'4,4'-ビフェニルテトラカルボン酸二無水物（s-BPDA），2,3,3',4'-ビフェニルテトラカルボン酸二無水物（a-BPDA）（図3）を始めとし，ピロメリット酸二無水物，ベンゾフェノンテトラカルボン酸二無水物，4,4'-オキ

---

*　Takeshige Nakayama　宇部興産㈱　化学カンパニー　機能品事業部
　　　　　　　　　　　　ポリイミド・機能品開発部　ポリイミドグループ　主席部員

直鎖状イミド結合　　　　　五員環イミド結合

図1　イミド結合の例

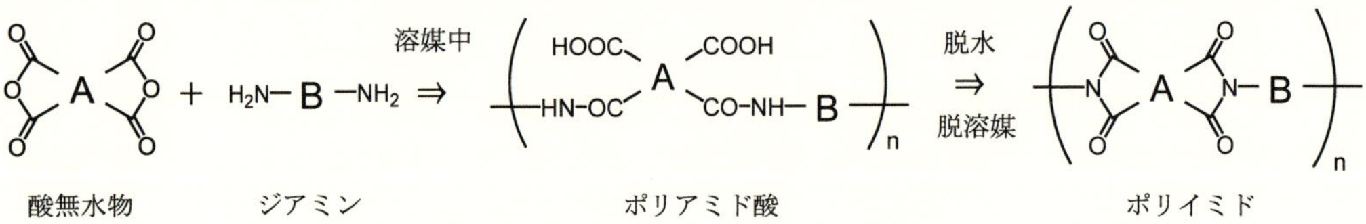

酸無水物　　　ジアミン　　　　　　ポリアミド酸　　　　　　　ポリイミド

図2　一般的なポリイミドの2段反応機構

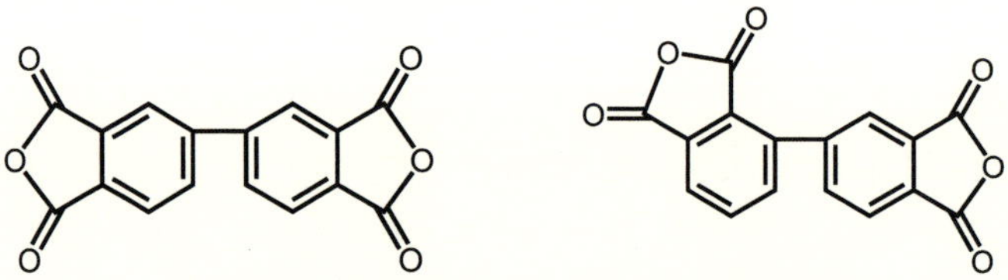

図3　s-BPDA（左）とa-BPDA（右）の構造式

シジフタル酸二無水物などが用いられる。また，ジアミンの例としては*p*-フェニレンジアミン，*m*-フェニレンジアミン，4,4'-ジアミノジフェニルエーテル，4,4'-ジアミノジフェニルメタンなどが用いられる。

　ポリイミドは酸無水物，ジアミンのそれぞれ1〜3種類，場合によってはそれ以上の組み合わせから構成され，さらには構成比率によっても特性は変化するため，その構造には無限の選択肢がある。これにより，各種目的にあった特性を付与させることが可能となる。

2　シリコン負極用バインダーに対する要求特性

　高容量のシリコン系負極は充放電時の体積変化が大きく，バインダーはこれに追従する必要がある。そのためには強固な接着性，高破断エネルギー，電解液の浸漬による物性低下がないこと，などが必要となってくる。ここで，破断エネルギーとは，応力-ひずみ曲線（stress-strain curve）の面積に相当し，バインダーの耐久性指標となる（図4）。

第1章 シリコン負極用ポリイミドバインダー（UPIA®／ユピア®）

 図4の(ⅰ)のように強度・弾性率が高くても伸度が小さい材料，(ⅱ)のように伸度が大きくても強度，弾性率が低い材料は破断エネルギーが小さくなり，充放電サイクルにおいて劣化が生じやすくなってしまう。(ⅲ)のように機械物性のバランスの取れた材料の方が高破断エネルギーのため，充放電サイクルにおける劣化は小さくなる。さらに，充放電サイクルにおいて活物質の膨張・収縮は繰り返されるため，バインダーに対しても繰り返しの耐久性が必要となってくる。

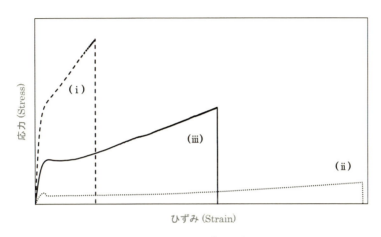

図4 応力-ひずみ曲線

3 脱有機溶剤ポリイミドバインダーへの期待

 これまでのポリイミド系ワニスは，溶剤として N-メチル-2-ピロリドン，N,N-ジメチルアセトアミドなどの極性が高く，高沸点のものが用いられてきた。宇部興産ではこれまでUPIA®-AT-1001を電池バインダー用途での標準材として展開してきたが，環境問題がクローズアップされる中，大部分を占める高沸点有機溶剤の処理がワニスの用途展開上制約となってきており，脱有機溶剤ポリイミド系ワニス開発への要望は非常に大きかった。また，単に有機溶剤を水に変えるだけではなく，高容量負極用バインダーとしての機能は必要である。宇部興産ではこれらの要望に応えるべく，水系ポリイミドバインダーとしてUPIA®-LB-2001を開発した。溶剤を水に変えることによって環境負荷を大幅に低減させることが可能となる。

4 炭素・黒鉛／シリコン系負極の特性について[8]

 シリコン系単独使用までの大きな容量が必要ではない場合，炭素・黒鉛／シリコン系の複合負極が用いられるが，UPIA®-LB-2001を用いた電池特性の一例を以下に示す。

4.1 電池特性評価（ハーフセル）（データ提供：国立大学法人山形大学）

負極として炭素・黒鉛系＋Si and/or SiO，バインダーとしてUPIA®-LB-2001を用いて，下記3条件の重量比率で混合して電極ペーストを作製した。

炭素・黒鉛系：Si系：UPIA®-LB-2001
= 85.5：9.5：5（10 wt%），77：18：5（20 wt%），66.5：28.5：5（30 wt%）（重量比）

厚さ10 μmのニッケルめっき鋼箔上に電極ペーストを塗工して150℃の熱処理を行った。この時の電極容量密度は3.0 mA h/cm²であった。比較として，バインダーとしてSBR/CMC orポリアクリル酸を用いた以外は上記と同様にして電極を作製した。

対極にリチウム箔を用いたハーフセルを作製し，充放電サイクル試験を行った。評価は電位範囲0.001/1.0 V，充放電電流値0.1 C-rate，温度30℃で行った。

サイクル特性について，SBR/CMC併用またはポリアクリル酸バインダーは充放電サイクルの初期から劣化が始まっている。一方，ポリイミド系であるUPIA®-LB-2001を用いると，すべての条件において50サイクルまでほとんど劣化が見られないことが分かる（図5）。なお，初期効率はいずれも約85％であった。

次に，炭素・黒鉛系：Si系：UPIA®-LB-2001 = 77：18：5（重量比）の負極について，熱処理温度を120℃に変更したこと以外は同様に実施して比較を行った。

サイクル特性について，熱処理温度が120℃でも150℃と同等であり，優れた性能を有していることが分かる（図6）。

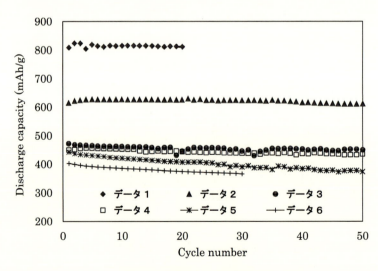

図5　各負極のサイクル特性

データ1：黒鉛＋SiO（30 wt%）/LB-2001，データ2：黒鉛＋SiO（20 wt%）/LB-2001
データ3：黒鉛＋SiO（10 wt%）/LB-2001，データ4：黒鉛＋Si（10 wt%）/LB-2001
データ5：黒鉛＋SiO（10 wt%）/SBR＋CMC，データ6：黒鉛＋SiO（10 wt%）/ポリアクリル酸

第1章　シリコン負極用ポリイミドバインダー（UPIA®／ユピア®）

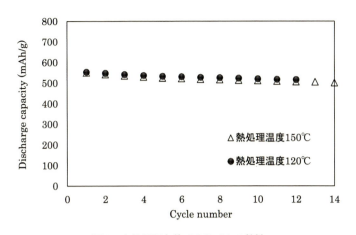

図6　各熱処理条件でのサイクル特性

4.2　電池特性評価（ラミネート型フルセル）（データ提供：国立大学法人山形大学）

4.1項で得られた炭素・黒鉛系：Si系：UPIA®-LB-2001 = 77：18：5（重量比）負極を13枚，NCM/PVDF正極を12枚，セパレータにアラミド不織布，電解液に1 M LiPF$_6$ / EC：DEC = 1：1（vol%）を用いて14 Ah級のラミネート型フルセルを作製した。比較として，黒鉛 + SBR/CMCの負極を12枚，NCM/PVDF正極を11枚用いた以外は上記と同様にして14 Ah級のラミネート型フルセルを作製した。

評価は温度25℃，電位範囲2.5/4.0 Vで充放電電流値を1〜5 C-rateまで変化させて放電負荷特性を確認した［充電：15 A(1 C) / 4.0 V(CCCV) / 1.5 h，放電：15 A(1 C)，30 A(2 C)，45 A(3 C)，60 A(4 C)，75 A(5 C)(E.V. = 2.5 V)］。これらの結果より，UPIA®-LB-2001を用いることにより高レートでの容量維持率が改善されることが確認された（図7，8）。

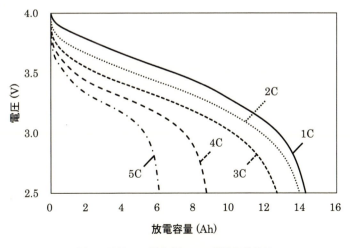

図7　黒鉛 / Si系負極セルの放電負荷特性

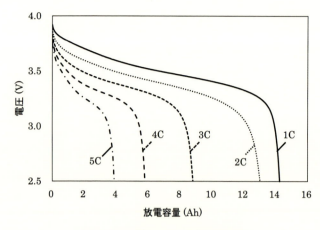

図8 黒鉛負極セルの放電負荷特性

5 シリコン系負極の特性について

さらなる高容量化にはシリコン系負極が単独で使用されるが，宇部興産では高接着性，高破断エネルギーでかつ繰り返しの耐久性，電解液に対する耐性が極めて高いUPIA®-LB-1001を開発したので，以下に電池特性の一例を示す。

5.1 電池特性評価（ハーフセル）[8]（データ提供：国立大学法人山形大学）

負極としてSi or SiO，バインダーとしてUPIA®-LB-1001，導電助剤としてアセチレンブラックを用いて電極ペーストを作製した。

厚さ10 μmのニッケルめっき鋼箔上に電極ペーストを塗工して300℃の熱処理を行った。この時の電極容量密度は3.0 mA h/cm^{2}であった。比較として，バインダーとしてSBR/CMCを用い，熱処理を150℃で実施した以外は上記と同様にして電極を作製した。

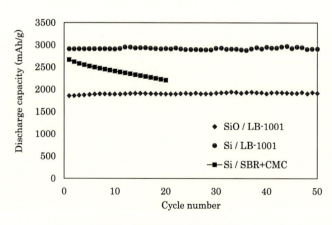

図9 各負極のサイクル特性

第1章　シリコン負極用ポリイミドバインダー（UPIA®／ユピア®）

対極にリチウム箔を用いたハーフセルを作製し，充放電サイクル試験を行った。評価は電位範囲 0.001／1.0 V，充放電電流値 0.1 C-rate，温度 30℃で行った。

サイクル特性について，今回は比較として SBR／CMC 併用バインダーを用いたが，充放電サイクルの初期から大きく劣化が始まっている。一方，ポリイミド系である UPIA®-LB-1001 を用いると，Si or SiO のいずれも 50 サイクルまでほとんど劣化が見られないことが分かる（図 9）。なお，初期効率はそれぞれ Si が 86％，SiO が 61％であったが，SiO の初期効率が悪いことについて，SiO は初期不可逆容量が大きいことが知られており[9]，これらの改善としてリチウムのプリドープ処理などが行われる[5, 10, 11]。

5.2　電池特性評価（コイン型フルセル）[12〜14]

（データ提供：国立研究開発法人産業技術総合研究所）

負極として Si or SiO，負極バインダーとして UPIA®-LB-1001 or 2001，導電助剤としてアセチレンブラックを用いて電極ペーストを作製した。

厚さ 10 μm のニッケルめっき鋼箔上に電極ペーストを塗工して 300℃の熱処理を行った。この時の電極容量密度は 3.0 mA h／cm² であった。正極に LiFePO₄ or NCM or NCA，正極バインダーに PVDF，セパレータにガラス不織布＋PP／PE／PP 微多孔膜，電解液に 1 M LiPF₆／EC：DEC＝1：1（vol％）を用いて CR2032 コイン型フルセルを作製し，充放電サイクル試験を行った。評価は充放電電流値が 1〜3 サイクル：0.1 C-rate，4〜6 サイクル：0.2 C-rate，7 サイクル以降は 0.5 C-rate，温度 30℃で電位範囲はそれぞれ LFP 系：2.7／4.0 V，NCM 系：2.7／4.1 V，NCA 系：2.7／4.1 V で行った。

いずれの組み合わせにおいてもほとんどサイクル特性は低下しておらず，さらに UPIA®-LB-1001 を用いた系は特にサイクル特性が優れている。これらの結果より，正極材料の種類を変えても優れた電池特性を示すことが確認された（図 10〜21）。

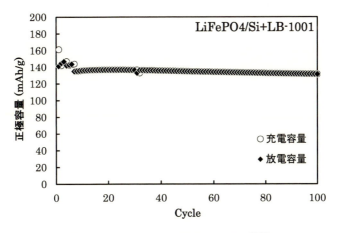

図 10　LFP／Si ＋ LB1001 のサイクル特性

リチウムイオン二次電池用シリコン系負極材の開発動向

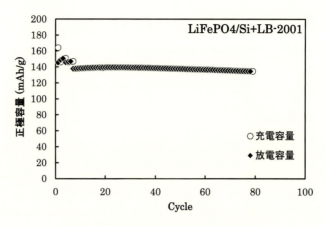

図11　LFP／Si ＋ LB2001 のサイクル特性

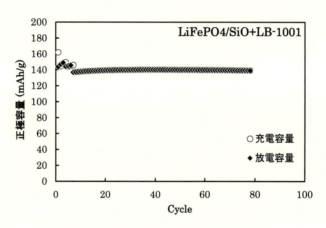

図12　LFP／SiO ＋ LB1001 のサイクル特性

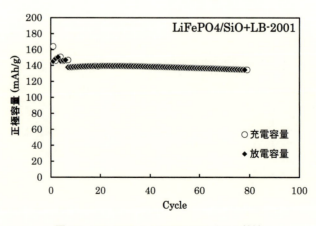

図13　LFP／SiO ＋ LB2001 のサイクル特性

第1章　シリコン負極用ポリイミドバインダー（UPIA®／ユピア®）

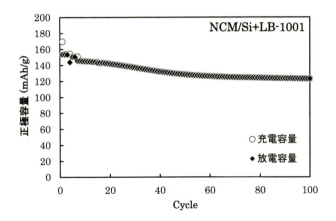

図14　NCM／Si ＋ LB1001 のサイクル特性

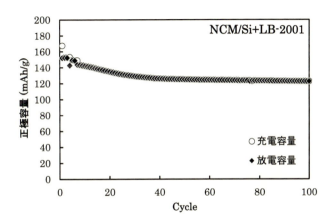

図15　NCM／Si ＋ LB2001 のサイクル特性

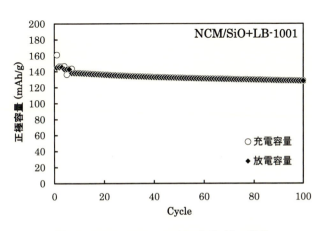

図16　NCM／SiO ＋ LB1001 のサイクル特性

159

リチウムイオン二次電池用シリコン系負極材の開発動向

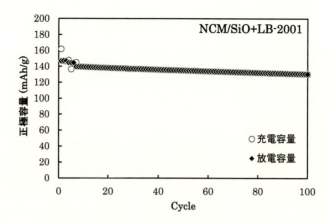

図17　NCM／SiO ＋ LB2001 のサイクル特性

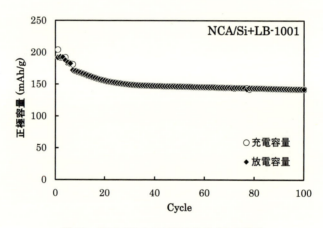

図18　NCA／Si ＋ LB1001 のサイクル特性

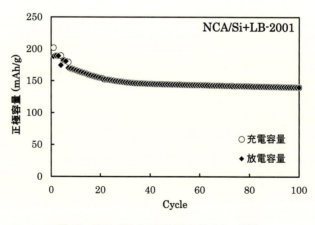

図19　NCA／Si ＋ LB2001 のサイクル特性

第1章　シリコン負極用ポリイミドバインダー（UPIA®／ユピア®）

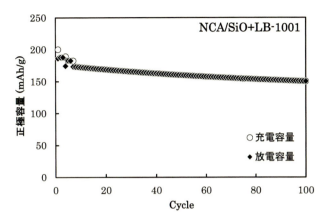

図20　NCA／SiO ＋ LB1001 のサイクル特性

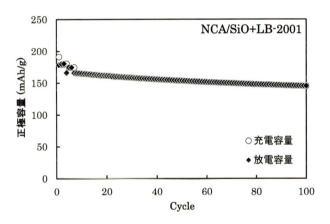

図21　NCA／SiO ＋ LB2001 のサイクル特性

5.3　電池特性評価（ラミネート型フルセル）[8]（データ提供：国立大学法人山形大学）

5.1項で得られた Si/UPIA®-LB-1001 負極を3枚，NCA/PVDF 正極を4枚，セパレータにアラミド不織布，電解液に 1 M LiPF$_6$ / EC：DEC ＝ 1：1（vol％）を用いて1Ah級のラミネート型フルセルを作製し，充放電サイクル試験を行った。評価は電位範囲 2.0/4.15 V，充放電電流値 0.1 C-rate，温度 30℃で行った。

1Ah級のフルセルにおいてもサイクル特性にほとんど劣化は見られず優れた性能を有していることが分かる（図22，23）。

161

リチウムイオン二次電池用シリコン系負極材の開発動向

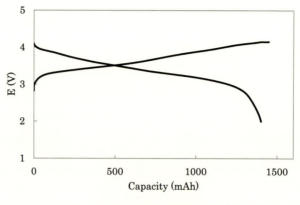

図22　初期充放電曲線

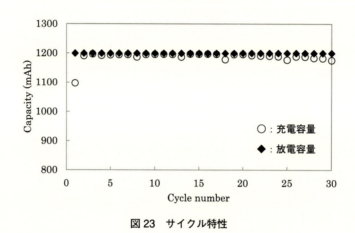

図23　サイクル特性

おわりに

　これまでの検討ではSiO負極のサイクル特性は比較的良好であるが[4,6]，Si負極の場合は非常に悪いサイクル特性であった[6]。しかしながら，破断エネルギー，密着性，電解液耐性などを向上させたUPIA®-LB-1001または2001を用いることにより，Si，SiO，その他の高容量負極においても優れたサイクル特性を示すことができた。特に水系であるUPIA®-LB-2001を用いることにより，120℃という低温熱処理でも優れたサイクル特性を示すことができた。これまでもポリイミドの低温熱処理は検討されているが，120℃で優れたサイクル特性が得られた例はほとんどなく，また，低温熱処理が可能とされているポリアミドイミドでも溶媒の除去のためには150℃以上の熱処理が必要である。UPIA®-LB-2001の使用によって，環境負荷を大幅に低減させることが可能となる。また，既存の設備が使用できるメリットも大きいと考えられる。さらに，UPIA®-LB-1001または2001を用いることにより，レート特性も改善され，高出力特性を要求される用途への展開も可能となる。加えて，Si系負極のバインダーにポリイミドを使用し

第 1 章　シリコン負極用ポリイミドバインダー（UPIA®／ユピア®）

た電池での安全性は高いことが示されており[15]，今後高容量負極の実用化が加速されると考えている。

謝辞

　本章における電池特性評価は，国立大学法人山形大学 学術研究院 産学連携准教授 森下様，国立研究開発法人産業技術総合研究所 電池技術研究部門 電池システム研究グループ 柳田様，向井様との連携により実施されました。深く感謝いたします。

文　　献

1)　境　哲男，*Electrochemistry*, **71**（8），723（2003）
2)　佐久間充康，リチウムイオン二次電池の電極・電池材料開発と展望，p.171，情報機構（2010）
3)　脇坂　康，高橋直樹，リチウムイオン電池活物質の開発と電極材料技術，p.435，サイエンス＆テクノロジー（2014）
4)　幸　琢寛，境　哲男，機能材料，**33**, 43（2013）
5)　幸　琢寛ほか，*Electrochemistry*, **80**（6），401（2012）
6)　阿部悠佳，全固体電池のイオン伝導性向上技術と材料，製造プロセスの開発，p.319，技術情報協会（2017）
7)　富川真佐夫，リチウムイオン電池活物質の開発と電極材料技術，p.449，サイエンス＆テクノロジー（2014）
8)　M. Morishita *et al.*, Development of high capacity Lithium-ion batteries consisting of nickel-based positive electrode and Silicon-based negative electrode using iron-based current collector foil, Proceedings of EVS 31 & EVTeC 2018, Kobe（2018）
9)　M. Yamada *et al.*, *J. Electrochem. Soc.*, **159**（10），A1630（2012）
10)　M. W. Forney *et al.*, *Nano Lett.*, **13**, 4158（2013）
11)　山野晃裕ほか，第 59 回電池討論会，2E22（2018）
12)　境　哲男ほか，エネルギー・資源，**35**（6），35（2014）
13)　向井孝志ほか，リチウムイオン電池活物質の開発と電極材料技術，p.269，サイエンス＆テクノロジー（2014）
14)　向井孝志ほか，表面技術，**70**（6），301（2019）
15)　向井孝志ほか，リチウムイオン電池における高容量化・高電圧化技術と安全対策，p.101，技術情報協会（2018）

第2章　シリコン負極用無機ケイ酸系バインダー

向井孝志[*1]，池内勇太[*2]，山下直人[*3]，坂本太地[*4]
木下智博[*5]，髙橋牧子[*6]，田名網　潔[*7]，青柳真太郎[*8]

1　はじめに

リチウムイオン電池の電極は，一般的に，活物質と導電助剤，バインダーなどからなる電極材料をスラリー状にして，これを集電体に塗布・乾燥することで得られる。このバインダーは，電極材料を結着するために用いられており，使用する溶媒種によって「水系（水性）」と「有機溶媒系（非水性）」に分類することができる。また，溶媒に溶かして液状のものを用いる「溶液タイプ」と，固形分を溶媒中に分散させて用いる「分散タイプ（エマルションタイプ）」に分けることもできる。その他，主体となっている元素で，「樹脂系バインダー」と「無機系バインダー」に大別することもできる（図1）[1]。

リチウムイオン電池の負極活物質として，黒鉛が代表的であるが，その理論容量は372 mA h/gである。一方，シリコン（Si）ではその約10倍の高容量化が可能であることから，次世代の負極材料として有望視されている。しかし，Siは，充放電で大きな体積変化が生じるため，ポリフッ化ビニリデン（PVdF）系やスチレンブタジエンゴム（SBR）系などの樹脂系バインダーでは電極剥離などが起こり，安定したサイクル特性が得られにくい。そこで，近年では，より高強度で高結着性を示すポリイミド（PI）系[2~9]やアクリル系[10~12]，無機系[13~21]などが電極用バインダーとして開発され，高容量化と長寿命化の両立が図られている。強固な電極バインダーを用いることで，強靭な活物質層が形成され，サイクル特性が大きく改善される。このうち，無機系バインダーには，①優れた耐熱性を示し，不燃性である，②水を溶媒として使用できる，③完全に無臭である，④熱伝導性に優れる，などの樹脂系バインダーにはみられない特徴がある。特に無機ケイ酸系バインダーは，希少元素をまったく含まないため廉価である。

＊1　Takashi Mukai　ATTACCATO 合同会社　代表
＊2　Yuta Ikeuchi　ATTACCATO 合同会社
＊3　Naoto Yamashita　ATTACCATO 合同会社
＊4　Taichi Sakamoto　ATTACCATO 合同会社
＊5　Tomohiro Kinoshita　㈱本田技術研究所
＊6　Makiko Takahashi　㈱本田技術研究所
＊7　Kiyoshi Tanaami　㈱本田技術研究所
＊8　Shintaro Aoyagi　㈱本田技術研究所

第2章 シリコン負極用無機ケイ酸系バインダー

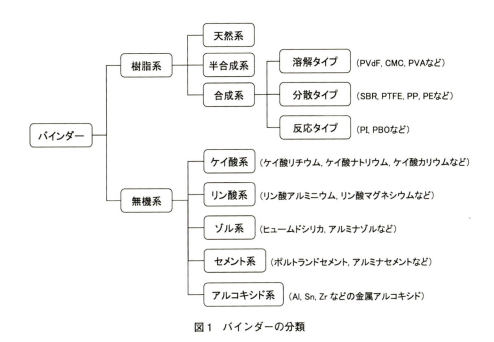

図1 バインダーの分類

　筆者らは，このような無機バインダーを電極に利用できれば，耐久性と耐熱性，放熱性などに優れ，低廉な電極が得られる可能性が高いと考え，これまでに従来バインダーを置き換えて使用することで，サイクル特性が大きく改善されることを示してきた[13～21]。ただ，無機バインダーは，比重が大きいため，スラリー中の固形分に対して質量比では多めに加えないと十分な結着性を示しにくいという難点がある。また，無機ケイ酸系バインダーでは，粒径が小さく活性なSi粉末を用いると，スラリー作製時に溶解し，スラリーを発泡させることがあり，均質な電極製造が困難であった。これらの対策として，無機バインダーを従来のスラリーに加えて使用する手法ではなく，電極活物質層に塗布して，電極の骨格を形成した。

　本章では，無機ケイ酸系バインダーを活物質層に塗布したSi負極について取り上げる。結着力が不十分なPVdF系バインダーを用いたSi負極であっても，ある種の無機ケイ酸系バインダーを電極にコートすることにより，サイクル特性が飛躍的に向上することを紹介する。

2 無機ケイ酸系バインダーの特徴[16,17]

　無機ケイ酸系バインダーは，シリコン（Si）と酸素（O）を主たる分子骨格とする無機の高分子材料である。このバインダーは，16世紀以前から錬金術の材料として用いられ[22]，18世紀頃には大量生産の技術が見出されていた。高い耐熱性が示されることから，当初の産業的用途は防火剤で，木材内部にバインダーを浸透させ，利用していたと言われている[23]。近年では，主に段ボールの接着剤や，土木分野での止水や地盤強化などに利用されている。製造方法としては「湿

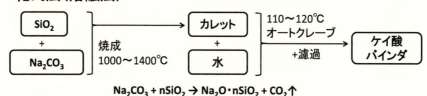

図2 無機ケイ酸系バインダーの製造方法

式法」と「乾式法（溶融法）」が知られているが，後者では安価な原材料を使用できるため，低廉で現在の主流となっている（図2）。

　無機ケイ酸系バインダーの一般式としては，$A_2O \cdot nSiO_2$（A＝アルカリ金属元素やアンモニウムなど）で表されるが，オルトケイ酸塩（A_4SiO_4），メタケイ酸塩（A_2SiO_3），メタ二ケイ酸塩（$A_2Si_2O_5$），三ケイ酸塩（$A_2Si_3O_7$）など数多くの種類が知られている[24]。ケイ酸化合物中のアルカリ金属元素やアンモニウムの割合が増すにつれて，融点が低下傾向にあり，同時に水への溶解性が高くなる。工業的には，これらの割合を連続的に変化させることができ，任意の塩が調整可能となる。また，アルカリ金属元素やアンモニウムの種類によってバインダーの物性が異なる。例えば，リチウムでは，低粘度であるものの，結着性に劣り，低温での熱処理で結晶化しやすい特徴がある。ナトリウムやカリウムでは，結着性には優れるが，高粘度で，吸湿しやすく，炭酸化して変質しやすい。アンモニウムでは，吸湿しにくいが，ナトリウムやカリウムと比べて結着性に劣る。

　水に溶解した状態の無機ケイ酸系バインダーは，シラノール（－Si－OH）基を有する強いアルカリ性であり，これを100℃以上の熱処理でシラノール基を脱水縮合反応させることによって，強固なシロキサン（－Si－O－Si－）結合へと変化させることができる（図3）。この分子骨格の違いにより，炭素を主たる骨格とする樹脂系バインダーよりも高い耐熱性と耐酸化性が示され，かつ強靭な活物質層の形成が可能となる。

第2章 シリコン負極用無機ケイ酸系バインダー

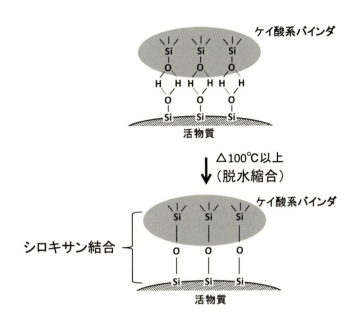

図3 無機ケイ酸系バインダーの作用機構

3 無機ケイ酸系バインダーをコートしたSi負極の熱処理温度

　無機ケイ酸系バインダーは，様々な種類が存在しており，また熱処理の温度条件によって，その物性が異なる。ここでは，典型的な無機ケイ酸系バインダーである，ケイ酸リチウム（$Li_2O \cdot 3SiO_2$），ケイ酸ナトリウム（$Na_2O \cdot 3SiO_2$），ケイ酸カリウム（$K_2O \cdot 3SiO_2$）をSi負極の骨格形成剤として用いて，それぞれの熱処理の温度条件について検討した。

　電極スラリーは，粉砕Si粉末（エルケム製，#Silgrain e-Si409），アセチレンブラック（AB），気相成長炭素繊維（VGCF）およびPVdFバインダーを固形比91：4：1：4 wt.%となるように配合し，自公転式ミキサー（シンキー製，#あわとり練太郎，2000 rpm，15 min，大気中）を用いて混練することで得られた。Si負極（片面5.80 ± 0.25 mA h/cm^2）は，各スラリーをCu箔（厚さ10 μm）の片面に塗工乾燥後，表1に示す各無機ケイ酸系バインダーをスプレーコートし，熱処理を真空中で10時間することで作製された。熱処理の条件としては，真空中で120℃，160℃，200℃，300℃とした。また，比較として無機バインダーをコートしていないSi負極を作製した。

　無機ケイ酸系バインダーのコートの有無にかかわらず，活物質層の厚さは30 μm程度であった。無機ケイ酸系バインダーを電極にコートすることで，無機ケイ酸系バインダーが活物質層に深く浸透し，集電体と一体化することから，電極の厚さに大きな変化を生じない。このため，無機バインダーを被覆することによる電極の体積エネルギー密度の低下はさほど大きなものではない。

リチウムイオン二次電池用シリコン系負極材の開発動向

表1 無機ケイ酸系バインダーのコート量

電極の熱処理温度 (℃)	無機ケイ酸系バインダー $A_2O \cdot nSiO_2$ ($n ≒ 3$)	片面のコート量 (mg/cm²)
120	A = Li	0.33
	A = Na	0.32
	A = K	0.32
160	A = Li	0.28
	A = Na	0.31
	A = K	0.40
200	A = Li	0.37
	A = Na	0.19
	A = K	0.43
300	A = Li	0.28
	A = Na	0.32
	A = K	0.43

　浸透の確認には，例えば，電子放出型電子線マイクロアナライザー（FE-EPMA）による断面元素マッピング像や，グロー放電発光分析法（GDS）で判断することができる[13, 16, 21]。電極の長寿命化には活物質層全体に無機バインダーを均一に浸透させる技術が重要となっている[21]。

　図4に，ケイ酸ナトリウムをコートしたSi負極（160℃で熱処理）において，Si粒子とケイ酸ナトリウムの接合界面における透過型電子顕微鏡（TEM）観察像を示す。Si粒子を覆う無機バインダーの厚さには，多少のムラがあるものの，数十〜数百nm程度の被膜であることが確認される。

　電池は，Si負極とLi金属対極（本城金属製）とが，ガラス不織布（ADVANTEC製，#GA-100）とポリオレフィン系微多孔膜（Celgard製，#2325）を介して対向配置され，これに1M LiPF₆/（EC：DEC = 1：1 vol.）電解液（キシダ化学製）を加えて密閉することで作製された。

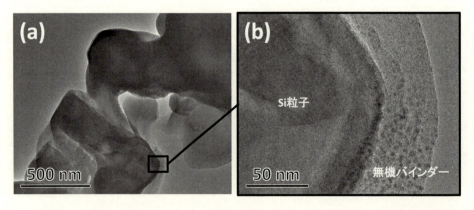

図4　Si粒子とケイ酸ナトリウムバインダーの接合界面におけるTEM像（bはaの四角枠部の拡大像）

第2章　シリコン負極用無機ケイ酸系バインダー

電池試験は，30℃環境で，カットオフ電圧0.001 V（CV 1 h）〜1.500 V（CC），0.1 C率で2サイクル充放電後，0.2 C率で充放電を繰り返すことで行われた。

図5に，各無機ケイ酸系バインダーをコートしたSi負極の各処理温度におけるサイクル特性を，無機バインダーをコートしていないSi負極と比較して示す。無機バインダーをコートしていないSi負極では，放電容量が小さく，二次電池の負極として機能していない。しかし，これに無機ケイ酸系バインダーをコートすることによって，結着力の不十分なPVdF系バインダーを用いたSi電極であっても，高容量で，かつ長寿命となっている。未コートのSi負極では，1回目の充電（Li化反応）において，Siの大きな体積膨張が起こるため，バインダーの結着力が弱いと活物質層と集電体とを結着している箇所が破断して，導電ネットワークが切断される。しかし，無機ケイ酸系バインダーを活物質層に浸透させることで，集電体と活物質層の接着性が改善され，また強固な無機バインダーが活物質層の体積変化の応力を緩和させることができる[19]。このように，体積変化の大きい活物質を用いる場合では，充放電しても導電ネットワークを維持する技術が重要であることが示唆される。

また，無機ケイ酸系バインダーは，アルカリ金属元素の種類によって電極特性が異なっている。ケイ酸ナトリウムまたはケイ酸カリウムでは，ケイ酸リチウムと比べて，放電容量が大き

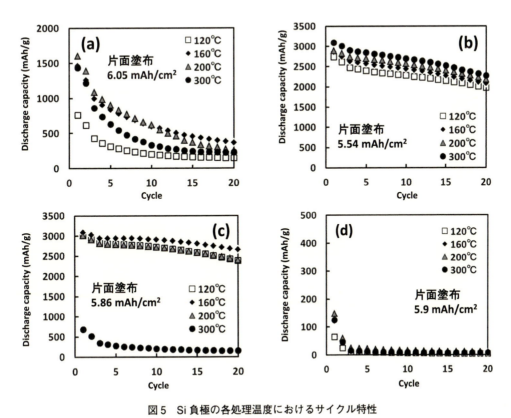

図5　Si負極の各処理温度におけるサイクル特性
(a) $Li_2O \cdot 3SiO_2$ coated, (b) $Na_2O \cdot 3SiO_2$ coated, (c) $K_2O \cdot 3SiO_2$ coated, (d) Inorganic binder uncoated

く，長寿命である。無機ケイ酸系バインダーのみを塗膜にした場合でも，アルカリ金属の種類によって塗膜物性が異なることが確認されており，やはりケイ酸ナトリウムまたはケイ酸カリウムでは，ケイ酸リチウムと比べて，結着性に優れ，クラックが生じにくく，造膜性に優れていることが知られている[25]。

電極の熱処理は，ケイ酸リチウムでは，160～200℃の範囲内が良く，ケイ酸ナトリウムでは，温度が高くなるにつれて高い容量を維持し，ケイ酸カリウムでは，140～200℃の範囲内が良好で，300℃では劣化が早い。

4 おわりに

電池の高容量化と長寿命化を達成するために，各種の無機ケイ酸系バインダーをSi負極にコートし，サイクル特性を評価した。スラリー法により得られる電極は，多孔質な活物質層を有する。これに無機バインダーを塗布することで，無機バインダーが集電体まで深く浸透して硬化するため，ほとんどの場合，対象となる電極よりも強度が高くなる。このため，活物質層は集電体から剥離や脱落などが起こりにくくなり，結着力が不十分なPVdF系バインダーを用いたSi負極であっても，高容量で，かつ長寿命な電極にすることができる。

電極の製造プロセスは，従来電極にケイ酸系無機バインダーを塗布するだけであるのでいたって簡便であるが，無機バインダーの種類や，熱処理の条件によって電極特性が大きく異なることから，製造条件の最適化を必要とする。最近では，コート対象となる電極の塗布層（空隙率，厚み，比表面積，材料組成など）やコート条件（塗布量，乾燥方法など），界面活性剤などによっても，電極のサイクル特性や入出力特性，安全性などが変化することがわかってきている。

文　　　献

1)　向井孝志, リチウムイオン電池＆全固体電池製造技術～微粒子＆スラリー調整および評価を中心に～, p.33, シーエムシーリサーチ (2019)
2)　T. Sakai, *Electrochemistry*, **71** (8), 722 (2003)
3)　境哲男, 化学, **65**, 31 (2010)
4)　境哲男, 電池ハンドブック, p.388, オーム社 (2010)
5)　幸琢寛ほか, 粉体技術と次世代電極開発, p.162, シーエムシー出版 (2011)
6)　境哲男ほか, エネルギー・資源, **35** (6), 35 (2014)
7)　向井孝志ほか, リチウムイオン電池活物質の開発と電極材料技術, p.269, サイエンス＆テクノロジー (2014)
8)　向井孝志ほか, 工業材料, **63** (12), 18 (2015)

第 2 章　シリコン負極用無機ケイ酸系バインダー

9)　Y. Liu *et al.*, *J. Power Sources*, **304** (1), 9 (2016)

10)　Z.-J. Han *et al.*, *ECS Electrochem. Lett.*, **2**, A17 (2013)

11)　S. Aoki *et al.*, *J. Electrochem. Soc.*, **162**, A2245 (2015)

12)　藤重隼一，工業材料，**63** (12), 44 (2015)

13)　向井孝志ほか，*Material Stage*, **17** (5), 29 (2017)

14)　岩成大地ほか，次世代電池用電極材料の高エネルギー密度，高出力化，p.278，技術情報協会 (2017)

15)　向井孝志ほか，リチウムイオン電池〜高容量化・特性改善に向けた部材設計アプローチと評価手法〜，p.210，情報機構 (2017)

16)　向井孝志ほか，ポストリチウムに向けた革新的二次電池の材料開発，p.145，エヌティーエス (2018)

17)　向井孝志ほか，機能材料，**38** (11), 19 (2018)

18)　向井孝志ほか，リチウムイオン電池における高容量化・高電圧化技術と安全対策，p.104，技術情報協会 (2018)

19)　向井孝志ほか，リチウムイオン電池用添加剤の開発と市場，p.87，シーエムシー出版 (2018)

20)　三宅常之，日経エレクトロニクス，**5**, 58 (2018)

21)　斉藤誠，リチウムイオン電池＆全固体電池製造技術〜微粒子＆スラリー調整および評価を中心に〜，p.141，シーエムシーリサーチ (2019)

22)　J. R. Glauber, Furni Novi Philosophici, **PARS-Ⅱ**, 107, Amsterdam (1651)

23)　H. Mayer (訳：奥田進)，水ガラス―性質・製造と応用，p.101，コロナ社 (1950)

24)　J. N. v. Fuchs, *Polytechnischen Journals*, **142**, LXXXIV, 365 (1856)

25)　岩井弘，色材，**65** (2), 99 (1992)

第3章　シリコン負極用高比表面積銅系集電体

清水雅裕[*1]，新井　進[*2]

1　はじめに

　太陽光などの自然エネルギーの有効利用や電力負荷平準化，さらには電気自動車の航続距離増大に向けてリチウムイオン電池の需要は一層強くなってきている。エネルギー密度の向上には電池の高電圧作動化や正極・負極の高容量化が必須となる。Si は，従来の黒鉛の約 10 倍もの理論容量（$Si + 3.75Li^+ + 3.75e^- \Leftrightarrow Li_{3.75}Si/3580 \text{ mA h g}^{-1}$）を示すことから次世代負極材料の 1 つとして高い関心が寄せられている[1~9]。しかしながら，充放電（Li 吸蔵）時の極めて大きな体積変化（$\Delta 280\%$）が原因となり，微粉化や集電体からの活物質層の剥離（電気的孤立）が進行し，元来有する潜在的な高容量を長期サイクルにわたって活かすことが困難である[1, 10]。これらの課題解決に向けた方策として，①活物質粉末の微粒子化，②炭素被覆，③不活性マトリックス被覆，④バインダーの最適化が主に挙げられる。150 nm 以下の粒子サイズに調整することで見かけ上の体積変化が小さくなり，充放電時の亀裂発生・微粉化を回避できることが報告されている[11]。電気的孤立の抑制・反応均一性の向上，電解液の分解による表面被膜の堆積がもたらす活物質の利用率低下には，炭素被覆[12, 13]，シリサイド（M-Si，M：主に遷移金属）[14]，無電解析出などによる合金被覆[15]などが有効とされている。一般的に粉末をベースとする合剤電極では，電極の電子伝導性と機械的耐久性を上げるべくバインダーや導電助剤などの補助的な添加物質を活物質に混ぜて用いている。このバインダーのポリマー主鎖や官能基制御により導電性や密着性を向上することが可能である[16~18]。多くの研究者らが様々な観点からサイクル安定性の向上に向けて行っているこれらの研究例の多さは，Si が有する高容量への高い注目度を示している。筆者らも活物質の導電性や Li 拡散性に着目し，Czochralski 法により不純物をドープした高結晶性 Si の電気化学的挙動について研究を進めている。上述のアプローチの他に，筆者らは活物質層－集電体基板の密着性向上を目的として電気めっき技術に基づく集電体表面の粗面化（高比表面積化）を行ってきた[19~21]。例えば，一般的な硫酸 Cu めっき浴（0.85 M $CuSO_4$/0.55 M H_2SO_4）に 0.1 mM 程度のポリアクリル酸を添加することで，結晶性の Cu がシート状に成長した粗面化集電体を作製できる（図1）。基板表面の粗面化度合いは添加するポリアクリル酸濃度によって任意に制御可能であり（図2），これによりもたらされるアンカー効果は集電体－活物質層間の密着性の向上に極めて有効に機能する。Li の資源的制約を背景としてその注目が集まっ

＊1　Masahiro Shimizu　信州大学　学術研究院工学系　助教
＊2　Susumu Arai　信州大学　学術研究院工学系　教授

第 3 章　シリコン負極用高比表面積銅系集電体

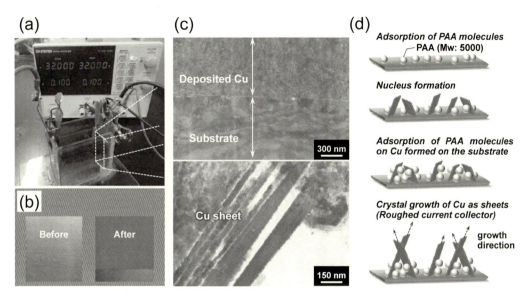

図 1　(a) 粗面化 Cu 集電体の電気めっき法による作製，(b) Cu 基板上への粗面化 Cu めっき前後の概観写真，(c) 基板上に成長したシート Cu の透過型電子顕微鏡像，(d) シート型 Cu の成長メカニズム

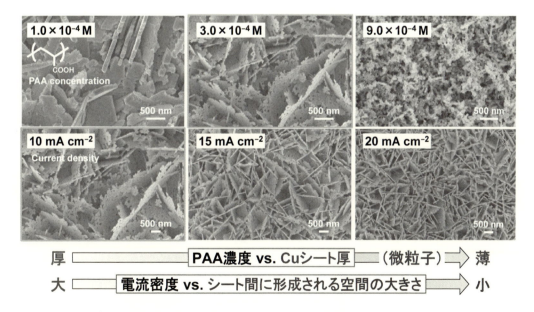

図 2　10 cm² の Cu 箔上に，種々の電流密度とポリアクリル酸濃度のもと Cu めっきを行って得られた走査型電子顕微鏡像
上段：電流密度を 10 mA cm⁻² に固定，下段：ポリアクリル酸濃度を 3.0×10^{-4} M に固定。

ているナトリウムイオン電池の Sn 負極（理論容量：847 mA h g^{-1}/Na$_{3.75}$Sn/ 体積膨張率 Δ 420%）の集電体にこれを適用したところ，100 サイクル後においてもハードカーボン負極を大きく超える 600 mA h g^{-1} の可逆容量を達成したところである[21]。このように，集電体もまた電池性能を決定付ける重要な構成要素の 1 つであるといえる。本章では，独自に作製したカーボンナノチューブ（CNT）複合めっき膜の集電体としての機能とその Si 負極の電気化学的挙動について述べる。

2 電気めっき法によるカーボンナノチューブの基板表面への固定化

粗面化処理においては，酸または塩基性溶液によるケミカルエッチングを中心にトップダウン型のアプローチが多く，その作製工程の簡略化が求められる。一方，筆者らはこれまでに複合めっき技術を駆使することでボトムアップ型の金属基板表面の加工や機能性付与について検討してきた[19~21]。複合めっきとは，金属皮膜中に樹脂やセラミックスなど微粒子を共析させる手法であり，金属のみから構成される皮膜だけでは達成できない特性を付与することが可能となる。CNT は熱・電気伝導体として優れた性質を有するため，ヒートシンク・ヒートスプレッダーや超軽量電線として研究が盛んに進められている[22, 23]。さらに，鉄鋼の約 5 倍の弾性率，10 倍の引張強度を有する。これらの物理化学的・機械的性質を従来の金属系材料に反映させることを目的とした，複合体創製に関する研究例は数多く存在する。しかしながら，CNT は凝集しやすい性質をもつため複合体材料内部において，CNT を分散させることは難しく，その物性を引き出しにくいことが課題である。筆者らは，硫酸 Cu めっき浴（0.85 M CuSO$_4$/0.55 M H$_2$SO$_4$）中に，界面活性剤を用いてカーボンナノチューブを均一に分散させ，めっきにより基板上に CNT を固定化させることに取り組んできた。CNT が基板表面に固定化された複合めっき膜を蓄電池集電体に適用することで，体積が大きく変化するような活物質を使用したとしても，CNT がもたらすアンカー効果によって電極合剤層を繋ぎ止めるだけでなく，良好な電子伝導パスとして機能することで Si 負極のサイクル安定性が改善されるものと着想した（図 3）。

CNT には，単層および多層，さらにはその直径・繊維長など種々のパラメータが存在する。またその結晶性は電子伝導性に大きく影響する。市販されている CNT のうち代表的なものは，VGCF（Showa Denko），FloTube（Cnano），NC7000（Nanocyl），K-Nanos-100p（Kumho Petrochemical），JC142（JEIO），SG-CNT HT（Zeon），eDIPS EC2.0（Meijo Nano Carbon），TUBALL（OCSiAl）などがある[24]。集電体−活物質層の伝導パスおよび電極厚さ方向に対して合剤層を繋ぎ止める効果を考慮すると，多層カーボンナノチューブ（MWCNT）が複合材料として好ましいと考えられる。そこで上述の代表的な CNT に加えて，図 4 に示す種々の MWCNT も検討した。Baytube は多層ではあるものの直径が比較的小さく互いが絡み合った状態であることに加え，欠陥構造に起因する D バンドの強度が大きいことから，複合材料としての候補から除外した。10 μm 以上の長さを有している MWNT7，VGNF，VGCF のなかでも

第3章　シリコン負極用高比表面積銅系集電体

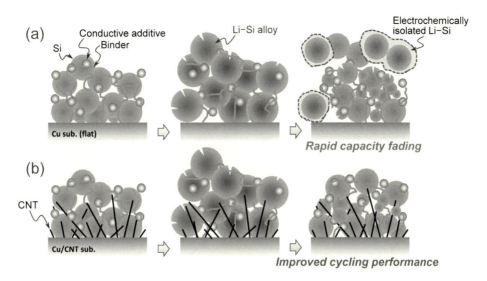

図3　(a) 一般的な平滑集電体を用いた際のSi負極の劣化機構および (b) CNT複合基板を適用した際に想定される電極性能の改善メカニズム

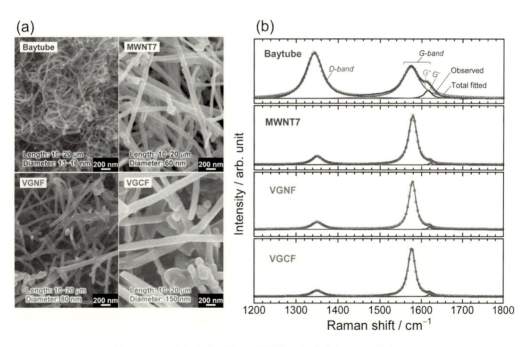

図4　種々CNTの (a) 走査型電子顕微鏡像および (b) ラマン分光スペクトル

直径が最も大きく高い結晶性を有するVGCFが複合材料として理想的であると判断した。
　VGCFを金属基板表面に電気めっきによって共析させるためには，めっき浴中にこれを均一に分散させる必要がある。分散性が乏しい状態では，皮膜内部および表層部へのVGCFの取り

込み量が小さく充分に複合化できない。疎水性であるCNTを水溶液系めっき浴へ分散させる手法はCNTの親水化処理（親水基の導入）および分散剤の添加の2つに大別される。前者は水酸基，カルボキシル基，アミノ基などの導入やプラズマ処理などがある[25,26]。しかしながら，この手法ではCNT最表層のsp2結合炭素の構造を一部破壊してしまうため，CNTが本来有する特性をめっき皮膜に付与することができない。これに対し，後者はCNTの構造を維持したまま複合化させることができるため本研究におけるCNTの分散手法として適しているといえる。ここで注意することは，分散剤の電気化学的安定性とめっき膜の表面形態に与える影響である。めっき皮膜が形成される基板には電場が印加された状態であり，分散剤が電気化学的に分解する可能性がある。また，カチオン性分散剤の場合では静電相互作用により基板やめっき皮膜上に吸着し，これによりその形態が大きく変化する場合がある。種々検討した結果，ポリアクリル酸（PAA, Mw = 5000）がVGCFの分散剤として機能することを見出し，これが吸着したポリアニオンがもたらす負電荷と立体障害に由来することをゼータ電位測定から明らかにした[21,27]。VGCF複合集電体は，典型的なCuめっき浴である0.85 M CuSO$_4$ + 0.55 M H$_2$SO$_4$に対して0.02 mM PAAを用いて分散したVGCF（5 g L^{-1}）を加え，定電流条件で電気めっきにより作製した（図5）。

VGCFはその自重により，静止状態でめっきを行うと数十分後にはめっき浴底部に沈降する。このため，あらかじめ超音波・スターラー攪拌により充分に分散させた後（図5a），系の温度を

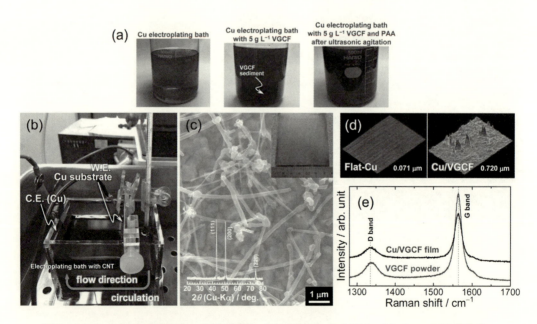

図5 (a) Cu/MWCNT複合めっき浴の調製，(b) 複合めっきの様子，(c) Cu/VGCF複合めっき基板の電界放出走査型電子顕微鏡像およびX線回折パターン，(d) 共焦点走査型レーザー顕微鏡により評価した表面粗さ，(e) ラマンスペクトル

第3章　シリコン負極用高比表面積銅系集電体

15℃に保ち，図5bに示すようにめっき浴を循環させながらVGCF複合めっきを実施した（基板面積：7×6.7 cm^2）。電流密度および電気容量は，5 mA cm^{-2}，2.7 C cm^{-2}（1 µmのめっき厚に相当）にそれぞれ設定した。作製した電気めっき膜の走査型電子顕微鏡像において，基板表面に観察されるファイバー状の物質がVGCFであり，これらが固定化されていることが分かる（図5c）。また，そのXRDパターンにおいて，複合集電体基板にCuO，Cu$_2$O，Cu(OH)$_2$などの不純物が含まれず金属Cuのみから構成されることを確認した。共焦点走査型レーザー顕微鏡により表面粗さの指標である二乗平均平方根粗さ（*RMS*）を測定した結果，Cu/VGCF複合めっき膜は市販の平滑Cu基板と比較して10倍もの値を示し，基板表面が粗面化されていることが定量的に示された（図5d）。任意の点においてラマン分光測定を実施したところ，欠陥がもたらすDバンドおよびグラファイト構造に起因するGバンドが1335 cm^{-1}，1565 cm^{-1}にそれぞれ観測された[28]。VGCF固定化のための電気めっき浴にはpH 3の酸性水溶液を使用したものの，複合めっき前後でI_D/I_G比に大きな変化はなく，結晶性を低下させることなくVGCFを複合化できていることが分かる（図5e）。

3　カーボンナノチューブ複合基板の電気化学的挙動

サイクリックボルタンメトリー測定によりVGCF複合めっき基板の電気化学的安定性を調査した（図6）。ここでは，Si負極の電解液として一般的に使用される，1 M LiPF$_6$/EC:DEC（50:50 vol.%）with 5 vol.% FECを用いた。0～3 V vs. Li/Li$^+$の範囲で電位走査（掃引速度：0.1 mV s^{-1}）を行った。いずれの基板においても還元掃引時の2.58～2.15 Vに電流応答が認められた。これは2サイクル目以降に観測されないことから，LiPF$_6$の分解にともなうLiFの生

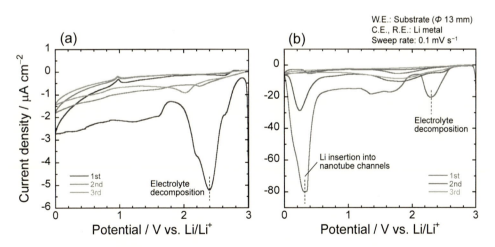

図6　(a) 平滑Cu集電体および (b) 複合めっきにより作製したCu/VGCF集電体のサイクリックボルタモグラム
電解液：1 M LiPF$_6$/EC:DEC（50:50 vol.%）with 5 vol.% FEC，掃引速度：0.1 mV s^{-1}

成に起因するものと考えられる。他方，Cu/VGCF 集電体にのみ 1.9～1.5 V，0.52 V 以下に CNT の層間およびその筒構造内部への不可逆的な Li 挿入に起因する電流応答が見られる[29,30]。これは，めっき皮膜表層に存在する VGCF が集電体基板上に単に堆積しているのではなく，電気的に固定・接続されていることを意味するものである。表面積が増大した分だけ電解液の還元分解に起因する応答電流が大きくなったが，0～3 V の電位範囲で深刻な電気化学的分解などが見られないことに加え，Si 合剤を形成後のものでは無視できる程度であることから，LIB 用集電体として使用するうえでの問題はないといえる。

4　Cu/VGCF 複合集電体の Si 負極への適用

直径：500 nm～1 μm の Si 粉末（70 wt.%），ケッチェンブラック（導電助剤；20 wt.%），カルボキシメチルセルロース（10 wt.%），KOH およびクエン酸により pH 3 に調整した水溶液からなるスラリーを塗布・乾燥することで得た合剤電極の断面電子顕微鏡像を図 7 に示す。VGCF 複合基板から電極活物質層を意図的に剥離させた状態を観察すると，繊維状の VGCF が電極合剤層内部に突き刺さった構造が確認できる。Li-Si 合金化・脱合金化の体積変化時においても集電体基板－活物質層間の密着性が確保され高い電極性能をもたらすことが期待できる。2032 タイプの二極式コインセルを用いて 0.1 C（358 mA g^{-1}）で定電流充放電試験を実施した。

平滑 Cu 集電体を用いた Si 電極の第 1 サイクル目の充放電プロファイルにおいて 0.27～0.087 V および 0.087～0.005 V に見られる平坦部は Li$_{3.75}$Si 相に至るまでの段階的な Li 化によるものである。Cu/VGCF 複合集電体ではこれらの Li 化の過電圧が明らかに抑制されており（図 8），その充放電容量が平滑 Cu（充電／放電容量：1745/1373 mA h g^{-1}）を用いた場合と比較して大きく増大した（充電／放電容量：2816/2207 mA h g^{-1}）。

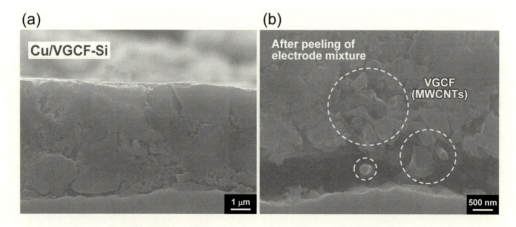

図 7　(a) Cu/VGCF 複合めっき基板上に形成した Si 電極の断面電子顕微鏡像，(b) 基板から意図的に合剤層を剥離させた状態

第3章　シリコン負極用高比表面積銅系集電体

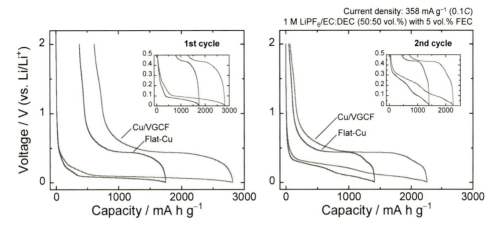

図8　平滑 Cu および Cu/VGCF 複合めっき基板を集電体とした Si 電極の充放電プロファイル
左：1サイクル目，右：2サイクル目。

しかしながら，充放電100サイクル後においては520 mA h g^{-1}の放電容量まで低下した。Siは充電時に最大で280％もの体積膨張－収縮が生じる。VGCFにより電極合剤層と集電体基板間の密着性が改善された状態であっても，この激しい体積変化に対応できなかったものと考えられる。また，電解液の分解により生じた Si 表面の表面被膜はサイクルにともない破壊・再構築され，これも Si 活物質の利用率を低下させる原因となる。そこで，Si の体積変化率の低減と表面被膜の安定性の向上を目的として[31]，上限カットオフ電圧を 2.0 V から 0.5 V に変更した条件で充放電試験を再度実施した（図9）。平滑 Cu 集電体ではサイクル性能にわずかな改善しか認められなかったが，Cu/VGCF 複合集電体では電位規制の効果が顕著であり100サイクル後でさえも比較的高い 1100 mA h g^{-1} もの放電容量を維持した。放電容量を積算すると，このサイクル性能の向上が単に容量とサイクル安定性のトレードオフでないことが分かる。20サイクル後のLi脱離後のSi電極の断面電子顕微鏡像を見ると，平滑Cuでは活物質層が197％にまで膨張したのに対し，Cu/VGCF 複合集電体では134％にとどまっていた（図9）。このことは，集電体表層に固定化された VGCF が電極合剤層を繋ぎ止める役割と良好な電子伝導パスとして機能し，可逆的な Li－Si 合金化・脱合金化反応をもたらしたことを示すものである。

交流インピーダンス測定により，上限カットオフ 0.5 V の条件下の1サイクル目および20サイクル目の充電状態 0.005 V における反応抵抗を調査した（図10）。集電体が異なるいずれの系も電解液は同じであることを考慮すると，2つの円弧成分は高周波側から被膜抵抗（界面抵抗；R_{if}），電荷移動抵抗（R_{ct}）に割り当てられる。初回サイクルにおいては，Cu/VGCF 複合集電体は平滑 Cu 集電体よりも約40％小さい電荷移動抵抗値を示した（25 Ω cm^2）。これは，頻度因子項すなわち反応活性サイトの増大に由来するものと考えられる。換言すれば，複合集電体では基板表面に固定化された VGCF が電極合剤層内部の Si と電気的に接続された状態であることを示唆している。平滑集電体では20サイクル後に電荷移動抵抗値が増大したのに対し，複合集電

179

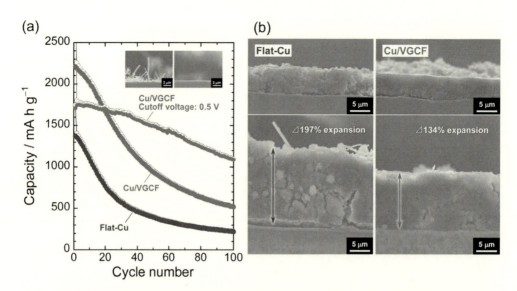

図9 (a) 平滑Cuおよび Cu/VGCF 複合集電体を用いた Si 電極における充放電容量のサイクル依存性, (b) 充放電前および上限カットオフ電圧：0.5 V の条件で 20 回充放電した後の Si 電極の断面電子顕微鏡

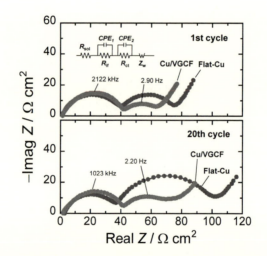

図10 非対称セル［Si 電極｜Li 金属］の初回および 20 サイクル後のナイキストプロット
充放電電圧範囲：0.005〜0.5 V，測定電圧：0.005 V，測定周波数域：0.1〜100 MHz，交流振幅：5 mV$_{p-p}$。

体では著しい抵抗値の増大は認められなかった。このことは，VGCFにより形成された電極合剤層内部の良好な電子伝導ネットワークと活物質層を繋ぎ止める効果がサイクルを経ても発揮されていることを示すものである。一般的に，Cu箔集電体は不溶性電極への電気めっきなどの複数のプロセスを経て作製される。本手法をそれらのプロセスにあらかじめ組み込むことで，重量

第 3 章　シリコン負極用高比表面積銅系集電体

エネルギー密度を損なうことなく，高性能 Si 電極を作製することができるものと期待できる。

5　おわりに

　高エネルギー密度化への要求が一層強まるなか，負極活物質については Si 系への転換が余儀なくされるかもしれない。本章ではそれらの材料を使いこなすうえで集電体に求められる役割やその研究開発例について述べた。集電体に関する研究例は電極活物質や電解質のように決して多くはないが，粒子サイズやその修飾，電解液，バインダーとともに活物質それぞれの個性に応じたカスタマイズが電池性能を高めるうえで重要になるだろう。今後のさらなる研究の進展が期待される。

文　　　献

1)　M. N. Obrovac *et al.*, *Chem. Rev.*, **114**, 11444 (2014)
2)　F. Lindgren *et al.*, *Adv. Energy Mater.*, **2019**, 1901608 (2019)
3)　D. S. M. Iaboni *et al.*, *J. Electrochem. Soc.*, **163** (2), A255 (2016)
4)　M. Miyachi *et al.*, *J. Electrochem. Soc.*, **152** (10), A2089 (2005)
5)　K. Kitada *et a.l*, *J. Am. Chem. Soc.*, **141** (10), 7014 (2019)
6)　Y. Nagao *et al.*, *J. Electrochem. Soc.*, **151** (10), A1572 (2004)
7)　K. Yasuda *et al.*, *J. Power Sources*, **32**, 462 (2016)
8)　J. Zhao *et al.*, *J. Am. Chem. Soc.*, **139**, 11550 (2017)
9)　J. Li *et al.*, *J. Electrochem. Soc.*, **154** (3), A156 (2007)
10)　M. Shimizu *et al.*, *J. Phys. Chem. C*, **119**, 2975 (2015)
11)　X. H. Liu *et al.*, *ACS Nano*, **119**, 1522 (2012)
12)　S. Iwamura *et al.*, *J. Power Sources*, **222**, 400 (2013)
13)　T. Kasukabe *et al.*, *Sci. Rep.*, **7**, 42734 (2017)
14)　Y. Domi *et al.*, *ChemElectroChem*, **7**, 581 (2019)
15)　H. Usui *et al.*, *Electrochemistry*, **80**, 737 (2012)
16)　H. Zhao *et al.*, *Nano Lett.*, **14**, 6704 (2014)
17)　S. Komaba *et al.*, *J. Phys. Chem. C*, **116**, 1380 (2012)
18)　M.-H. Ryou *et al.*, *Adv. Mater.*, **25**, 1571 (2013)
19)　S. Arai *et al.*, *J. Appl. Electrochem.*, **46**, 331 (2016)
20)　M. Shimizu *et al.*, *J. Appl. Electrochem.*, **47**, 727 (2017)
21)　M. Shimizu *et al.*, *J. Phys. Chem. C*, **121**, 27285 (2017)
22)　R. Sundaram *et al.*, *Sci. Rep.*, **7**, 9267 (2017)
23)　R. Sundaram *et al.*, *Mater. Today Commun.*, **13**, 119 (2017)

リチウムイオン二次電池用シリコン系負極材の開発動向

24) K. Kobashi *et al.*, *ACS Appl. Nano Mater.*, **2**, 4043 (2019)

25) J. L. Stevens *et al.*, *Nano Lett.*, **3**, 331 (2003)

26) Q. Chen *et al.*, *J. Phys. Chem. B*, **105**, 618 (2001)

27) M. Shimizu *et al.*, *Phys. Chem. Chem. Phys.*, **21**, 7045 (2019)

28) M.S. Dresselhaus *et al.*, *Phys. Rep.*, **409**, 47 (2005)

29) H. Shimoda *et al.*, *Phys. Rev. Lett.*, **88** (1), 015502 (2002)

30) C. M. Schauerman *et al.*, *J. Mater. Chem.*, **22**, 12008 (2012)

31) T. Mochizuki *et al.*, *ACS Sustain. Chem. Eng.*, **5**, 6343 (2017)

第 4 章　高容量負極用鉄系金属箔集電体

海野裕人[*1]，藤本直樹[*2]，高橋武寛[*3]，後藤靖人[*4]，永田辰夫[*5]

1　緒言

リチウムイオン二次電池（LIB）は，電子デバイスの高機能化や電気自動車を始めとする大型機器用途での需要拡大に伴い，高エネルギー密度化や入出力性能の向上に加え，安全性や寿命特性への要求が高度化している。現在，主流である黒鉛負極は，すでにその理論容量に達している状況にあり，シリコン（Si）を始めとした新たな負極材料への対応が急務となっている。さらに最近では，高エネルギー密度化と安全性の両立を目的に，電解質などが全て固体から構成された全固体 LIB が精力的に研究されている。このような電池の構成材料がおかれる環境の変化に伴い，従来材に比べて機械的特性や耐食性に優れた鉄系金属箔を，電池の構成材料の一つである集電体に適用する試みが活発化している。本稿では，高容量で長寿命，かつ安全性や信頼性に優れた LIB を実現するために検討が進められている高容量負極用鉄系金属箔集電体について概説する。

2　LIB の構造と集電体

図 1 に液系 LIB の構造を示す[1,2]。正極と負極は短絡防止用のセパレータを介して対向し，電極から電池外へ電流を取り出すためのタブリードが溶接により接続されている。電極は，電極層と集電体から成り，電極層は充放電時にリチウム（Li）イオンの吸蔵放出が可能な活物質，電子導電性の向上を助ける導電助剤，活物質同士あるいは活物質と集電体を結着するバインダーから構成されている。電極やセパレータ内の空隙を含む外装で囲われた空間は，Li 塩を溶かした有

---

*1　Hiroto Unno　日鉄ケミカル＆マテリアル㈱　総合研究所　新材料開発センター
　　　　主任研究員　博士（工学）

*2　Naoki Fujimoto　日鉄ケミカル＆マテリアル㈱　金属箔事業部　金属箔工場
　　　　マネジャー

*3　Takehiro Takahashi　日本製鉄㈱　技術開発本部　鉄鋼研究所　表面処理研究部
　　　　主幹研究員　博士（工学）

*4　Yasuto Goto　日本製鉄㈱　技術開発本部　広畑技術研究部　主幹研究員　博士（工学）

*5　Tatsuo Nagata　日本製鉄㈱　技術開発本部　先端技術研究所　環境基盤研究部
　　　　上席主幹研究員

リチウムイオン二次電池用シリコン系負極材の開発動向

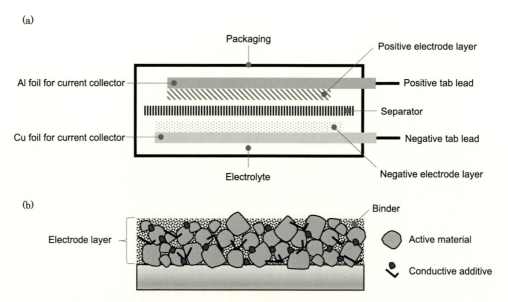

図1 (a) リチウムイオン二次電池と (b) その電極の構造

機電解液で満たされている。集電体は電極層とタブリードに電流を流す通り道であり，機械的な意味では電極層の基材としての役割を担っている。そのため，導電性や機械的強度が求められるほか，電極層との密着性や薄手・軽量であること，電解液中での耐食性など様々な特性が必要とされる。また実用面では，入手しやすく低コストであることも重要とされる。

現在，主に使用されている負極材料は炭素系材料であり，その充放電容量の理論値は372 mA h/gである。それに対して，高容量な負極材料として有望視されているSiOは1500～2000 mA h/gであり，Liと合金化するSiや錫（Sn）では4000 mA h/g以上と非常に大きく[3～5]，これまでに精力的な研究がなされている。しかしながら，これらの高容量な活物質は，充放電時に多くのLiイオンを吸蔵放出するため，その際の結晶格子の膨張収縮が非常に激しくなる。その充電時の体積変化は，黒鉛では元の体積の10％程度であるが，SiOでは2.5倍にも及び，より高容量なSiでは3～4倍に膨張する[3～5]。これらの大きな体積変化は，活物質を結着する集電体にも大きな応力を生じさせ，集電体の形状変化や集電体と活物質の密着性低下により電池のサイクル特性が劣化する課題があった[4]。さらに最近では，ウェアラブル市場の進展に伴いフレキシブル性を有するLIBが注目されており，電池を構成する部材には繰り返しの折り曲げに対する耐久性も要求される。このような背景から，従来のCu箔よりも機械的特性の優れたNiめっき鋼箔やステンレス箔などの鉄系金属箔が負極集電体として注目されている。

また，特に車載向けで注目されている全固体LIBでは，有機電解質比で2倍ものイオン伝導

第4章　高容量負極用鉄系金属箔集電体

率を誇る硫化物系固体電解質がこれまでに見出されているが，この硫化物による他の構成材料への腐食が懸念されている。従来の Cu 箔を負極集電体に用いた場合には，集電体の表面に硫化銅が生成することが報告されており，Ni めっきやカーボンコートによる表面被覆が検討されている[6]。一方，ステンレス鋼をはじめとする鉄系材料は，種々の環境下において優れた耐食性を有しており，今後の市場形成とその急拡大が見込まれる全固体 LIB の分野においても，その優れた耐食性を活かした用途展開の進展が期待される。

3　電解液中での耐食性と集電体の候補材料

　電解液中における非反応性は重要な特性であり，素子の寿命に大きな影響を与える。集電体の候補材料について，水溶液系の値を単純に Li 電極電位基準に換算した酸化還元電位を図2に示す[1,2]。現在，負極の集電体に多く用いられる銅（Cu）箔は，酸化還元電位が 3.5 V（vs. Li/Li$^+$）付近にあり，4 V 以上に晒される正極には不適だが，負極の通常作動電位範囲では金属状態で安定である。また，タブリードに多用されるニッケル（Ni）は，酸化還元電位が 2.8 V（vs. Li/Li$^+$）付近にあるため，負極の作動電位範囲であれば金属状態で安定であり，普通鋼の

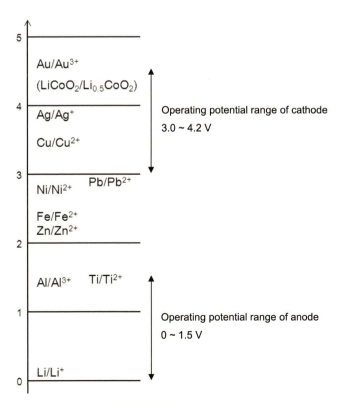

図2　各種金属の酸化還元電位（vs. Li/Li$^+$）

表面にNiめっきを施したNiめっき鋼箔は，負極集電体としても提案されている[7]。

また，正極の集電体に多く用いられるアルミニウム（Al）箔は，酸化還元電位が約1.4 Vであるため，熱力学的には正極に適さないが，典型的なLIBの電解液環境下において容易に不動態化するため，実用上は比較的良好な耐食性を示すことが知られている[8～11]。これは，Alは空気中で酸化皮膜に覆われているが，$LiPF_6$に代表されるフルオロ酸塩系の電解液中では，この酸化皮膜上にフッ化物（AlF_3）の皮膜を生成するため，強い酸化力を持つ正極活物質との接触状態においても，Alの酸化が進行しないためである[8～11]。しかし，電解液中においてAlを1 V以下に分極するとLiと合金化するため，負極集電体として用いることはできない[12]。

ステンレス鋼はAlと同様に，表面に不動態皮膜を形成し，さらにLiとも合金化しないため，正負両極の集電体として期待される。ステンレス鋼の不動態皮膜は，金属地側はクロム（Cr）の酸化物，環境側は鉄（Fe）およびCrの水酸化物から成る2層構造になっていると考えられており，その厚さは条件によって異なるが，およそ1～3 nmとされる。不動態皮膜は，ステンレス鋼が置かれている環境において自然に生成され，それが耐食性の維持に寄与する。一般的な環境下では，ステンレス鋼の不動態皮膜中のCr量（Cr/(Cr+Fe)比）が大きいほど耐食性が高く，メタルイオンの溶出が少なくなるとされる。一方，液系LIBに用いられる電解液環境下におけるステンレス鋼の不動態化挙動については，FeにCrとNiが添加されたオーステナイト（γ）系ステンレス鋼であるSUS304を用いた詳細な研究がなされている[13, 14]。これによると，$LiPF_6$に代表されるフルオロ酸塩系の電解液中ではフッ素を含むアニオンと反応して酸化物の上にフッ化物（CrF_3, FeF_3）を生成するため，5 V（vs. Li/Li$^+$）まで優れた耐食性が維持される

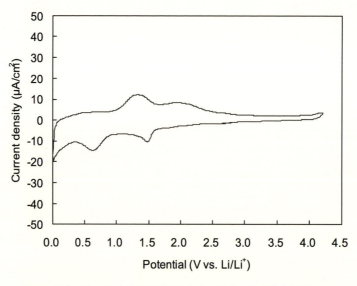

図3　電解液中におけるSUS316Lのサイクリックボルタモグラム

第4章 高容量負極用鉄系金属箔集電体

ことが報告されている。図3に，同じγ系ステンレス鋼であるSUS316Lの1 M LiPF$_6$＋EC/DEC（1：1体積比）電解液中におけるサイクリックボルタモグラム（CV）を示す[1,3]。既報のSUS304と同様に，アノード電流は4.2 V（vs. Li/Li$^+$）まで25 μA/cm^{2}以下と非常に小さな値を示しており，カソードおよびアノードのピークについてもSUS304の場合と類似している。したがって，SUS316Lにおいても，電解液中では酸化物の上にフッ化物が生成し，高電位まで耐食性が維持されることが期待できる。図4に日本製鉄グループが有する代表的なステンレス鋼の1 M LiPF$_6$＋EC/EMC（1：3体積比）電解液中におけるCVを示す[1]。測定は，定速電圧掃引で掃引速度5 mV/sec，2.5 V→4.7 V→2.0 V→4.3 V→2.3 Vのサイクル条件にて行った。いずれの鋼種においても，各電位でのアノード電流は4 μA/cm^{2}以下と非常に小さく，現行の正極集電体であるAl箔に比べて遜色ないレベルであるといえる。特に，17 wt.%以上のCrが添加されたフェライト（α）系のNSSC430D，NSSC436S，NSSC190，およびγ系のSUS304，NSSC27AS，NSSC304JS，SUS316Lでは小さなアノード電流値を示し，Cr添加量を低減し，代わりに微量のSnが添加されたNSSCFW1，NSSCFW2でも，比較的小さなアノード電流値に抑えられている。したがって，いずれのステンレス鋼も，Li電極電位基準で4 V以上に晒される正極の集電体としても適用可能であり，電解液中における非反応性以外に，用途毎に要求レベルの異なる機械的特性や生産性などの要求特性に応じて最適な鋼種が選択できるといえる。

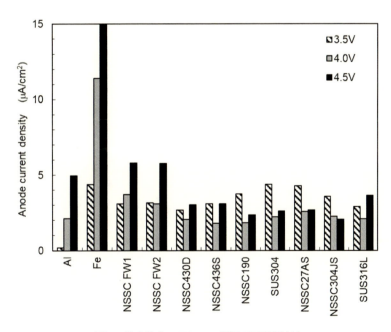

図4 代表的なステンレス鋼種の耐電解液性

4 Ni めっき鋼板の諸特性

Ni めっき鋼板は Ni の耐薬品性の高さ，表面電気抵抗の低さから，アルカリ電池や Ni-Cd 電池，Ni-MH 電池など濃厚アルカリ溶液を電解液とした様々な電池のケース材として広く採用されており[15, 16]，最近では，有機溶媒を電解液とした円筒型の LIB 用のケース材としても採用されている[16]。Ni めっきの防錆機構はバリア型であり，Zn めっきのような犠牲防食効果がないため，めっき層にピンホールやクラックなどの欠陥があると，耐食性が低下することがある[16]。そこで，日本製鉄㈱では，耐食性低下の原因となるケース成形加工後のめっき欠陥を低減するため，電池ケース用の高加工性 Ni めっき鋼板を開発している[16]。日鉄ケミカル＆マテリアル㈱では，この Ni めっき鋼板を箔圧延用の素材として，厚み 10 μm 程度まで薄手化した集電体用 Ni めっき鋼箔を製造している。電気めっき鋼板は冷間圧延後に焼鈍した後，最終工程でめっきする（以下，焼鈍後めっき）のが一般的であるが，当社の箔圧延用素材であるめっき鋼板は，冷間圧延後にめっきした後，最後に焼鈍して製造される（以下，めっき後焼鈍）。図5に焼鈍後めっきおよびめっき後焼鈍材のめっき層断面の FE-SEM（Field Emission-Scanning Electron Microscope）反射電子像（COMPO 像）を示す[16]。焼鈍後めっき材では Ni めっき層：a と鋼板：b の界面が明確に分かれているが，めっき後焼鈍材では界面に新たな層：e が認められてお

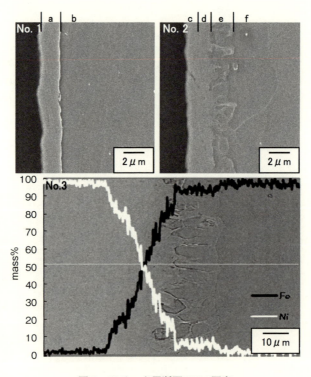

図5 Ni めっき層断面 SEM 写真

第4章 高容量負極用鉄系金属箔集電体

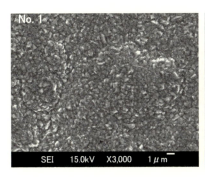 

図6 Niめっき表面のSEM写真

り，NiとFeの線分析結果からは，熱拡散による傾斜組成を示していることが分かる。図6にはめっき表面のFE-SEM二次電子像（SEI像）を示す[16]。焼鈍後めっき材では電析による微細なNiの結晶が認められるが，めっき後焼鈍材では細かな凹凸がなく表面が平滑になっており，Niの結晶粒は直径で10倍以上に成長している。また，めっき鋼板表面のマイクロビッカース硬さを測定した結果，めっき後焼鈍材は焼鈍により大幅に硬さが減少していた[16]。したがって，当社が箔圧延用の素材として使用しているめっき鋼板は，鋼板とNiめっき層との界面にFe-Ni拡散合金層を有することで，高いめっき密着性を示すとともに，通常の電析Niめっき層より軟らかいNiめっき層を有するため，特に，箔圧延後のめっき欠陥が少なく，めっき被覆率が高くなることが期待される。

5 LIBの高エネルギー密度化に向けた取り組み

5.1 高容量負極と集電体に求められる機械的特性

鉄系金属箔の代表的な機械的特性を表1に示す[1]。鋼種や調質により機械的特性は変化するものの，いずれも900 N/mm²以上の高い引張強度を有している。鉄系金属箔と同様に集電体への適用が検討されている高強度な圧延合金銅箔でも，引張強度は800 N/mm²程度が最も高い値であり[17]，機械的特性の面では鉄系金属箔の優位性は明白である。

この集電体と活物質を結着するバインダーには，従来から，非水溶媒系で使用されるポリフッ化ビニリデン（PVdF）や水系で使用されるスチレンブタジエンゴム（SBR）を始めとした比較的結着力の低いバインダーが用いられている。そのため，使用されるバインダーが現行材に限定される場合には，充放電に伴う体積膨張収縮を抑制するため，炭素系材料に高容量なSi系活物質を僅かに添加する程度に止まっており，その高容量化に限界があった。一方，高容量な活物質のみから負極を構成する場合には，結着力が高いポリイミド（PI）バインダーの適用が検討されている。このPIバインダーはイミド化に200〜350℃の熱処理を必要とするため，基材である集電体にもある程度の耐熱性が要求される[17]。図7には，熱処理温度に対する各種鉄系金属箔

189

表1 集電体用鉄系金属箔の機械的特性

	Symbol of steel grade	Symbol of thermal refining	Thickness (μm)	Hardness (Hv)	Tensile strength (N/mm^2)	Yield strength (N/mm^2)	Elongation (%)
Austenitic stainless steel	SUS304	H	10	417	1198	1099	1.0
	SUS316L	H	10	366	1062	992	1.5
Ferritic stainless steel	NSSC190	H	10	320	1046	978	0.5
	NSSC FW2	H	10	263	959	928	0.6
Ni-plated steel	−	H	10	175	851	713	1.0

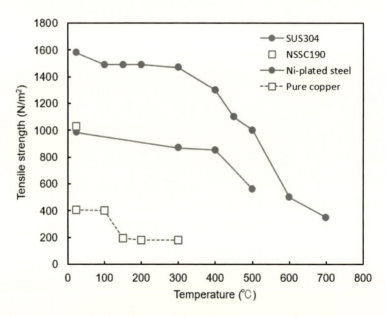

図7 鉄系金属箔および銅箔の引張強度の熱処理温度依存性

およびCu箔の引張強度の変化を示す[1, 3]。Cu箔では100℃以上の熱処理において急激な強度低下を示すのに対し，鉄系金属箔では400℃程度まで顕著な強度変化はなく，耐熱性に優れていることがわかる。したがって，鉄系金属箔であれば，PIバインダーの熱処理を経ても軟化せず高い機械的強度を維持しており，高容量なSi系負極の集電体として適用可能であるといえる。

第4章 高容量負極用鉄系金属箔集電体

5.2 鉄系金属箔の優れた機械的特性を活かした高容量負極の実現

図8には，集電体にNiめっき鋼箔とCu箔を用いたSi負極について，Li金属箔を対極とした2023型コインセルを評価した結果を示す[1, 18]。Niめっき鋼箔とCu箔の厚みは，それぞれ10 μmと20 μmとし，いずれのSi負極においてもPIバインダーを用いた。Niめっき鋼箔を用いた負極の初期放電容量は2760 mA h/gと高容量であるのに対し，Cu箔の場合には2650 mA h/gと劣位となっている。また，Niめっき鋼箔を用いたSi負極は初期の高い容量を維持しながらサイクルしており，1サイクル目に対する50サイクル目の容量維持は99.7%である。一方，Cu箔を用いた負極では30サイクル目以降に急激に容量が減少し，1サイクル目に対する50サイクル目の維持率は85%まで低下している。

次に，PIバインダーと高強度なステンレス箔を用いた例として，図9にSiO電極とLi対極で構成したハーフセルのサイクル特性と充放電曲線をそれぞれ示す[1, 3, 4]。負極の活物質には，平均粒径5 μmのアモルファスなSiOを使用した。電極の組成はSiO：導電助剤：PI＝80：5：15重量％とし，集電体には厚み10 μmのNSSC190ステンレス箔を用いた。また，電解液には1 M LiPF$_6$＋EC:DEC（1：1体積比）を，セパレータにはポリプロピレン製微多孔膜を使用した。初回Li吸蔵時には約2700 mA h/g，その後は1500 mA h/g程度の容量が安定して得られ，100サイクル後の容量維持率は97.8%（100th/10th）で，分極の増加もみられない。一方，バインダーにPIを使用せず従来のPVdFを用いた場合には，バインダーが充放電時の体積変化に耐えられず，数十サイクルの寿命になっている。

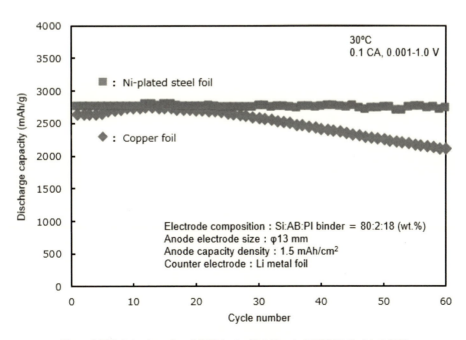

図8 集電体としてNiめっき鋼箔とCu箔を用いたSi電極のサイクル特性

リチウムイオン二次電池用シリコン系負極材の開発動向

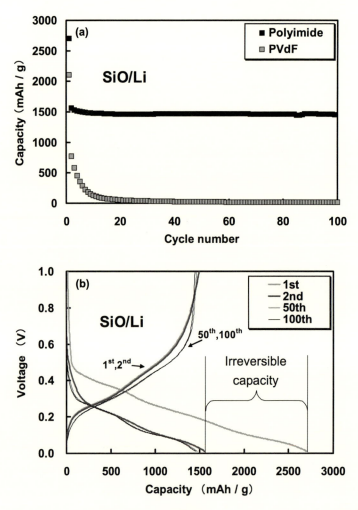

図9 NSSC190ステンレス箔を用いたSiO電極の (a) サイクル特性と (b) 充放電曲線

　図10には，SiO電極とLi対極で構成した2032型コインセルを，繰り返し充放電した後の各種集電体の様子を示す[1,2]。民生用LIBで一般に採用されている約2倍の厚みに相当する18 μmのCu箔では，充放電時の体積変化に耐えられず集電体が変形破損しているのに対し，厚み10 μmのステンレス箔を用いた場合には外観上のダメージが全くないことがわかる。この電極層の体積膨張による影響は，図11に示すように，捲回式のような大面積の電極の場合にはさらに顕著になる[1,2]。従来のCu箔においても，集電体の厚みを35 μm程度まで大きくし，充放電時の体積変化に耐えられる十分な強度を持たせることも可能であるが[1,3,4]，集電体が厚くなると電極の総厚が厚くなるため，体積当たりのエネルギー密度が大幅に低下してしまう。したがって，このような充放電時の体積変化が激しい高容量の負極材料を適用する場合には，集電体材料とバインダーの擦り合わせ技術が重要になるといえる。

192

第4章 高容量負極用鉄系金属箔集電体

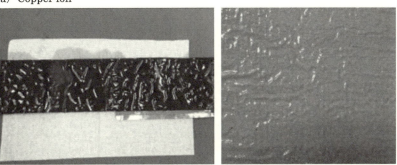

図10 SiO電極とLi対極で構成した2032型コインセルを充放電した後の各種集電体

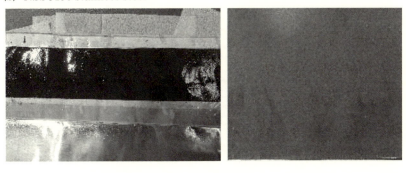

図11 SiO/LiFePO₄セルを充放電した後の (a) 銅箔および (b) NSSC190ステンレス箔集電体

5.3 鉄系金属箔集電体の厚み

前述のように，集電体の厚みは高容量な電池を実現する上で重要な特性の一つであり，電池容量には直接寄与せず可能な限り薄いことが求められるため，冷間圧延により厚みを 10 μm 程度まで薄手化する作り込み技術が必要とされる。当社では，ハードディスクドライブのサスペンション用極薄ステンレス箔で圧倒的な世界シェアを誇っており，非常に薄くとも厚みや平坦性を高精度に制御できる圧延技術や，原料調達から箔圧延までを日本製鉄グループ内で行う一貫生産・品質管理体制に強みがある。この厚み 10 μm 前後の鉄系金属箔を実現するための箔圧延工程では，鉄系材料の硬度が Al や Cu に比べると非常に高いため，圧延荷重の制約から小径ワークロールを使った多段クラスター圧延機が用いられる。当社では，高精度な極薄ステンレス箔用 12 段圧延設備を用いることにより，厚み 10 μm の極薄箔においても ±0.3 μm の優れた板厚精度を実現することが可能である。

実際に，各種材料で可能な限り薄い集電体を用いて，モバイル機器向けのサイズ：58 mm × 35 mm × 3.6 mm の $LiFePO_4$（LFP）/SiO セルを設計した際に得られるエネルギー密度を計算した結果を図 12 に示す[1,3]。鉄系金属箔の場合には，厚み 10 μm でも高容量負極の充放電に伴う体積変化に耐えられるため，電池容積内の集電体が占める割合を小さくでき，空いたスペースに活物質を充填することができる。そのため，体積当たりのエネルギー密度は Cu 箔を用いた場

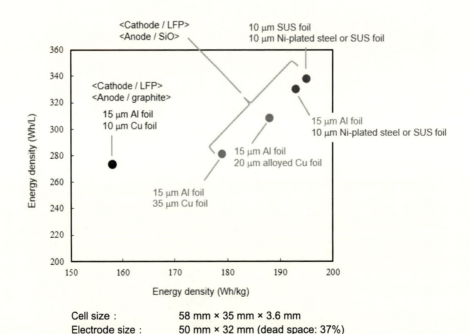

図 12 各種集電体を用いた電池のエネルギー密度の計算結果

合に比べて 16% 程度向上している。また，一般的な Cu 箔の比重が 8.96 g/cm^3 であるのに対し，SUS304 では 7.93 g/cm^3 と小さいため，重量当たりのエネルギー密度は 8% 程度向上し，軽量化にも寄与するといえる。

6 鉄系金属箔の電気的特性

図1に液系 LIB の構造を示したように，電池内の抵抗要素としては，集電体金属内部の電子抵抗もさることながら，正負極の活物質や導電助剤，バインダー，またそれらの界面など実に様々な要素がある。表2に集電体の候補材料と，代表的な導電助剤であるアセチレンブラックの電気的特性を示す[1,3]。電気伝導性が最も高い Cu を 100% とした導電率は，α，γ 系ステンレス鋼および Ni めっき鋼ともに 2〜13% 程度と低いが，導電助剤であるアセチレンブラックと比較した場合には，鉄系金属箔の方が 5 桁以上も高い導電率を有している。代表的な正極活物質である LCO や LiMn$_2$O$_4$（LMN），LFP などの酸化物の導電率は 10^{-9}〜10^{-1} S/cm と非常に低く[19]，電子伝導性が非常に良いとされる負極活物質のグラファイト材料でも鉄系材料より導電率が低い。したがって，電池内部の抵抗要素の中でも最も抵抗が大きい要素が電池全体の応答性を律速すると考えれば，鉄系材料の低い導電率は大きな問題にならないと考えられる。

しかしながら，大きな電流が流れる LIB においては，タブリードの取り付け位置や溶接部の改良など，できるだけ電池の内部抵抗を下げるための工夫が必要になる。鉄系材料は，他の金属材料に比べて溶接性に優れるため，従来からタブリードとの接合に多用されている超音波溶接以外に抵抗溶接などのより信頼性の高い溶接法を適用することが可能である。

また前述のように，ステンレス鋼であれば一つの集電体の表裏に正負極を配したバイポーラ型電池の集電体にも適用できる。図13には，その構造を示す[1,2]。このようなバイポーラ型電池の集電体として，それぞれ正負両極に特化した金属材料を貼り合わせたクラッド材の適用が検討されているが[20]，ステンレス鋼であれば単一の集電体のみで電池を構成することが可能である。この構造では薄い集電体が広い面方向に直列に接続されるため直列接続抵抗が小さくなり，ステンレス箔の高い電気抵抗の影響を少なくできる。

表2 各種集電体と導電助剤の電気抵抗の比較

Material		Thickness（μm）	Electrical resistivity（Ωcm）		IACS（%）
Stainless steel	SUS304	10	71.2	$\times 10^{-6}$	2.4
	NSSC190	20	53.5	$\times 10^{-6}$	3.2
Carbon steel	Ni-plated steel	10	12.8	$\times 10^{-6}$	13.3
		15	12.6	$\times 10^{-6}$	13.5
Copper		15	1.7	$\times 10^{-6}$	100
Aluminum		12	2.7-3.6	$\times 10^{-6}$	63.0
Conductive additive		−	3-5	$\times 10^{0}$	0.00006

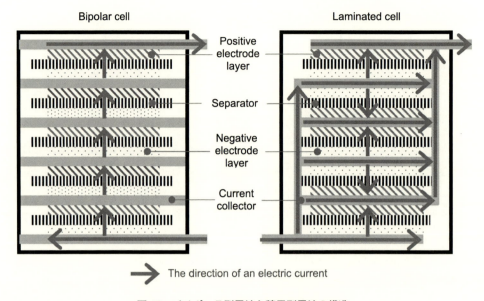

図13 バイポーラ型電池と積層型電池の構造

　一方でステンレス鋼の表面には，Alの場合と同様に，電気絶縁性を示す自然酸化皮膜が形成されており，電解液から保護して耐食性を向上させるばかりでなく，電解液の劣化防止に寄与する側面もある。しかし，この不動態皮膜によるステンレス箔と電極層との界面抵抗は電子移動の妨げになるため，特に高出力化が求められる用途においては改善の余地があるといえる。従来のAl箔集電体では，このような入出力特性の向上を目的に，表面粗化や下地処理（プライマコート），カーボンコートなどが検討，適用されており，ステンレス箔集電体でも同様の手法による特性改善が期待できる。また，LIBの製造プロセスでは，集電体の表面に電極層を塗工・乾燥した後，電極密度を上げるためにプレス加工が施される。CuやAl箔は硬度が低いため，このプレス加工により活物質の食い込みが生じ，界面抵抗が低下するが，特にステンレス箔は硬度が高いため，その効果が得られにくい。したがって，電池の内部抵抗を低減するためには，より軟質なNiめっき鋼箔の適用や，ステンレス鋼であれば化学成分や熱処理により軟質化を図るなど，電極の製造条件や用途に応じた擦り合わせ技術の検討が必要になるといえる。

7　LIBの安全性や信頼性向上に向けた取り組み

　通常のLIBは内部に可燃性の有機電解液をもっており，また高いエネルギー密度を有するため，過充電や過放電，外部短絡，過大電流，100℃以上の異常高温など過酷な条件に遭遇した場合には，通常の発熱から熱暴走に至り，破裂や発火する恐れがある。このような危険を防止するために，シャットダウンセパレータやPTC素子，保護回路および電流遮断機構，安全弁などの

第4章　高容量負極用鉄系金属箔集電体

多くの安全対策が施されているが[21]，電池の構成材料の点からも安全性を考慮する必要がある。ステンレス鋼は，酸化還元電位が3.5 V（vs. Li/Li$^+$）付近にあるCuに比べて電気化学的な安定性が高いことから，負極が高電位に晒される過放電に強い電池が実現できる可能性がある。図14には，各種集電体材料を用いた電池の充放電特性を示す[1,2]。各電池において厳密な電池設計

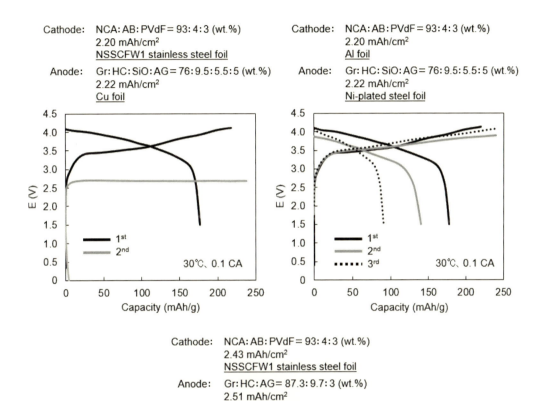

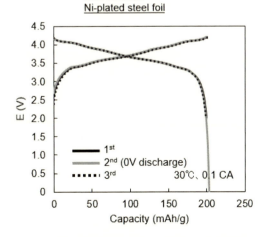

図14　各種集電体材料を用いた電池の充放電曲線

は異なるものの，負極集電体に Cu 箔，正極集電体に Al 箔を用いた電池では，1 サイクル目において 1.5 V まで 10 時間かけて深く放電（0.1 C 率）した場合，2 サイクル目以降では充放電が全くできないか，もしくは電池容量の大幅な低下が生じている。一方，負極集電体に Ni めっき鋼箔，正極集電体に NSSCFW1 ステンレス箔を用いた電池では，0 V まで過放電した後も初期の充放電特性が維持されている。これは，集電体材料の電気化学的な安定性が電池の過放電溶解挙動に大きな影響を及ぼすことを示唆している。

8 結言

ステンレス鋼をはじめとした鉄系金属箔集電体には，高い機械的強度や耐食性，広い電位窓など，他の金属箔にはない優れた特性がある。高強度極薄鉄系金属箔を用いることで，高容量な Si 系負極の実現や飛躍的な長寿命化など，これまで困難とされていた分野での高性能化が可能となる。また，課題とされる電気抵抗については，電極構造の最適化やバイポーラ型電池の適用などによる課題解決が検討されている。今後，鉄系金属箔の適用により，高容量で安全性と信頼性に優れた LIB の実用化が期待される。

謝辞

本稿は，山形大学有機エレクトロニクスイノベーションセンター蓄電デバイス部門特任教授境哲男博士，および同連携准教授森下正典博士との共同研究成果を含んでおり，関係各位には深く感謝を申し上げます。

文　　献

1) 海野裕人ほか，日本製鉄技報，**412**, 173（2019）
2) 海野裕人，ふぇらむ，**23**（10），12（2018）
3) 海野裕人，次世代蓄電池の最新材料技術と性能評価，p.267，技術情報協会（2013）
4) 幸　琢寛ほか，機能材料，**33**, 43（2013）
5) 境　哲男，*Electrochemistry*, **8**, 723（2003）
6) 日本国特許公報　特願 2014-127653
7) 日本国特許公報　特許第 6124801 号
8) S. T. Myung *et al.*, *Electrochim. Acta*, **55**, 288（2009）
9) K. Kanamura *et al.*, *J. Electrochem. Soc.*, **142**, 1383（1995）
10) X. Zhang *et al.*, *J. Electrochem. Soc.*, **153**, B375（2006）
11) 立花和宏ほか，*Electrochemistry*, **69**（9），670（2001）
12) A. N. Dey, *J. Electrochem. Soc.*, **118**, 1547（1971）
13) S. T. Myung *et al.*, *Electrocheim. Acta*, **54**, 5804（2009）

第 4 章　高容量負極用鉄系金属箔集電体

14）　S. T. Myung *et al.*, *J. Materials Chem.*, **21**, 9891（2011）
15）　日本製鉄㈱，スーパーニッケル™ カタログ
16）　高橋武寛ほか，日本製鉄技報，**412**, 184（2019）
17）　小平宗男ほか，日立電線，**29**, 23（2010）
18）　森下正典ほか，ポストリチウムに向けた革新的二次電池の材料開発，p.311，エヌ・ティー・エス（2018）
19）　芳尾真幸，小沢昭弥（編），リチウムイオン二次電池，p.15，日刊工業新聞社（2007）
20）　日本国特許公報　特開平 8-7926 号
21）　日本電池株式会社（編），最新実用二次電池，p.266，日刊工業新聞社（1995）；柳田昌宏ほか，第 57 回電池討論会要旨集，p.29，電気化学会（2016）

第5章　電極-電解質界面の最適化

道見康弘[*1]，薄井洋行[*2]，坂口裕樹[*3]

1　はじめに

　近年，世界各国においてガソリン車やディーゼル車を禁止する方針が打ち出され電気自動車（EV）の普及拡大の気運が世界的に高まりつつある。その成功の鍵は高エネルギー密度，長寿命，および高い安全性などを兼ね備えたリチウム二次電池（LIB）の開発に委ねられていると言っても過言ではない[1~5]。その負極に着目した場合，従来の黒鉛（理論容量：372 mA h/g）の10倍もの高い理論容量（3580 mA h/g）を有するケイ素（Si）が大変魅力的である[6~9]。しかしながら，リチウム（Li）との合金化（充電）により結晶性 $Li_{3.75}Si$（c-$Li_{3.75}Si$）相が形成されると，Si は元の約3.8倍にまで膨張し活物質内部に1~2 GPa もの甚大な応力が発生することと硬くて脆いことが相まって微粉化が引き起こされ，活物質の一部が集電体から剥落してしまう[6, 10]。また，電子伝導性や Li^+ 伝導性に乏しいなどの欠点も抱えている[11, 12]。そのため，Si 電極は初期容量こそ高いものの乏しいサイクル安定性しか示さない。

　このような乏しい性能を改善するために Si への不純物元素のドーピング[13~15]，炭素などの導電性材料の Si 表面への被覆[16]，Si のナノサイズ化[17~19]，Si への Li プレドーピング[20, 21]，および Si の欠点を補う二次的な物質とのコンポジット化[22~27]など活物質に関する多くの研究が進められてきた。他方，電解質もまた電池の安全性や性能を左右する重要な部材である[28~30]。エネルギー密度の増大とともに発火や爆発の危険性も増してしまうため電解液の難燃化は大変重要である。イオン液体は難燃性，高いイオン伝導率，および広い電位窓などの優れた物理化学的特性を有しており電解質溶媒として魅力的である[31~34]。これまでに種々の Si 系電極にある種のイオン液体電解液を適用させたところ，一般的な有機電解液中と比較して優れた LIB 負極特性が得られることを見出してきた[35~37]。また，どんなイオン液体電解液でも負極特性の改善に有効であるわけではないことも報告してきた[38]。イオン液体電解液中における Si の体積変化に関する報告例は当グループからのものも含めてわずかしか無いが[36, 39~41]，これらの報告から従来の有機電解液中と比較して Si の膨張が抑えられることが明らかとなってきた。しかしながら，イオン液体電解液を用いた場合でさえも数十サイクルという比較的短いサイクルの後に Si は元の数倍にまで膨張してしまう[36]。Si 負極を EV へ応用していくためには，長期サイクルにわたり Si

---

　＊1　Yasuhiro Domi　鳥取大学　大学院工学研究科　化学・生物応用工学専攻　助教
　＊2　Hiroyuki Usui　鳥取大学　大学院工学研究科　化学・生物応用工学専攻　准教授
　＊3　Hiroki Sakaguchi　鳥取大学　大学院工学研究科　化学・生物応用工学専攻　教授

第 5 章　電極－電解質界面の最適化

の過度な体積膨張を抑えるとともにその体積変化挙動を解明することが必要不可欠である。

　これまでに充放電試験の容量すなわち Si の利用率を規制することにより, Si 単独電極のサイクル寿命が向上することを報告してきた[25, 36, 38]。これは Si の過度な体積膨張が抑えられるためであると推察したが, その体積変化の様子を直接観測したことはこれまでに無かった。また, 100 ppm 程度の極低濃度のリン (P) をドープした Si (P-doped Si) からなる電極が Si 単独電極と比較して優れたサイクル安定性を示すことも明らかにしてきた[13]。P-doped Si は n 型半導体として広く利用されているが, そのサイクル性能の向上は電子伝導性が改善されたためというよりもむしろ Si よりも小さな P が置換固溶されることにより Li が Si へ吸蔵されにくくなり Si 相から c-Li$_{3.75}$Si 相への相転移が適度に抑えられ, その結果として Si の過度な膨張が起こらなかったためと我々は考察している。P-doped Si 電極の優れた性能は有機電解液中において得られたものであり, イオン液体電解液中では未評価であった。本稿ではイオン液体電解液中において容量規制条件下で充放電試験を行った場合の Si 単独電極および P-doped Si 電極の体積変化挙動を紹介する。また, それらの結果について Si 層への Li 吸蔵分布の均質性, Si の相転移挙動, および表面被膜の構造安定性に基づき考察する。

2　実験方法

　Si 単独電極および P-doped Si 電極 (P 濃度：100 ppm, Elkem 社提供, Silgrain$^{®}$ e-Si) は当グループ独自の二次電池用の電極作製法であるガスデポジション法 (特許 4626966 号) により作製した。本手法は従来の塗布電極とは異なり結着材や導電助剤を必要とせず電極が活物質粉体のみから構成されるため, 電極－電解質界面における反応だけを評価することができる。成膜後の活物質層の厚さは P ドープに依らず 1.6 ± 0.3 μm であった。作製した電極を試験極, 金属 Li 箔を対極, ガラスファイバーフィルターをセパレータとして用いて 2 極式コインセルを構築した。イオン液体電解液には N-methyl-N-propylpyrrolidinium bis(fluorosulfonyl)amide (Py13-FSA) に lithium bis(fluorosulfonyl)amide (LiFSA) を濃度 1 mol/dm^3 (M) となるように溶解させたものを用いた。また, 比較のために 1 M lithium bis(trifluoromethanesulfonyl)amide (LiTFSA) /propylene carbonate (PC) を有機電解液として使用した。定電流充放電試験の電位範囲は 0.005～2.000 V vs. Li$^+$/Li, 温度は 30℃, 初回サイクルおよび 2 サイクル目以降の C レートはそれぞれ 0.1 および 0.4 C (1 C = 3.6 A/g) に設定した。ただし, 高速充放電試験は C レートを 0.1 から 50 C まで変えて実施した。また, 充電容量あるいは放電容量を 1000 mA h/g に規制して実施した。アルゴンガス雰囲気下のグローブボックス中において充放電試験後のセルを解体し電極を洗浄した後, 大気非暴露ホルダーに電極をセットして種々の加工および分析を行った。

3 容量規制条件下におけるSi系電極のサイクル寿命

LIBの正極として実用化されているLiCoO$_2$などのLi含有金属酸化物の実効容量が150 mA h/g程度であることを考慮すると，Si負極の理論容量の全量がすぐに必要とはならないであろう。そこで，黒鉛負極の実効容量の約3倍に相当する1000 mA h/gで充電容量を規制してサイクル試験を実施した（図1）。電極および電解液の種類に依らず，初期10サイクル程において放電容量は1000 mA h/gに達しなかった。これは充電電気量の一部が負極表面における電解液の還元分解に費やされたためと考えられる。この分解反応の結果として電極表面に形成される被膜の特性は電池性能を決定づける要因の一つである[42～46]。有機電解液中のSi単独電極の場合，約100サイクルで容量が減衰してしまいクーロン効率の落込みも50サイクル程で確認された。充放電反応によりSiの体積が大きく変化すると活物質の微粉化やそれにともなう電極層のクラックが生じ，その結果として被膜も破壊されてしまう。これによりSi表面に新生面が現れ電解液が新たに還元分解され被膜が再形成される。この再形成に充電電気量の一部が消費されたため，クーロン効率が落ち込んだと推察される。また，被膜の形成と崩壊が何度も繰り返されると厚さの不均一な被膜が形成され，Liは薄くて抵抗の低い箇所から優先的にSiへ吸蔵されると考えられる。その結果，Li吸蔵－放出にともなう応力が局所的に発生してしまい，充放電反応の繰り返しにより生じるひずみも一部に集中して蓄積される。したがって，有機電解液中では比較的短いサイクルで電極が崩壊し容量減衰が起きたものと推察される。

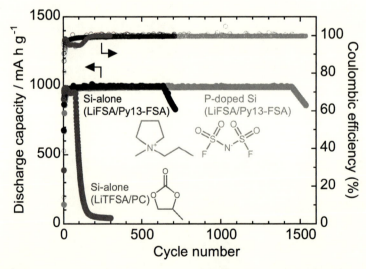

図1 有機電解液（LiTFSA/PC）ならびにイオン液体電解液（LiFSA/Py13-FSA）中におけるSi単独電極およびP-doped Si電極のサイクル寿命

充電容量を1000 mA h/gに規制して0.4 C（初回サイクルのみ0.1 C）で充放電試験を実施した。クーロン効率も併せて示す。

(Reprinted with permission from *ACS Appl. Mater. Interfaces*, 11, 2950 (2019). Copyright 2019, American Chemical Society.)

第5章　電極−電解質界面の最適化

　他方，イオン液体電解液中におけるSi単独電極は600サイクル，P-doped Si電極に至っては1400サイクル以上にわたり1000 mA h/gの可逆容量を維持する極めて優れたサイクル寿命を示した。いずれの電極においても有機電解液中で見られたクーロン効率の落込みは確認されなかったことから，Si活物質の微粉化などは起こらなかったと推察される。また，薄くて均質な被膜がSi活物質層上で形成されLiは電極表面全体で一様に吸蔵・放出され充放電反応にともなう応力が局所に集中しなかったため，電極崩壊が長期サイクルにわたり起こらずサイクル寿命が向上したものと考えられる。

　充電容量を規制するのではなく初回充電時にLiを最大限にまでSiへ吸蔵させた後に1000 mA h/g相当のLiを放出させる放電容量規制の試験において，P-doped Si電極は6000サイクルを超えても依然としてその容量を全く損なうことのない特筆すべきサイクル寿命を示した（図2）。これは充電容量規制条件下で得られた性能を遥かに凌ぐ結果である。1000 mA h/g充電容量規制において主に形成していると考えられるLi-Si合金相は理論容量950 mA h/gのアモルファスなLi$_{1.00}$Si（a-Li$_{1.00}$Si）相であり，この時のSiの体積変化率は約160%である[47〜51]。ここで，体積変化率100%とは膨張あるいは収縮が全く起きていない状態を表す。他方，放電容量規制では満充電時に形成されるc-Li$_{3.75}$Si相（理論容量：3580 mA h/g）からアモルファスなLi$_{2.33}$Si相（理論容量：2230 mA h/g）までLiが放出されると仮定すると，その体積変化率は約120%である。すなわち後者においてはSiの体積変化率が小さいため，6000サイクル以上も電極が崩壊せず極めて優れたサイクル寿命が得られたものと結論した。

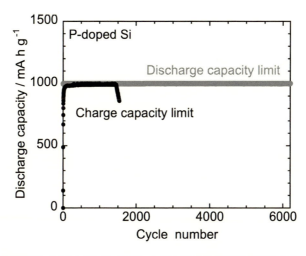

図2　イオン液体電解液（LiFSA/Py13-FSA）中における放電容量規制時のP-doped Si電極のサイクル寿命
初回充電時にLiを最大限にまで吸蔵させた後1000 mA h/g相当のLiを放出させ，2サイクル目以降は1000 mA h/g相当のLiを吸蔵・放出させた。比較として充電容量規制の結果も併せて示す。
(Reprinted with permission from *ACS Appl. Mater. Interfaces*, 11, 2950（2019）. Copyright 2019, American Chemical Society.)

4 充放電サイクルにともなう Si 系電極の厚さの推移

有機電解液中よりもイオン液体電解液中において Si 系電極のサイクル寿命が向上した要因を明らかにするために，充電容量規制にともなう Si 系電極の厚さの推移を電界放出型走査型電子顕微鏡（FE-SEM）により追跡した（図3）。紙面の都合により 100, 600, および 1400 サイクルにおける白黒の像しかここでは示していないが，その他のサイクルにおけるカラーイメージを確認したい方は文献 52 を参照されたい。また，Si 活物質層の厚さとサイクル数との相関関係を図 4 に示す（図中右軸の Li-rich 相のピーク面積の意味については後述）。有機電解液中における Si 単独電極の場合，サイクル数とともに徐々に Si 活物質層の厚さが増大しており，容量減衰が起きた 100 サイクル後において Si 層は元の 15 倍以上にまで膨張していた。a-Li$_{1.00}$Si 相が形成されると仮定すると Si 活物質層の厚さの変化率は 117% となるはずである（上述の体積変化率 160% に基づき算出した 1 次元方向の変化率）。それ以上に大きく膨張していたのは充放電サイクルを重ねる毎に Si の膨張と収縮が繰り返され活物質層内部に空隙が生じたためである。これに加えて，生じた空隙に電解液が浸み込み活物質層内部においても電解液の還元分解が起こり，被膜形成およびガス発生が起きたことも要因として考えられる[13]。

イオン液体電解液中では P ドープの有無に依らず 300 サイクルという長期サイクルにわたり Si 活物質層の厚さは元の 1.7 倍程度に保たれており，有機電解液中と比較すると Si の過度な膨

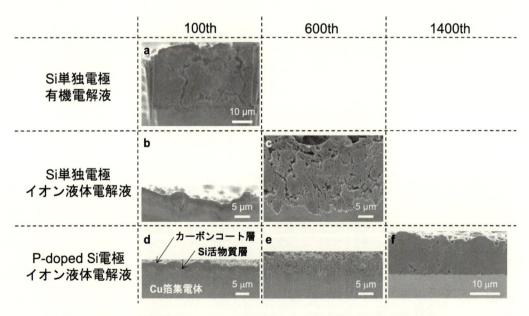

図3 各電解液中における Li 吸蔵状態の Si 活物質層の断面 FE-SEM 像
充放電試験は図 1 の条件で実施した。
(Reprinted with permission from *ACS Appl. Mater. Interfaces*, **11**, 2950 (2019). Copyright 2019, American Chemical Society.)

第 5 章　電極－電解質界面の最適化

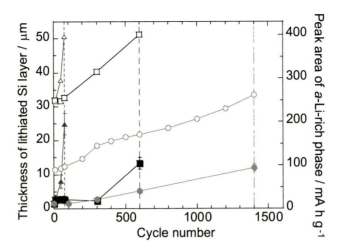

図 4　サイクル数にともなう（左軸）Si 活物質層の厚さおよび（右軸）Li-rich 相のピーク面積の推移

充放電試験は図 1 の条件で実施した。▲，■，および●はそれぞれ有機電解液中における Si 単独電極，イオン液体電解液中における Si 単独電極，およびイオン液体電解液中における P-doped Si 電極の厚さを表す（白抜きはピーク面積を表す）。補助線はそれぞれの電極が容量衰退を示したおよそのサイクル数を表している。
(Reprinted with permission from *ACS Appl. Mater. Interfaces*, 11, 2950 (2019). Copyright 2019, American Chemical Society.)

張は起きていなかった。300 サイクルよりも後では Si 活物質層の厚さは増加したものの P-doped Si 電極の増加度合の方が緩やかであった（図 4）。これは，P ドープが Si から Li-Si 合金相への相転移を抑制したためと考えられるが，この詳細については後述する。図 3 に示した FE-SEM 像の多くは収束イオンビームにより加工された電極断面のものであるが，この方法では数十 μm 程度の比較的狭い範囲しか削ることができないため局所的な情報しか捉えられていない可能性がある。そこで，約 1 mm の広い範囲を加工できるクロスセクションポリッシャを用いて 100 サイクル後の電極断面を加工・観察してみたが，このやり方でもイオン液体電解液中では Si 単独電極および P-doped Si 電極ともに Si 活物質層の膨張は顕著に抑えられていることが確認できた[52]。したがって，図 3 および図 4 は電極の局所的な情報ではなく全体の情報を反映していることが明らかとなった。

比較として容量規制を行わず Si に最大限まで Li を吸蔵させた後に全てを放出させる，いわゆるフル充放電試験を 100 サイクル実施した後の電極断面を観察した（図 5，スケールバーの長さの違いに注意）。有機電解液中の Si 単独電極の場合，Si 活物質層が Cu 箔集電体から大きく剥離している様子が確認された。他方，イオン液体電解液中における Si 単独電極および P-doped Si 電極はそれぞれ最大で 32 μm および 7.0 μm であり，図 3b および 3d と比較すると充電容量規制の場合よりも膨張していた。以上の結果から，充電容量規制とある種のイオン液体電解液との組み合わせが長期サイクルにわたる体積膨張の抑制には重要であることが明らかとなった。

図5 （a）有機電解液（LiTFSA／PC）ならびに（bおよびc）イオン液体電解液（LiFSA／Py13-FSA）中におけるLi吸蔵状態の（aおよびb）Si単独電極および（c）P-doped Si電極の100サイクル後の断面FE-SEM像

充放電試験は最大までLiを吸蔵させた後に完全に放出させて実施した。
(Reprinted with permission from *ACS Appl. Mater. Interfaces*, 11, 2950 (2019). Copyright 2019, American Chemical Society.)

5 電極断面におけるSiとLiとの反応部位の分布

前節において300サイクルまでに確認されたSi活物質層の厚さのわずかな増加（体積変化率：170％）は，単に用いた電極の個体差でありLiが吸蔵されていないためにSiが膨張していないという疑いが残されている。そこで，この疑念を払拭するため軟X線発光分光法（SXES）により電極断面におけるLiと反応しているSi部位の分布を調べた。SXESはFE-SEM観察で形態を確認した特定の試料領域からLiの特性X線を感度良く検出できる，すなわちLiの存在を確認できるため，LIB材料を分析するうえで画期的な分析手法である。図6はイオン液体電解液中，600サイクル後のSi単独電極の断面FE-SEM像およびSXEスペクトルを示す。FE-SEM像における×印はSXES測定点を示しており，各ローマ数字はスペクトル番号に対応している。スペクトルII以外の全てのスペクトルにおいて0.054 keV付近にLi由来のピークが確認できた。Liが検出されない箇所があるが，これは充電容量を1000 mA h/gに規制しているためであり（Si利用率が28％），Li吸蔵が不均質に起きていることを示唆しているわけではない。また，全ての測定点においてFが検出されたことから，表面被膜中には主としてFSAアニオンの分解に由来するLiFが形成されていると考えられる[39, 53〜56]。LiFは表面被膜の構造安定性の向上に寄与することが報告されていることから，これの形成がイオン液体電解液中において優れたサイクル寿命が得られた要因の一つであると推察される。以上の結果から，イオン液体電解液中において充電容量を規制した場合，SiにLiは確かに吸蔵されているにも関わらず300サイクルという長期にわたりSi系電極の過度な膨張が起こらないことが明らかとなった。また，そのためにはSiへのLi吸蔵が均質であることに加えて，LiFなどの構造安定性に寄与する成分が表面被膜中に含まれていることが重要であると考えられる。

なお，図6の結果は電極断面に関するものであるが，電極表面においてもイオン液体電解液中ではLi吸蔵-放出反応が均質に進行していることを顕微ラマン分光法により確認している。紙

第 5 章 電極-電解質界面の最適化

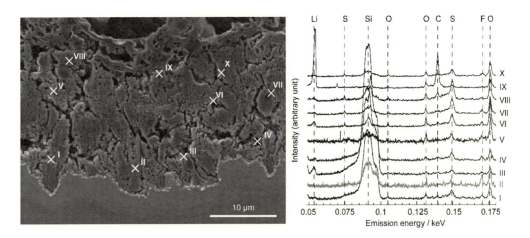

図 6 （左）イオン液体電解液（LiFSA/Py13-FSA）中における Li 吸蔵状態の Si 単独電極の断面 FE-SEM 像，および（右）その SXE スペクトル
充放電試験は図 1 の条件で実施し 600 サイクル後の電極断面を観察した。
(Reprinted with permission from *ACS Appl. Mater. Interfaces*, 11, 2950 (2019). Copyright 2019, American Chemical Society.)

面の都合によりこの結果については割愛するが詳細は文献 52 を参照されたい。

6 充放電試験前後における Si 系電極の表面形状の変化

　第 4 節では充放電サイクルにともなう Si 系電極の厚さ（断面）の変化を捉えた。本節では充放電試験前後における各電極の表面形状の変化を紹介する。図 7 は有機電解液およびイオン液体電解液中において充電容量を 1000 mA h/g で規制して充放電試験を 100 サイクル行った後の Si 系電極の表面 FE-SEM 像を示す。比較として充放電試験前の像も併せて示す（図 7d）。また，共焦点レーザー顕微鏡により算出した表面粗さ（Sq）の値を各像の左下に示す。有機電解液中の Si 単独電極の場合では他の系と比較して活物質層表面に大きなクラックが生成しており Sq も最大となっていた。他方，イオン液体電解液中では P ドープの有無に依らず凹凸が小さく有機電解液中よりも低い Sq となっていた。したがって，第 3 節で記述した「有機電解液中では活物質の微粉化やクラックが生じるがイオン液体電解液中ではこれらは起こらないだろう」という推察が図 7 により裏付けられた。同じイオン液体電解液中における Si 単独電極および P-doped Si 電極を比較すると，前者の方がより粗くなっており同様の傾向が 200 サイクル後においても確認された[52]。これは P を Si にドープすることにより体積膨張率の大きな Li-Si 合金相が形成されにくくなったためである（図 4，詳細は後述）。さらに，イオン液体電解液中における P-doped Si 電極の Sq の増加量は充放電試験前と比較してわずかであり，充放電サイクルにともなう表面形状の変化が最も抑えられていた。

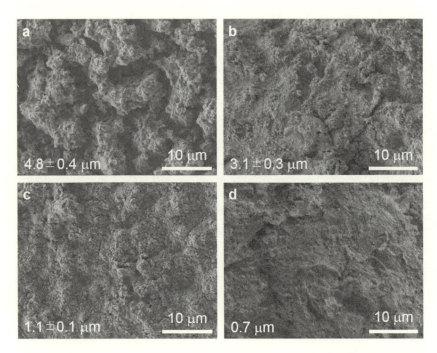

図7 (a) 有機電解液（LiTFSA/PC）ならびに（b および c）イオン液体電解液（LiFSA/Py13-FSA）中における（a および b）Si 単独電極および（c）P-doped Si 電極の 100 サイクル後の表面 FE-SEM 像。(d) は充放電試験前の結果を示す。
充放電試験は図 1 の条件により実施し 100 サイクル後の電極表面を大気非暴露条件下で分析した。共焦点レーザー顕微鏡により算出した表面粗さを標準偏差とともに各像の左下に示す。(d) における表面粗さの標準偏差は 0.1 μm 以下であった。
(Reprinted with permission from *ACS Appl. Mater. Interfaces*, 11, 2950 (2019). Copyright 2019, American Chemical Society.)

7　Li-Si 合金相の相転移挙動

上述の通り充電容量を 1000 mA h/g に規制した場合は a-Li$_{1.00}$Si 相が主に形成されると考えられる。この厚さの変化率の計算値は 117% であるが，実際には 170% にまで膨張していた（図 3 および図 4，イオン液体電解液中）。Si 相中の Li 濃度が高いほど Si の体積膨張も大きくなることから，a-Li$_{1.00}$Si 相よりも Li 濃度の高い Li-Si 合金相が形成されているものと推察した。このことを確かめるべく，放電曲線を電位で微分した微分容量プロットに基づき Li-Si 合金相の相転移挙動を調べた（図 8）。ピーク分離の結果，0.3 および 0.5 V 付近にそれぞれアモルファスな Li$_{3.75}$Si 相などの Li-rich Li-Si 合金相（Li-rich 相）およびアモルファスな Li$_{2.00}$Si 相などの Li-poor Li-Si 合金相（Li-poor 相）からの Li 放出に由来したピークを確認できた[57]。したがって，1000 mA h/g で充放電容量を規制すると予想通り a-Li$_{1.00}$Si 相に加えて Li の割合の多い Li-Si 合金相も形成されていることが明らかとなった。

第5章　電極-電解質界面の最適化

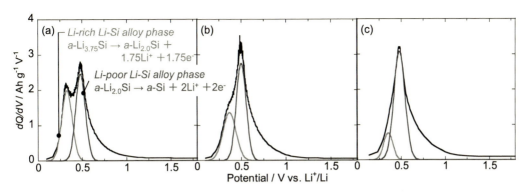

図8　(a) 有機電解液 (LiTFSA/PC) ならびに (bおよびc) イオン液体電解液 (LiFSA/Py13-FSA) 中における (aおよびb) Si単独電極および (c) P-doped Si電極の微分容量プロット
微分容量プロットとは充放電曲線を電位で微分したものであり，ここでは50サイクル後の放電側の結果を示す．充放電試験は図1の条件で実施した．
(Reprinted with permission from *ACS Appl. Mater. Interfaces*, **11**, 2950 (2019). Copyright 2019, American Chemical Society.)

　Li-rich相の体積膨張は形成されるLi-Si合金相の中で最も大きいことから，この相が多く形成されると電極崩壊ひいては容量衰退のリスクが高まる．各サイクルの微分容量プロットから算出したLi-rich相由来のピーク面積を図4に併せて示す．電解液の種類やPドープの有無に依らずLi-rich相のピーク面積およびSi活物質層の厚さがサイクルとともに増加しており，Li-rich相の生成量とSiの膨張ひいてはサイクル寿命との間に相関関係があることが明らかとなった．他方，50サイクル後の有機電解液中および300サイクル後のイオン液体電解液中におけるSi単独電極の結果を比較してみると，後者において圧倒的に膨張が抑えられているにも関わらずむしろLi-rich相はより多く形成されていた．この結果はSiの膨張は単純にLi-rich相の量に比例するのではなくその分布によっても支配されているということを示唆している．Li-rich相が不均質に分布していると大きなひずみが局所に蓄積され電極崩壊が起こりやすくなるため，有機電解液中では比較的短いサイクルで容量が減衰してしまう．他方，イオン液体電解液中では充放電反応にともない発生する応力が局所に集中することなく電極崩壊が抑えられたため優れたサイクル寿命が得られたと考えられる．したがって，高容量を得るためにはある程度のLi-rich相の形成は必要不可欠であるが，その生成量ならびに分布の制御もまたSiの体積膨張の抑制およびサイクル寿命の向上には重要であると結論した．

8　Li$^+$拡散係数の違い

　イオン液体電解液中のサイクル初期におけるSi単独電極およびP-doped Si電極のLi-rich相の生成量を比較すると，同じ電解液を用いているにも関わらず後者は前者の半分以下であった（図4）．これまでにわれわれのグループではSiよりもサイズの小さなPをSiへドープすること

により Si の結晶格子が収縮し Li が吸蔵されにくくなり，c-Si 相から c-Li$_{3.75}$Si 相（Li-rich 相）への相転移が抑えられることを報告してきた[13]。本稿では充電容量を 1000 mA h/g に規制すなわち Si への Li 吸蔵量は統一しているため，Si への Li 吸蔵が容易か否かだけでは図 4 の結果を説明することは難しい。そこで，P-doped Si 電極の Li$^+$ 拡散係数（D_{Li^+}）が Si 単独電極のそれより高いため，P-doped Si 内部では Li が表面近傍に滞らず内部へ素早く移動し Li-rich 相の濃度が単体の Si の場合よりも低いと予測した。このことを確かめるために定電流間欠滴定（GITT）法により Si 単独電極および P-doped Si 電極の D_{Li^+} を調べた（図 9）[58]。

$$D_{Li^+} = \frac{4}{\pi\tau}\left(\frac{m_B V_m}{M_B S}\right)^2 \left(\frac{\Delta E_S}{\Delta E_\tau}\right)^2 \tag{1}$$

ここで m_B，V_m，M_B，および S はそれぞれ活物質の質量，モル体積（Si：12.06 cm^3/cm），分子量（Si：28.09 g/mol），および集電体上の活物質層の面積を示す。τ は充電時間を表しており，ΔE_S および ΔE_τ はそれぞれ図 9（a）の挿入図中に示した箇所を表している。図 9（b）より，いずれの電位においても P-doped Si 電極の D_{Li^+} は Si 単独電極のそれと比較して最大で 1 桁向上していることがわかった。この D_{Li^+} の向上は P ドープにより Si の電子伝導性が向上し，その結果として集電性が改善されたためと考えられる。したがって，予想通り P ドープにより Si 内の Li$^+$ 拡散が早くなり，Li が局所に滞ることなく Li-rich 相が形成されにくくなったことがわかった。また，この結果は Si への P ドープが前節において議論した Li-rich 相の生成量ならびに分布の制御に寄与することをも示唆している。

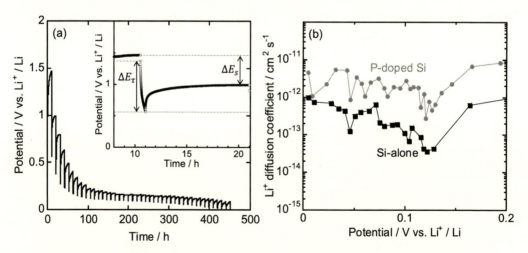

図 9　イオン液体電解液中における（a）初期リチウム化過程における P-doped Si 電極の GITT カーブ，および（b）Si 単独電極および P-doped Si 電極の Li$^+$ 拡散係数
各電極を 0.05 C で 30 分間充電させた後に 10 時間の緩和過程を設けた。
(Reprinted with permission from *ACS Appl. Mater. Interfaces*, 11, 2950 (2019). Copyright 2019, American Chemical Society.)

第5章　電極−電解質界面の最適化

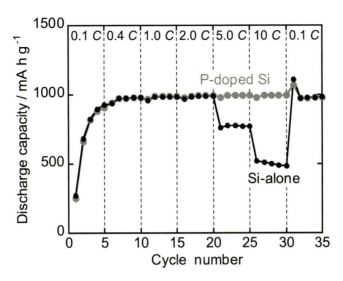

図10　イオン液体電解液（LiFSA/Py13-FSA）中におけるSi単独電極およびP-doped Si電極のレート性能
1000 mA h/gで充電容量を規制して試験を実施した。
(Reprinted with permission from *ACS Appl. Mater. Interfaces*, 11, 2950 (2019). Copyright 2019, American Chemical Society.)

　図10はイオン液体電解液中におけるSi単独電極とP-doped Si電極の高速充放電性能の結果を示す。Si単独電極は2 Cまでは1000 mA h/gの可逆容量を維持したが，5および10 Cの高レートではそれぞれ約750および500 mA h/gに減衰した。31サイクル後に0.1 Cの低レートに戻すと放電容量が1000 mA h/gに回復したことから，高レート下におけるSi単独電極の容量減衰は電極崩壊に由来するものではない。他方，P-doped Si電極は10 Cの高レート条件下においても1000 mA h/gの可逆容量を維持する優れた高速充放電性能を示した。この結果は上述したP-doped Si電極のD_{Li^+}がSi単独電極と比較して高いことに起因していると考えられる。P-doped Si電極の容量がどれくらい高いCレートで減衰するかを確かめるためにさらなる高レート条件下において高速充放電性能を調べた（図11）。比較としてSi単独電極の結果も併せて示す。この試験はあらかじめ良好な被膜を電極−電解質界面に形成すべくプレサイクル処理を行った後に実施した。そのため，図10の結果とは一概に比較できないので注意していただきたい（同じ5 Cにおいて図10のSi単独電極では容量が衰退しているのに対して図11では容量を維持している）。P-doped Si電極を以てしても20 C以上のレートでは容量が減衰してしまうが，20および50 Cという極めて高いレートにおいてそれぞれ約910および580 mA h/gの可逆容量を維持できることが明らかとなった。

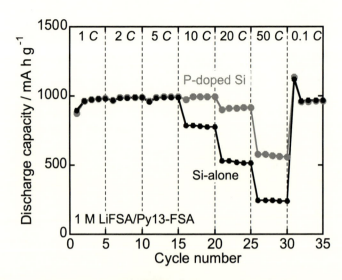

図11 高レート条件下でのイオン液体電解液（LiFSA/Py13-FSA）中におけるSi単独電極およびP-doped Si電極の高速充放電性能
1000 mA h/gで充電容量を規制して試験を実施した。あらかじめ良好な被膜を電極-電解質界面に形成させるべくプレサイクルを行った後に高速充放電試験を実施した。

9 おわりに

Si系電極は充放電反応にともなう大きな体積変化の制御が難しいため完全な実用化には至っていない。本稿では容量規制および適切な電解液を組み合わせることにより，Siの過度な体積膨張を抑制しつつサイクル寿命を大幅に向上させ得ることを示した。また，体積膨張を抑制するためにはSi層へのLi吸蔵が均一であること，構造安定性に寄与する成分が電極-電解質界面に形成される被膜中に含まれていること，およびLi-rich相の生成量や分布の制御などが重要であることを明らかにした。さらに，SiへのPドープがLi$^+$拡散性を向上させLi-rich相の生成量や分布の制御にも寄与することが示された。容量規制の値やモード，電解液などを最適化することにより，さらに長寿命のSi系電極の開発に繋がるものと我々は考えている。本稿で紹介した知見がLIB用Si系負極の実用化の一助となることを期待したい。

謝辞

本稿で紹介した研究および開発の一部はJSPS科研費および文部科学省の委託事業「ナノテクノロジーを活用した環境技術開発プログラム」の助成を受けて実施されたものであり，関係各位に深く謝意を表する。

第 5 章　電極－電解質界面の最適化

文　　献

1) International Energy Agency, CO_2 emissions from fuel combustion Highlights（2017）
2) J.-M. Tarascon and M. Armand, *Nature*, **414**, 359（2001）
3) M. Armand and J.-M. Tarascon, *Nature*, **451**, 652（2008）
4) M. S. Whittingham, *Chem. Rev.*, **104**, 4271（2004）
5) J. B. Goodenough and Y. Kim, *Chem. Mater.*, **22**, 587（2010）
6) M. N. Obrovac and L. J. Krause, *J. Electrochem. Soc.*, **154**, A103（2007）
7) J.-M. Tarascon *et al.*, *J. Am. Chem. Soc.*, **133**, 503（2011）
8) S.-C. Lai, *J. Electrochem. Soc.*, **123**, 1196（1976）
9) M. N. Obrovac and L. Christensen, *Electrochem. Solid-State Lett.*, **7**, A93（2004）
10) X. H. Liu *et al.*, *ACS Nano*, **6**, 1522（2012）
11) C. H. Chen *et al.*, *Solid State Ionics*, **180**, 222（2009）
12) J. Xie *et al.*, *Mater. Chem. Phys.*, **120**, 421（2010）
13) Y. Domi *et al.*, *ACS Appl. Mater. Interfaces*, **8**, 7125（2016）
14) J. P. Greeley *et al.*, *J. Phys. Chem. C*, **115**, 18916（2011）
15) R. Yi *et al.*, *Electrochem. Commun.*, **36**, 29（2013）
16) X. Zhou *et al.*, *ACS Appl. Mater. Interfaces*, **4**, 2824（2012）
17) M. T. McDowell *et al.*, *Adv. Mater.*, **24**, 6034（2012）
18) C. Zhou *et al.*, *Sci. Rep.*, **3**, 1622（2013）
19) X. Zhou *et al.*, *Small*, **9**, 2684（2013）
20) M. Inaba *et al.*, *Solid State Ionics*, **262**, 39（2014）
21) H. Sakaguchi *et al.*, *J. Electrochem. Soc.*, **164**, A1651（2017）
22) H. Usui *et al.*, *Int. J. Electrochem. Sci.*, **6**, 2246（2011）
23) H. Usui *et al.*, *Electrochim. Acta*, **111**, 575（2013）
24) H. Usui *et al.*, *J. Power Sources*, **268**, 848（2014）
25) H. Sakaguchi *et al.*, *J. Electrochem. Soc.*, **164**, A3208（2017）
26) Y. Domi *et al.*, *J. Phys. Chem. C*, **120**, 16333（2016）
27) H. Sakaguchi *et al.*, *J. Alloys Compd.*, **695**, 2035（2017）
28) A. Yamada *et al.*, *J. Am. Chem. Soc.*, **136**, 5039（2014）
29) H. Usui *et al.*, *J. Power Sources*, **329**, 428（2016）
30) J. Wang, Y. Yamada, *et al.*, *Nat. Commun.*, **7**, 12032（2016）
31) M. J. Earle *et al.*, *Nature*, **439**, 831（2006）
32) P. Hapiot and C. Lagrost, *Chem. Rev.*, **108**, 2238（2008）
33) P. Sippel *et al.*, *Sci. Rep.*, **5**, 13922（2015）
34) A. Ghoufi, A. Szymczyk, *et al.*, *Sci. Rep.*, **6**, 28518（2016）
35) M. Shimizu *et al.*, *J. Phys. Chem. C*, **119**, 2975（2015）
36) K. Yamaguchi *et al.*, *ChemElectroChem*, **4**, 3257（2017）
37) Y. Domi *et al.*, *ChemElectroChem*, **6**, 581（2019）
38) Y. Domi *et al.*, *J. Power Sources*, **338**, 103（2017）

39) D. M. Piper *et al.*, *Nat. Commun.*, **6**, 6230 (2015)

40) S. Kuwabata *et al.*, *ACS Appl. Mater. Interfaces*, **9**, 35511 (2017)

41) T. Tsuda *et al.*, *Sci. Rep.*, **6**, 36153 (2016)

42) Y. Domi *et al.*, *J. Phys. Chem. C*, **115**, 25484 (2011)

43) Y. Domi *et al.*, *J. Electrochem. Soc.*, **160**, A678 (2013)

44) Y. Domi *et al.*, *Int. J. Electrochem. Sci.*, **10**, 9678 (2015)

45) Y. Domi *et al.*, *Phys. Chem. Chem. Phys.*, **18**, 22426 (2016)

46) Y. Domi *et al.*, *J. Electrochem. Soc.*, **163**, A2435 (2016)

47) K. Ogata *et al.*, *Nat. Commun.*, **5**, 4217 (2014)

48) J. Li and J. R. Dahn, *J. Electrochem. Soc.*, **154**, A156 (2007)

49) Y. Cui *et al.*, *ACS Nano*, **6**, 5465 (2012)

50) C.-M. Wang *et al.*, *Nano Lett.*, **12**, 1624 (2012)

51) H. Li *et al.*, *Nano Lett.*, **13**, 709 (2013)

52) Y. Domi *et al.*, *ACS Appl. Mater. Interfaces*, **11**, 2950 (2019)

53) A. Budi *et al.*, *J. Phys. Chem. C*, **116**, 19789 (2012)

54) R. Dedryvère *et al.*, *J. Am. Chem. Soc.*, **135**, 9829 (2013)

55) I. A. Shkrob *et al.*, *J. Phys. Chem. C*, **118**, 19661 (2014)

56) L. J. Webb *et al.*, *Chem. Mater.*, **27**, 5531 (2015)

57) K. Ogata *et al.*, *Nat. Commun.*, **9**, 479 (2018)

58) Z. Huang *et al.*, *J. Alloys Compd.*, **671**, 479 (2016)

第6章　固体電池へのシリコン負極の適用

太田鳴海[*]

1　はじめに

　可燃性の有機電解液に替えて不燃性の無機固体電解質を用いる全固体リチウムイオン二次電池は，小型で軽量，かつ高電圧のリチウムイオン二次電池の優れた特徴はそのままに安全性の付与が見込める究極の二次電池として開発が行われてきた[1]。2000年代に入ると，広い電位窓と有機電解液を凌駕する高イオン伝導度を兼ね備えた固体電解質が数多く発見されるようになり[2,3]，本電池系の実用化を視野に入れた実証も数多くなされるようになってきた。実際，非常に高いイオン伝導度を持つ無機固体電解質を用いることで，この電池系において液系リチウムイオン二次電池やスーパーキャパシタを凌駕する高い出力密度が獲得可能であることが実証されている[4]。ただしこの間，自動車業界に起こったダイナミックな変化（EV（電気自動車）シフト）は，リチウムイオン二次電池産業を取り巻く環境にも急激な変化をもたらしている。つまり，伸びの止まった小型民生用に対し大型車載用の市場シェアが急速に高まり，いよいよ逆転しようとしている。したがって全固体電池の開発ステージも液系電池同様，インターカレーション材料を正・負極活物質に用いたリチウムイオン二次電池からの脱却，つまり，高安全・高出力密度を有する電池の高エネルギー密度化実現に資する技術開発である全固体リチウム二次電池の実現へと切り替わり始めている。リチウムイオン二次電池と呼称されてきた電池は，リチウムを吸蔵する容量はやや少ないものの充放電（リチウムの挿入・脱離）時にほとんど体積変化を示さないインターカレーション材料を両電極活物質に用いることで長寿命化を実現した電池のことである。これに対し，合金や金属といった，充放電の際，顕著な体積変化を伴う電極活物質を用いた電池をリチウム二次電池とする。より高いエネルギー密度を電池に求めると，後者の電池系を開発する以外に選択肢はない。つまり，高容量化のためには必ず，活物質の体積変化に伴い生じてくるさまざまな課題を克服しなくてはならない。

　シリコン負極はリチウム金属基準電位（Li^+/Li）に対して＋0.4 V以下という低電位に4,200 mA h g^{-1}と非常に大きな容量密度を示す[5]。この容量密度は市販電池で長らく一般的に利用されてきた黒鉛負極の約11倍にあたる。したがって現在，一充電距離の延伸が最重要課題となっている電気自動車用リチウム二次電池の高容量化実現のため，その実効的な適用技術開発が全世

　＊　Narumi Ohta　物質・材料研究機構　エネルギー・環境材料研究拠点
　　　全固体電池グループ　主任研究員

界的に活発に行われている。しかしながらシリコン負極は，大量のリチウムを吸蔵・放出することが可能なため，充放電に際し必然的に非常に大きな体積の膨張・収縮を経験する[6,7]。変化率320%のとてつもなく大きな体積変化は，僅か12%しか変化しない黒鉛負極の利用で得られてきた豊富な知見が全く役に立たない領域にあり，この変化に伴って生じる急激な容量低下への対処には従来の技術概念を超えた大きなブレークスルーが待たれている。本稿ではまず，負極活物質の体積変化が引き起こす主な2つの課題について紹介し，次に，これら課題を克服する技術として，我々の研究グループが検討した例を紹介する。もちろんリチウム二次電池の高容量化に関しては，高電位に大きな容量を示す材料の開発が遅れている正極側の課題がより深刻ではある。実際に，重量容量密度に勝る負極（黒鉛：372 mA h g^{-1}）は，現行の市販電池内に正極（LiCoO$_2$：137 mA h g^{-1}）の半分以下の重量しか詰め込まれていない[8]。しかしながら，重量から体積容量密度に尺度を変えて正極と負極のバランスを見つめ直すと，現行の市販電池内で負極の占める体積は正極とほぼ同等である。つまり，省スペース化の要求が高い車載用二次電池の高エネルギー密度化については，負極の高容量化も正極に対してと同等に考慮すべき課題なのである。

2 充放電時に体積変化を経験する負極活物質の課題

シリコン負極の抱える，非常に大きな体積変化に関する課題は大きく分けて二つある[9]。二つとも，充放電サイクルに伴う急激な容量低下をもたらす重大な課題である。課題の一つ目は市販のリチウムイオン二次電池に一般的に利用されてきた有機電解液と活物質との界面で生じる「不安定な固体電解質界面相（solid electrolyte interphase：SEI）保護膜」である。リチウム二次電池は非常に大きな作動電圧を示すのが特徴である。それゆえに，セパレーターの構成要素で両極間のリチウムイオン伝導を担う電解質には，負極および正極がそれぞれ示す強烈な還元および酸化雰囲気への十分な耐性が求められる。しかしながら一般的に，有機電解液（液体電解質）は耐還元性に乏しいので，初回充電時に還元され分解生成物が活物質表面に堆積し被膜を形成してしまう。それでも電池が動作するのは，初回に形成した被膜がSEI保護膜となり，2回目以降の充電時に電解液が還元分解して不可逆にリチウムイオンが消費され続けることを効果的に抑制しているためである[10]。ただし，体積変化がほとんどないインターカレーション材料と異なり，充放電時に大きな体積変化を伴う活物質表面では，充電時に一度活物質表面を覆いつくしたSEI保護膜がその後の放電に伴う活物質の体積収縮に追随できず剥離によって活物質表面が再度露出するので，結果として2回目以降の充電時も電解液の分解が引き続き起こり続けてしまいサイクルに伴う急激な容量低下につながる。有機電解液は充電時の活物質へ直接接触すると還元分解が必至であるので，この課題に対しては最近，炭素系の包装体であらかじめ活物質を保護して解決を志向した報告が多くなっている。さらに包装体が内包する活物質の体積変化に追随せずに体積変化しない（つまりSEI保護膜の不安定化を防ぐ）仕組みを設けることで容量低下を抑制で

第 6 章　固体電池へのシリコン負極の適用

きるということだが，容量を安定化しようとすればするほど活物質の充填密度が下がることとなり，シリコン負極の持つ高容量という強みを十分に生かすことが可能な設計指針が得られているとは言い難い[11]。

　課題の二つ目は活物質材料に固有なもので，「活物質材の微粉化」である。体積変化に伴い活物質内部に生じるひずみ応力が緩和されずに蓄積され続けると，応力割れが生じて活物質が微粉化してしまう。つまり，充放電サイクルの進行に伴って反応に関与できない活物質が増加していくことで急激な容量の低下が生じる。この課題に対しては最近，ナノ構造シリコン活物質を利用して解決を志向した報告が多くなっている[12]。ナノメートル級の大きさまで微細化された構造は，ひずみ応力の適切かつ迅速な緩和が行えるからである。実際に，微粉化に対するサイズ効果も報告されるようになり，粒子形状の結晶シリコンでは直径が 150 nm を超えると充放電時の体積変化で活物質が破裂・微粉化するという[13]。ただし，ナノ構造の利用は同時に活物質の比表面積を増大させることから，有機電解液を用いた場合，一つ目の課題がさらに深刻化するというジレンマに陥る。つまり，SEI 保護膜を生成するのに要するリチウムイオンの不可逆な還元消費量の増大を招くことから，SEI 保護膜が不安定で容量低下が著しいうえに初回の可逆な充放電容量も著しく低下する。したがって有機電解液を用いた電池系では，これら二つの課題を切り分けて対策することが困難であり，一つ目の課題の対策として既出の炭素系包装体にナノ構造シリコン活物質を内包させた，活物質の充填密度を上げるのに限界を感じる立体構造をいかに安価に作製するかということで開発競争が繰り広げられている。

3　有機電解液に替えて無機固体電解質を用いることによる活物質・電解質界面の安定化

　前節で紹介した有機電解液を用いての開発の状況を受けて，筆者らは，耐還元性に優れる無機固体電解質とナノ構造シリコン活物質の組み合わせで，シリコン負極の高容量化と安定性向上に取り組むこととした[14]。本節ではまず，スパッタ法を用い作製した膜厚 50 nm の極薄アモルファスシリコン膜を用い確認を行ったシリコン負極と硫化物固体電解質界面の安定性に関する試験の結果[15]を紹介する。

　アモルファスシリコン膜は高周波スパッタ法によりアルゴンガス中で製膜した。ターゲットには純度 5N のシリコンを用いた。図 1 に示す断面図からも分かる通り，この条件で得られたアモルファスシリコン膜は 2.3 g cm^{-3} と結晶シリコンと同等の高い密度を有することから以降，緻密アモルファスシリコン膜と呼ぶ。基板には片面に鏡面処理を施した直径 10 mm，厚さ 0.1 mm の SUS 円板を用いた。製膜したアモルファスシリコン膜を作用極とし，固体電解質層には高イオン伝導性硫化物固体電解質粉末の圧粉成型体を用い，対極として In-Li 合金を用いて全固体セルを作製し，電極特性の評価試験を実施した。

　まず，膜厚 50 nm と非常に薄い緻密アモルファスシリコン膜を用い，有機電解液（1M LiPF$_6$

リチウムイオン二次電池用シリコン系負極材の開発動向

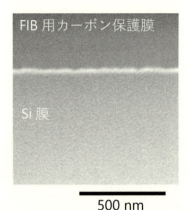

図 1 緻密アモルファスシリコン膜の断面環状暗視野走査透過型電子顕微鏡（ADF-STEM）像

in EC/DEC（1/1 vol.））中および固体電解質（70Li$_2$S・30P$_2$S$_5$ ガラスセラミック）中で充放電試験を繰り返した（図 2）。液セルの対極はリチウム金属を使用した。有機電解液中では，充放電の可逆性を示すクーロン効率が95％程度にとどまっており，充電の度に不可逆なリチウムイオンの消費が明確に起こっていることが分かった。また，これに伴いサイクルを繰り返すと容量低下が顕著に現れている。電極膜の面積に対し膜厚を極端に絞っていることから，体積の変化は疑似一次元的に膜厚方向にのみ起こると仮定できる状況にある。充電深度から想定される膜厚変化[16]は約100 nm と非常に小さいが，SEI 保護膜の不安定化はこの程度の体積変化でも有機電解液中では起こることが分かる。これに対して固体電解質中では，ほぼ容量低下なく，また99％以上の非常に可逆な充放電サイクルが行えることが分かった。このことは活物質・固体電解質界面では SEI 生成のような不可逆なリチウムイオンの消費が起こらないことと，サイクルを繰り返しても，つまり活物質が体積変化を繰り返しても，安定な接合を保持できていることを示唆している。直感的に，体積変化を繰り返す活物質と固体電解質の界面は接合が次第に破断し，界面の電荷移動抵抗が大きくなることで容量低下が引き起こされるのではないかと危惧していたが，100 MPa ほどのネジの締め付けにより膜を固体電解質層へ押し付けながらサイクルを行っていること，加えて硫化物固体電解質の示す優れた機械特性（比較的低い弾性率（約20 GPa）と高圧の圧縮に対して容易に変形することが可能）[17]が安定界面の保持に効いているものと考えられる。この試験では，有機電解液の越えられない壁であった不安定な SEI 保護膜が生成する課題が，固体電解質との界面では起こらず，何ら問題にならないことが実証できた。したがってこの後我々は，シリコン負極を安定動作させようとする際に直面する二つ目の課題であり，活物質材固有の問題である微粉化の課題に集中して取り組むこととした。

緻密アモルファスシリコン膜での試験を継続していくと，50 nm，300 nm，1 μm と膜厚を増やすにつれ，やはり次第にサイクルに伴う容量低下が大きくなる傾向は認められることが分かっ

第6章　固体電池へのシリコン負極の適用

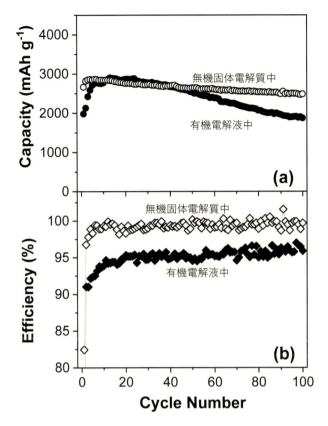

図2　電流密度 0.1 mA cm^{-2} で測定した緻密アモルファスシリコン極薄膜（膜厚 50 nm）の充放電特性
　　（a）サイクルに対する放電容量の推移，（b）サイクルに対するクーロン効率の推移。

たのだが，急激な低下は見られないことが分かった。充電深度から想定される膜厚変化はそれぞれ約 100 nm，約 600 nm，約 2 µm であり，これだけの大きな膜厚の変化が活物質膜へ繰り返し起こっても，活物質・固体電解質界面は安定に保持できることが分かった。ただし，実用的な面容量を得ようと 3 µm へと膜厚を上げると途端に急激な容量低下が現れることが分かった（図3）。形状は異なるもののアモルファスシリコン粒子について，直径が 870 nm を超えると充放電時の体積変化で活物質が破裂・微粉化するという報告[18]と非常に良い相関が見られたことから，活物質材の微粉化を抑制するナノ構造を活物質材へ導入することで，容量低下の抑制を試みた。

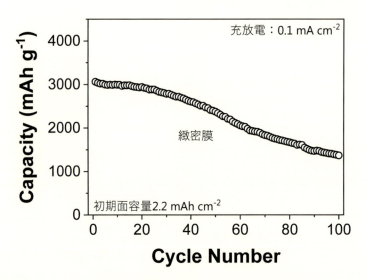

図3 電流密度 0.1 mA cm^{-2} で測定した緻密アモルファスシリコン膜（膜厚 3.00 μm，充填密度 0.70 mg cm^{-2}）の放電容量推移

4 ナノ多孔構造導入による活物質材の微粉化回避

本節では，無機固体電解質の利用に加えて，ナノ多孔構造を導入することで，2 mA h cm^{-2} と実用化レベルの非常に高い面容量を示すアモルファスシリコン負極膜が，高容量・高安定に動作可能なことを見出したのでその結果[10]について紹介する。

ナノ多孔アモルファスシリコン膜は既報[19,20]を参考に，高周波スパッタ法によりヘリウムガス中で製膜した。ターゲットには純度 5N のシリコンを用いた。基板には片面に鏡面処理を施した直径 10 mm，厚さ 0.1 mm の SUS 円板を用いた。製膜したアモルファスシリコン膜を作用極とし，固体電解質層には高イオン伝導性硫化物固体電解質粉末の圧粉成型体を用い，対極として In-Li 合金を用いて全固体セルを作製し，電極特性の評価試験を実施した。高イオン伝導性固体電解質 80Li$_2$S・20P$_2$S$_5$ ガラスの合成は既報[21]を参考にした。

ナノ構造の中でもナノ多孔構造は，充放電の過程において微細構造単位でひずみ応力の緩和が効果的に行える[22]ことが予想されたので，微粉化への高い潜在能力が期待できるこの構造を，膜内に一様な分布で導入することを検討した。アルゴンガスに替えてヘリウムガスでスパッタ製膜を行うと，ボトムアップ的手法でありながら，ナノ細孔が膜厚方向へ一様に分布したアモルファスシリコン膜を作製することが可能である[19,20]。この手法により，直径 10～50 nm の細孔が厚み約 10 nm の細孔壁に隔てられ膜内に一様に分布するようなナノ多孔アモルファスシリコン膜を合成し（図4），固体電解質中で充放電試験を繰り返した（図5）。その結果，初期に 2.2 mA h cm^{-2} と実用的な面容量を示すアモルファスシリコン膜について，緻密膜（膜厚 3 μm）では 100 サイクル後に 53％の容量が失われたのに対して，ナノ多孔膜では 93％の容量が維持できること

第 6 章　固体電池へのシリコン負極の適用

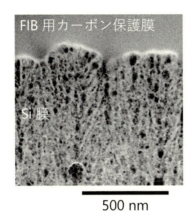

図4　ナノ多孔アモルファスシリコン膜の断面 ADF-STEM 像

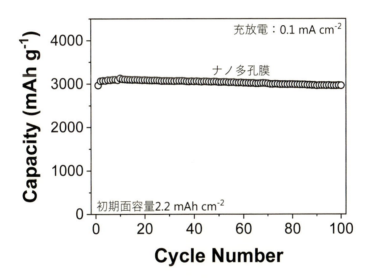

図5　電流密度 0.1 mA cm^{-2} で測定したナノ多孔アモルファスシリコン膜（膜厚 4.73 μm，充填密度 0.74 mg cm^{-2}）の放電容量推移

が分かった。この結果は，ナノ構造の導入が活物質材の微粉化を抑制した効果を示すと同時に，約 11 μm という非常に大きな膜厚変化が活物質に繰り返されても固体電解質との界面が安定的に保持できることも示唆している。つまり，全固体リチウム電池，したがって体積変化を伴う高容量電極活物質を用いた高エネルギー密度型全固体電池の開発が，固体電解質の機械的特性次第では夢でなく現実的な対象となることを示唆している。

5　おわりに

　本稿では，リチウム金属と並ぶ究極の高容量負極活物質材であるシリコン負極について，直面している深刻な二つの課題とともにそれら課題の克服に向けた我々の取り組みを紹介した。活物質材と空隙のみから成る理想的な高容量負極電極体において，実用的な面容量で非常に安定な充放電サイクル特性が得られたことは，全固体リチウム二次電池の高エネルギー密度化に資する非常に大きな前進である。本技術が我が国の次世代高性能二次電池の開発に際し，僅かながらでも一助となり，特に100年に一度と言われる大転換期を迎えた自動車業界において，我が国における革新的な基幹技術発展に寄与できれば幸いである。

文　　献

1)　K. Takada, *Acta Mater.*, **61**, 759 (2013)
2)　R. Kanno and M. Murayama, *J. Electrochem. Soc.*, **148**, A742 (2001)
3)　F. Mizuno *et al.*, *Adv. Mater.*, **17**, 918 (2005)
4)　Y. Kato *et al.*, *Nat. Energy*, **1**, 16030 (2016)
5)　R. A. Huggins, *J. Power Sources*, **81-82**, 13 (1999)
6)　B. Liang *et al.*, *J. Power Sources*, **267**, 469 (2014)
7)　D. Ma *et al.*, *Nano-Micro Lett.*, **6**, 347 (2014)
8)　A. W. Golubkov *et al.*, *RSC Adv.*, **4**, 3633 (2014)
9)　H. Wu and Y. Cui, *Nano Today*, **7**, 414 (2012)
10)　M. Gauthier *et al.*, *J. Phys. Chem. Lett.*, **6**, 4653 (2015)
11)　N. Liu *et al.*, *Nat. Nanotechnol.*, **9**, 187 (2014)
12)　X. X. Zuo *et al.*, *Nano Energy*, **31**, 113 (2017)
13)　X. H. Liu *et al.*, *ACS Nano*, **6**, 1522 (2012)
14)　J. Sakabe *et al.*, *Commun. Chem.*, **1**, 24 (2018)
15)　R. Miyazaki *et al.*, *J. Power Sources*, **272**, 541 (2014)
16)　Y. He *et al.*, *J. Power Sources*, **216**, 131 (2012)
17)　A. Sakuda *et al.*, *Sci. Rep.*, **3**, 2261 (2013)
18)　M. T. McDowell *et al.*, *Nano Lett.*, **13**, 758 (2013)
19)　V. Godinho *et al.*, *Nanotechnology*, **24**, 275604 (2013)
20)　R. Schierholz *et al.*, *Nanotechnology*, **26**, 075703 (2015)
21)　A. Hayashi *et al.*, *Solid State Ionics*, **175**, 683 (2004)
22)　C. F. Shen *et al.*, *Sci. Rep.*, **6**, 31334 (2016)

第7章　Liイオン二次電池における合剤分散性評価および *in situ* 顕微鏡観察（Liイオン拡散, 膨張収縮, デンドライト発生）

木村　宏*

はじめに

1991年に製品化されたリチウムイオン二次電池（Lithium ion battery：LIB）は, スマートフォンやモバイルPCなどの小型機器向け, HEV（Hybrid electric vehicle）やEV（Electric vehicle）などの環境対応車向け, さらに再生可能エネルギー政策などによる産業用途向けの市場が拡大している[1]。電池の高性能化（容量, 耐久性, 安全性）のためには様々な施策があるが, 負極であれば炭素材料からSi系材料に変更することで高容量化することが挙げられる[2]。ただし, 新規材料を採用したとしても最適化されていない工程で製造された電極では, 合剤が偏在分布し, 容量密度, 出力特性, 耐久性を十分に得ることができない。このような電極の合剤分布状態を分散性という。本章では, 合剤分散性の観察および *in situ* 顕微鏡観察によるLIB内部の解析を紹介する。これら評価は材料選択, 電極製造法の最適化に貢献するものと考えられる。次節より, 分析手法の詳細を述べる。

1　電極合剤の分散状態が信頼性に及ぼす影響

電極合剤は一般的に活物質, 導電助剤, バインダーから構成される。スラリー混練工程において, ポリフッ化ビニリデン（Polyvinylidene fluoride：PVDF）バインダーの場合は N-メチル-2-ピロリドン（Methyl-2-pyrrolidone：NMP）溶媒が, スチレン-ブタジエン共重合体（Styrene-butadiene rubber：SBR）バインダーの場合は水溶媒が使用される。スラリー比率が同じであっても異なるバインダーを用いる場合, 分散状態が変化する可能性があるため, 調製法に注意が必要である。調製された合剤スラリーは集電体に塗工され, 乾燥により溶媒除去された後, プレスにより厚さ, 密度が調整される。図1に電極構造の模式図を示す。例えば, 正極内で導電助剤が均一に分散していない場合, 集電体からの電気的な導通がない活物質は電気容量に寄与しないことになる。これでは, 設計量の活物質を投入したとしても設計容量は出ない。活物質種の粒子径, 形により, 同じ製造条件でも電池性能が異なる場合があるが, これも分散性の違いが一要因として挙げられる。充放電を繰り返した場合, 局所的な過充電や過放電が発生し, 電解液の分解や活物質の結晶性低下が起こるため, 電池の長期信頼性確保には, 合剤分散性の把握

＊　Hiroshi Kimura　㈱住化分析センター　マテリアル事業部

リチウムイオン二次電池用シリコン系負極材の開発動向

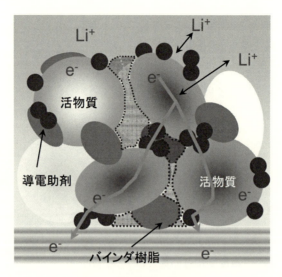

図1　電極構造の模式図

が必要である。

2　負極断面における合剤分散性の観察

電池性能と活物質，バインダーの分散性には密接な関わりがある。負極に使用される活物質は一般的に炭素材料（グラファイト，ハードカーボン）が主であるが，電池高容量化のために Si 系の材料も採用されている。ただし，Si 系は Li 挿入による活物質膨張率が炭素材料より高いことから，結晶の崩壊が課題である。その解決には，バインダーにより活物質の膨張収縮を抑制することが挙げられるが，その機能を発現させるための分散状態も様々である。今回，分散状態の観察には，電子線マイクロアナライザ（Electron probe microanalyzer：EPMA）を利用した。EPMA は，エネルギー分解能および少量添加成分の検出能力に優れている。図2，3 にグラファイトの他に SiO 活物質を含む負極の断面観察結果を示す。断面作成は Ar イオンビーム加工により行った。合剤の厚さは約 72 μm，活物質は粒径約 20 μmφ である。バインダー樹脂は，SBR であるため，負極を四酸化オスミウム（OsO_4）により染色（SBR バインダー中の二重結合との選択的反応）し，Os 元素分析から負極バインダーの分布状態を観察した[3]。活物質として C 以外に Si や O の点在が確認された。SiO の理論電気容量は，単位質量当たり 2006 mA h/g，単位体積当たりでは 4493 mA h/cm^3 であり，グラファイト（同 372 mA h/g，841 mA h/cm^3）と比較して高い値を示す[4]。しかしながら，完全に Li を挿入すると，グラファイトが 1.1 倍（C_6 → LiC_6）の体積膨張率に留まるのに対し，SiO の場合，2.7 倍（$20SiO$ → $3Li_{22}Si_5O + 5Li_4SiO_4$）の体積膨張を引き起こす[5]。図2の結果より，本負極では合剤が高分散することで，SiO の体積膨張をグラファイトが緩衝し，高容量化，高耐久性を図っていると考えられる。SBR バインダー

第7章 Liイオン二次電池における合剤分散性評価および *in situ* 顕微鏡観察(Liイオン拡散,膨張収縮,デンドライト発生)

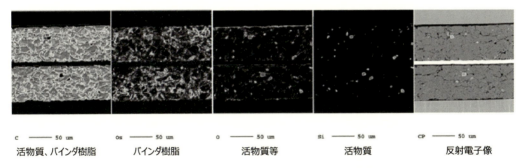

図2　グラファイトの他にSiO活物質を含む負極の断面観察結果（低倍率）

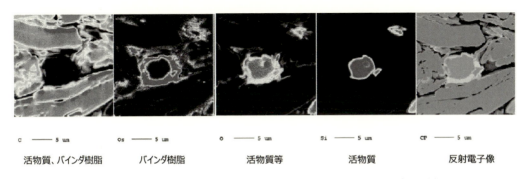

図3　グラファイトの他にSiO活物質を含む負極の断面観察結果（高倍率）

に関しては，高倍率で元素マッピングした結果，Si系活物質表面をSBRバインダー（Os）が被覆するように存在していることが観測された（図3）。本電極のSBRバインダーはSiO活物質と親和性があり，分散過程において選択的に結着したことが考えられた。バインダーが活物質を被覆するように結着することでSiO活物質の膨張による割れを抑制する効果が示唆された。

活物質材料によりバインダーの分散性は変化するため，材料系に応じて最適な電極製造法の探索が必要である。電極断面における合剤分散性の観察は，製造法が狙い通りであるかの把握に有効である。

3　*in situ* 顕微鏡観察によるLIB内部の解析

3.1　電極断面の *in situ* 顕微鏡観察

前節までの手法は，電極単体を観察評価するものである。一方で充放電における内部の構造変化を評価することで得られる構造情報もある。例えば，劣化電池から取り出した電極を分析しただけでは，劣化過程を知ることは容易ではない。それには途中過程における複数セルの結果が必要となるためである。しかしながら，1つのセルで連続的に内部情報を知ることができれば，劣化過程を迅速にかつ的確に知り得ることができる。近年では，多くのその場（*in situ*）分析法

が，報告されている。放射光施設では，高輝度X線を用いることでラミネートセルのX線吸収微細構造（X-ray absorption fine structure：XAFS）法[6]が，中性子線を用いることで18650型円筒電池での中性子線回折測定[7, 8]が可能である。実験室では，測定装置に合わせた専用セルを用いて評価検討がされている[9~11]。

本章では，白色光共焦点顕微鏡を備えた電気化学反応可視化システム（ECCS B310，レーザーテック製）による電極断面の in situ 顕微鏡観察例を紹介する。in situ 分析においては，挙動観察するうえで一測定における分析時間，すなわち時間分解能が重要である。in situ 顕微鏡観察は，高い時間分解能を有し，高レートでも電極断面の変化を観測することができる手法である。装置システムは，共焦点顕微鏡，充放電装置，専用観察セルで構成される。共焦点顕微鏡は，白色光ランプを使うことにより，実際の目視観察と同様の色変化が確認できる。また，共焦点光学系であることから電極のように凹凸が大きい試料であっても，視野内でピントを合わせた高解像度画像を取得することができる。電極断面をセルに取り付けられた石英ガラス窓を通して観察することで充放電による形状の変化（電極厚み，粒子径），ガスの発生，活物質の色の変化，析出物の発生を観測できる。また，Li 挿入されたグラファイトの黒色から金色への変化を利用して，負極の反応分布を評価することも可能である。

3. 2　グラファイト負極における充放電の色変化観察

正極 Li(Co-Ni-Mn)O$_2$，負極はグラファイトおよび電解液 1 M LiPF$_6$/EC:DEC（1:1 v/v%）を使用した。充放電条件は CCCV 充電 0.2 C，4.2 V（0.02 C カットオフ），CC 放電 0.2 C，3.0 V として in situ 顕微鏡観察した。図4に充放電による電極色変化のリアルタイム観察結果を示す。充電開始10分後，3.0 V 付近でガス発生が観測された。さらに充電の進行に伴い負極グラファイトが，黒→青→赤→金と色変化し，放電により色は金→赤→青と戻る様子が観測された。色変化は Li 挿入されたグラファイトのステージ構造変化によるもので，赤色はステージⅡ構造，金色はステージⅠ構造に由来する。放電後の電極を確認したところ，一部のグラファイトは金色のまま残存していた。これはステージⅠまで充電されたものの，電極膨張により導電パスが切断され，放電に寄与できなかった電気的に孤立した粒子と考えられた。電池の高耐久性には，作製した電極が，このような孤立粒子が発生しない構造体である必要がある。

図5に in situ 顕微鏡観察のライン解析結果を示す。これは観察像における任意の1ラインを指定して，同位置における時間変化を表現したものである。負極集電体側が充電完了時を頂点として山形に変化しており，グラファイトへの Li 挿入により負極合剤層が 50 → 55 μm と 10%厚み変化したことが確認された。また，放電過程の集電体側と表面において，色変化にズレがあることから，厚み方向における Li 脱離の遅れも確認された。集電体付近と比較して表面の活物質は，集電体からの電子移動経路が長いため Li 脱離に遅れが生じたと考えられた。

第7章 Liイオン二次電池における合剤分散性評価および *in situ* 顕微鏡観察(Liイオン拡散,膨張収縮,デンドライト発生)

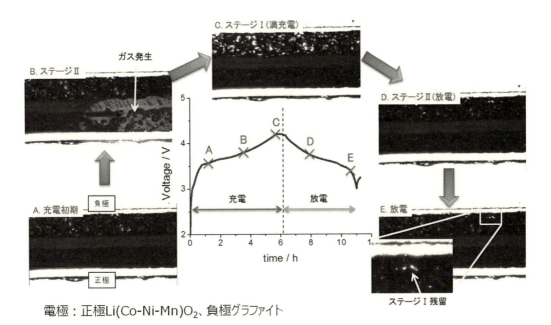

図4 充放電による電極色変化のリアルタイム観察結果

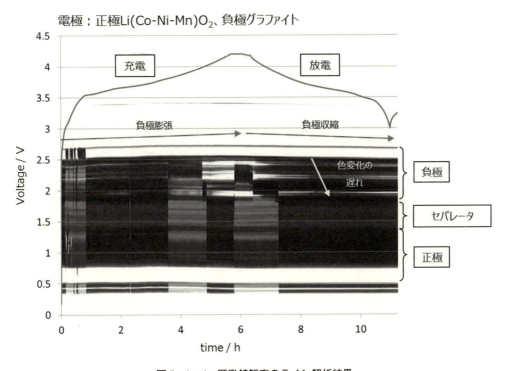

図5 *in situ* 顕微鏡観察のライン解析結果

同じ材料組成であっても合剤分散性により反応分布は変化する。in situ 顕微鏡観察による反応分布の把握は，電極設計および製造工程の最適化に貢献することが期待される。

3.3 グラファイト負極の過充電による Li デンドライト発生過程の観察

充電において負極グラファイトの理論容量 372 mA h/g 以上の Li 挿入を試みた場合，Li デンドライトが発生する。セルの電気容量が大きい電気自動車では，Li デンドライトによる短絡が発火につながる恐れもあり注意が必要である。また，Li 金属は還元性物質であるため，電解液を分解，負極表面に副生成物を発生させ，Li イオンの挿入脱離反応を阻害する可能性があり，長期信頼性にも影響する。Li デンドライトは電池を解体し，負極観察することで有無，形状を判断することができるが，発生直後の状態を観察することはできない。そのため，デンドライト発生をリアルタイムに観察するためには，in situ 顕微鏡観察が有効である。図6に Li デンドライト発生過程の in situ 顕微鏡観察結果を示す。正極 Li(Co-Ni-Mn)O_2，負極はグラファイトおよび電解液 1 M LiPF$_6$/EC:DEC（1:1 v/v%）を使用した。充放電条件は，CC 充電 3 C，4.4 V，休止 30 分，CC 放電 3 C，3.0 V，休止 30 分として観察した。充電が進むにつれて，負極黒鉛の色変化（黒→金）が観測され，4.2 V 付近を超えると負極表面（セパレータ側）に析出物が発生した。析出時の電圧および針状形状であることから，この析出物は Li デンドライトと判断された。負極表面で Li 析出した要因としては，比較的高い 3 C レート充電において，表面で過充電するような合剤分散状態であったことが考えられた。さらに充電を継続すると Li デンドライトの成長が観察された。なお，観察している正極／セパレータ／負極端面は同じ位置に配置されているため，負極端面で発生した Li デンドライトはセパレータ端面の上に乗り上がるように

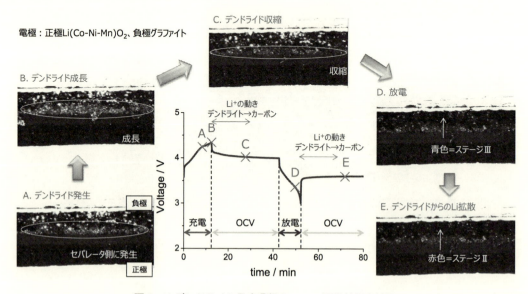

図6 Li デンドライト発生過程の in situ 顕微鏡観察結果

第7章　Li イオン二次電池における合剤分散性評価および *in situ* 顕微鏡観察(Li イオン拡散,膨張収縮,デンドライト発生)

成長している。セパレータ内部を Li デンドライトが貫通している様子を表しているのではないので注意していただきたい。充電後，休止状態にすると Li デンドライトの収縮が観測された。これは高レート充電のために，負極内部に充電されていない箇所が存在し，休止状態で Li イオンがそれらの箇所に拡散することで収縮したことが考えられた。放電を実施するとグラファイトは元の黒色へ変化したが，デンドライトは残存したままであった。放電反応は，デンドライト溶解よりも，グラファイトからの Li 脱離が優先されることが示唆された。放電終了後の休止状態においても同様にデンドライトが負極グラファイトに接触した状態で残存しているため，グラファイトの色変化が観測された。放電直後は黒色であったのに対して，休止 30 分後では赤色へと変化した。グラファイトと Li デンドライトが接していることで平衡状態に達し，グラファイトへ Li が挿入されたことが示唆された。

3. 4　グラファイト／SiO 系負極の充放電による厚み変化解析

　先述の通り，SiO 活物質は充電膨張時の割れにより，不可逆容量が発生する。その対策の一つとしてグラファイトとの混合電極とすることによる物理的な緩衝効果が挙げられる。電極の膨張収縮率と不可逆容量の関係を把握しようとした場合，*in situ* 顕微鏡観察が有効である。

　初回充放電による厚み変化を解析する。試験には，正極 Li(Co-Ni-Mn)O$_2$，負極はグラファイト／SiO 系，電解液 1 M LiPF$_6$/EC:DEC（1:1 v/v%）を使用した。両面塗布電極を対向させた単層ラミセルを観察治具に設置し断面観察した。セル容量は 23.8 mAh である。初回充放電は，CCCV 充電 0.1 C，4.2 V（0.02 C カットオフ），休止 10 分，CC 放電 0.1 C，2.0 V，休止 10 分とした。図 7 に初回充放電における充放電曲線および厚み推移を示す。4.2 V 充電により負極合剤層は 63 → 79 μm へ変化し，厚み変化率は 26% であった。黒鉛合剤層の場合，4.2 V 充電時の厚み変化率は 10% 程度であることから，本試料では SiO 活物質による膨張の寄与が示された。電圧における厚み変化に着目すると，放電電圧 3.5 V 付近の厚み変化曲線において，凸部が観測された。これは直線的に厚み変化する非晶質性の SiO 活物質に対して，ステージ構造に応じて厚み変化するグラファイトの影響と推測された。充電前の厚み 63 μm に対して放電後の合剤層厚みは 66 μm であり，充電前と比較した放電後の厚み変化率（以下，放電後の厚み変化率と記す。）は 5% であった。不可逆的な厚み変化は，充電膨張時に導電パスが切断または低接触になったことにより，充電された活物質が電気的に孤立したことが一因として挙げられる。

　次に繰り返し充放電による厚み推移を解析する。初期充放電後，CC 充電 1 C，4.2 V，休止 10 分，CC 放電 1 C，2.0 V，休止 10 分にて 20 サイクル繰り返した。図 8 に 1，10，20 サイクルにおける充放電曲線，図 9 に各サイクルにおける負極厚み変化率およびクーロン効率を示す。クーロン効率は，初回充放電において 82% に対して，5 サイクル目では 100% となった。これは負極の放電後の厚み変化率と同様の傾向であった。初回充放電では，黒鉛表面で SEI（Solid electrolyte interface）被膜が形成され，さらに膨張により導電パスが切断されることで不可逆容量が発生する。5 サイクル目までは放電後の厚み変化率が 0% より高いことから，充電毎に導

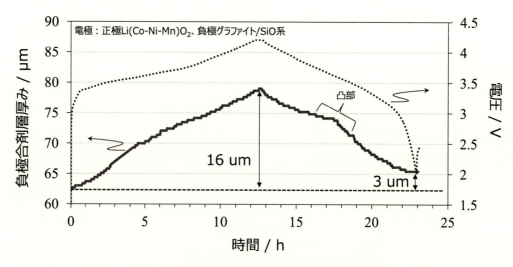

図7　初回充放電における充放電曲線および厚み推移

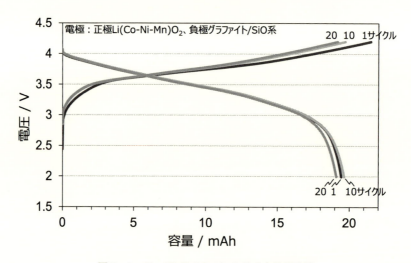

図8　1, 10, 20サイクルにおける充放電曲線

電パス切断が発生したと推測された。5サイクル目において放電後の厚み変化率は0%であることから，可逆的に膨張収縮が起こり，導電パス切断が抑制された状態になったと考えられる。負極合剤の膨張収縮の安定化が，クーロン効率の安定化と相関することが本手法により明確になった。

　高性能化のためには，材料選択や電極製造プロセスの条件最適化が必要である。*in situ* 顕微鏡観察は，充放電サイクル数における膨張収縮率および容量との関係性を把握できることから，条件最適化への貢献が期待される。

第7章 Liイオン二次電池における合剤分散性評価および in situ 顕微鏡観察(Liイオン拡散,膨張収縮,デンドライト発生)

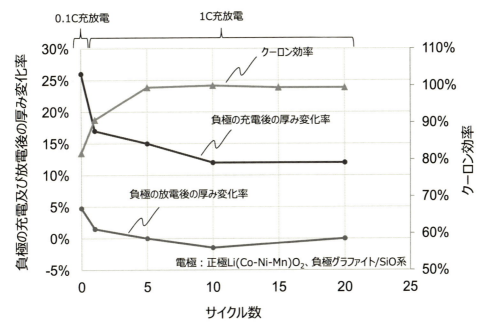

図9 各サイクルにおける負極厚み変化率およびクーロン効率
(初回充放電をサイクル数0とした。)

おわりに

本章では電極構造解析のための合剤の分散性観察および in situ 顕微鏡観察について述べた。EPMA分析によるバインダーの分散性評価は，電極製造工程における合剤の分散性把握に有効である。さらに，共焦点顕微鏡による in situ 分析では，実作動条件における反応分布や厚み変化を可視化することで，高出力特性や長期信頼性のための課題を理解することができる。本章で述べた電極評価，充放電評価の相補的な組み合わせは，LIBの性能向上および低コスト化へ貢献していくものと期待される。

文　　献

1) 小久見善八，西尾晃治 監修，図解　革新型電池のすべて，工業調査会，p.6 (2010)
2) NEDO，二次電池技術開発ロードマップ 2013（BatteryRM2013）
3) 浜田忠平ほか，紙パ技協誌，**39** (5)，477 (1985)
4) 髙橋心ほか，日立評論，**95** (5)，362 (2013)

5) 電気化学会 電池技術委員会 編，電池ハンドブック，p.389，オーム社（2010）
6) M. Oishi *et al.*, *J. Power Sources*, **222**, 45 (2013)
7) M. Yonemura *et al.*, *J. Phys. Conf. Ser.*, **502**, 012053 (2014)
8) RISING NEWSLETTER, No.12 (2014)
9) M. Inaba *et al.*, *J. Power Sources*, **68**, 221 (1997)
10) K. Kanamura *et al.*, *J. Electrochem. Soc.*, **142** (5), 1383 (1995)
11) J. Kawamura, *Electrochemistry*, **78** (12), 999 (2010)

第8章 サイクル試験による耐久試験後の SiO／炭素系負極の SEI 被膜，負極合剤層の分布評価

森脇博文*

1 はじめに

リチウムイオン電池（LIB）は民生，車載，定置など用途の多様化が進んでいる。このような幅広い用途に対し，高出力，高容量，高安全性が要求され，LIB に使用される各部材に対し，性能向上に向けた研究・開発が展開されている。

負極では現行の黒鉛系材料に対し，より高容量の Si の合金材料が期待されるが，Si は充放電時の体積変化が大きく，微粒子化の進行に伴い，容量低下を引き起こすといった特性上課題がある。より優れた特性を有する有望な材料として，ナノ Si 粒子がアモルファス SiO_2 に分散された構造の SiO[1] と黒鉛などの炭素と混合化した負極材料が注目され，スマートフォンなどポータブル用途などで実用化されている。

SiO／炭素系負極を使用した充放電サイクル試験を実施した結果，SiO を用いた場合には，従来の炭素系と比較して，容量低下が早いといった報告[2]もあり，当社で市販品をリバースエンジニアリングにて調査した結果でも負極合剤中 SiO の添加量は 5 質量％以下と SiO が持つ高容量化の特徴が生かし切れていないのが現状である。

負極の容量低下の要因には，負極活物質と電解液の界面反応で負極活物質表面に SEI（solid electrolyte interphase）と呼ばれる被膜（以降，"SEI 被膜"）が形成[3]，導電パス遮断，活物質粒子の孤立などによる容量バランスのずれ，抵抗増加が挙げられる。

本章では SiO／炭素系負極を使用して作製したラミネートタイプの LIB に対し充放電サイクル試験を実施し，容量低下した負極について，SEI 被膜の構造解析，合剤層内の分布評価技術による活物質粒子の劣化解析について，分析事例を交えて紹介する。

2 LIB 負極の劣化分析

2.1 試料前処理と測定手法

LIB に使用されている材料には，電解質としてヘキサフルオロリン酸リチウム（$LiPF_6$）など大気中の水分や酸素と反応性が高い化合物が使用されている。$LiPF_6$ を大気中で取り扱うと，大

---

* Hirofumi Moriwaki ㈱東レリサーチセンター　有機分析化学研究部
　　有機分析化学第 1 研究室　主任研究員

リチウムイオン二次電池用シリコン系負極材の開発動向

気中の水分の影響で加水分解され,フッ化リチウムやリン酸,フルオロリン酸,リン酸塩などの変性成分が生成し,生成時にフッ酸が発生することが知られている[4]。

そのため,分析する電極試料を大気雰囲気中でサンプリングし,その試料で分析を行った場合,得られる情報には大気の影響による変化が含まれ,劣化による本質的な変化を見落としてしまう。実際にLIBから取り出した負極について,大気に数秒間曝露させたものと非曝露のものについてXPS測定を行い,フッ素およびリンの化学状態を比較した。

大気曝露した負極の表面は,電解質の変性成分(フッ化物やPOx,PFxOy成分)の割合が増加していることが図1のXPSの測定データから確認できる。このことから,グローブボックス(アルゴンガス,露点:−70℃以下,酸素濃度:0.1 ppm以下に管理)を活用して,大気非曝露でLIBの材料を取り扱うことが必要不可欠となる。LIBを解体して取り出した電極には電解液(エチレンカーボネート(EC)などのカーボネート成分,$LiPF_6$などの電解質成分)が付着しているため,カーボネート系溶媒(望ましくはLIBに使用された同一のカーボネート)を使用して電極を洗浄,乾燥処理を行い,洗浄後の電極を測定機器まで搬送する一連の操作を大気非曝露環境下での実施が必要不可欠となる。

LIB負極の劣化分析に用いる測定手法を表1に示す。

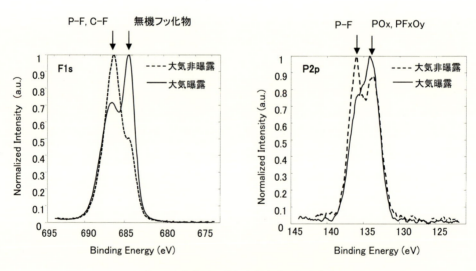

図1 大気曝露に伴う負極表面の組成変化

第 8 章　サイクル試験による耐久試験後の SiO／炭素系負極の SEI 被膜, 負極合剤層の分布評価

表 1　LIB 負極の劣化分析に用いる測定手法

分析箇所・領域	測定手法	得られる知見
合剤層表面	XPS, AES	構成元素とその化学状態, SEI 被膜の厚み
	TOF-SIMS	化合物種, SEI 被膜の厚み
	SEM	表面形態
合剤層断面	SEM(-EDX), STEM(-EDX)	形態, 合剤層内分布
	TOF-SIMS	合剤層内分布
	STEM-EELS	微細領域での化学状態分布
合剤層全体 (極板から採取した 合剤粉末)	AAS	全 Li 量
	^{7}Li 固体 NMR	Li 化学状態（Li 化合物の組成, 金属 Li 量）
	IC, CZE	SEI 被膜の無機成分の組成
	^{1}H NMR	SEI 被膜の有機成分の組成

X 線光電子分光法（X-ray Photoelectron Spectroscopy：XPS）
オージェ電子分光法（Auger Electron Spectroscopy：AES）
飛行時間型二次イオン質量分析法（Time-of-Flight Secondary Ion Mass Spectrometry：TOF-SIMS）
走査型電子顕微鏡（Scanning Electron Microscope：SEM）
エネルギー分散型 X 線分析（Energy dispersive X-ray spectrometry：EDX）
走査型透過電子顕微鏡（Scanning Transmission Electron Microscopy：STEM）
原子吸光法（Atomic Absorption Spectrometry：AAS）
イオンクロマトグラフィー（Ion Chromatography：IC）
キャピラリーゾーン電気泳動法（Capillary Zone Electrophoresis：CZE）
核磁気共鳴（Nuclear Magnetic Resonance：NMR）

3　サイクル試験における SiO／炭素系負極の劣化分析事例

本節では充放電サイクル試験を実施し, サイクル試験前, 試験後のセルを解体し, 取り出した負極に対して, 各種分析測定手法を用いて分析した事例を紹介する.

3. 1　分析に使用した試作セルの詳細

サイクル試験に使用した試作セルの詳細を以下に示す.

　　正極：［合剤組成］NCM622／カーボンブラック／PVdF（94/3/3（質量％））

　　　　　［層構成］合剤層（両面）142 μm／Al 箔 15 μm

　　負極：［合剤組成］黒鉛／SiO／CMC／SBR（87/10/1.5/1.5（質量％））

　　　　　［層構成］合剤層（両面）129 μm／Cu 箔 10 μm

　　セパレータ：単層ポリエチレン

　　電解液：1 M LiPF$_6$ ＋ EC/EMC/FEC（25/70/5(体積％)）＋ VC（1(質量％)）

サイクル試験は充電：1 C CC-CV 4.2 V（0.05 C cut）, 放電：1 C CC 3.0 V で 300 サイクル実施した.

サイクル試験後の放電容量を測定し, サイクル試験前と比較した結果, 充放電サイクルに伴っ

235

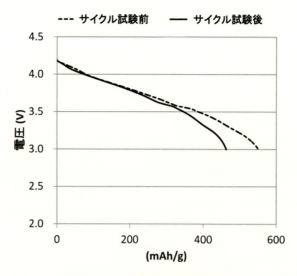

図2　サイクル試験前後の放電曲線

た容量低下が認められた（図2）。

　次に，単極ごとに劣化程度を評価するために，セルを解体し，正極および負極を取り出し，対極に金属Liを用いてハーフセルを作製し，放電容量を測定した。得られた正極，負極ハーフセルの放電曲線を図3, 4に示す。

　正極，負極ともに充放電サイクル試験に伴う容量低下が生じていたが，特に容量低下の程度は負極の方が顕著であった。よって，充放電サイクルによる容量低下は，主に負極に起因していることが推察された。

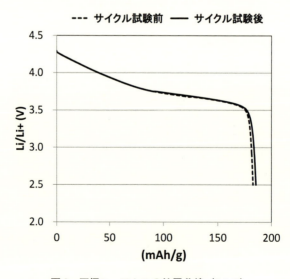

図3　正極ハーフセルの放電曲線（0.1 C）

第8章　サイクル試験による耐久試験後のSiO／炭素系負極のSEI被膜，負極合剤層の分布評価

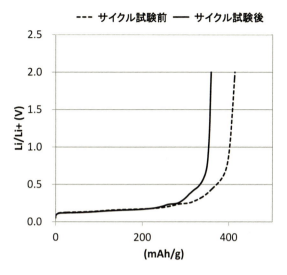

図4　負極ハーフセルの放電曲線（0.1 C）

3.2　SEI被膜の構造解析

　負極の容量低下の一因として，負極活物質と電解液の界面反応で負極活物質表面に形成されるSEI被膜はECなどのカーボネート溶媒とLiPF$_6$などの電解質で構成される有機電解液が還元分解により，生成されるさまざまな構造の有機，無機リチウム塩化合物が複合化したものを示す。SEI被膜の役割は負極活物質表面での電解液の反応，分解を抑制する保護機能があるが，一方で活物質粒子の微細化に伴い，SEI被膜が過剰に生成するケースもある。本項ではSEI被膜の構造解析として，負極表面，負極合剤粉末に対して実施した各種分析結果について紹介する。

3.2.1　SEI被膜の膜厚評価（XPSによる深さ方向分析）

　XPSでは負極表層のSEI被膜の元素組成や元素の化学状態に関する情報を得ることができる。さらにイオンエッチングを適用することでSEI被膜の相対膜厚を試料間で評価することができる。

　図5にアルゴンイオンエッチングを用いたXPSによる深さ方向分析の結果を示す。

　酸素のデプスプロファイルではサイクル試験後で増加傾向だったことから，充放電サイクルに伴い電解液の溶媒成分の分解によって生成されたSEI被膜の増加が示唆された。また，リチウムのデプスプロファイルより，サイクル試験後の活物質内部で増加の傾向が見られたことから，充放電に寄与しなくなったリチウム（吸蔵リチウム）の存在が推定された。活物質1粒子といった局所な領域に対しての深さ方向分析にはアルゴンイオンエッチングを用いたオージェ電子分光法（AES）が挙げられる。広範囲（10 μmφ～1 mmφ），局所領域に対してXPS，AESを分析領域に応じて使い分ける[5]。

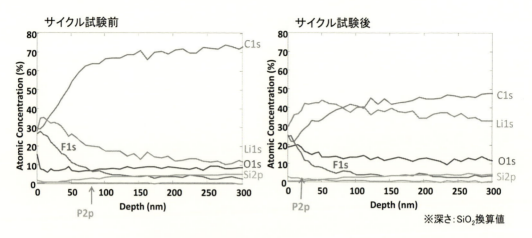

図5 放電負極表面のXPSデプスプロファイル

3.2.2 粒子別SEI被膜の膜厚評価（TOF-SIMS深さ方向分析）

TOF-SIMSでは化合物の部分構造（化合物種）に関する情報を得ることができる。さらにイオンエッチングを適用することでSEI被膜の相対膜厚を試料間で評価することができる。

図6にTOF-SIMSで取得したイオン分布像から黒鉛，SiO活物質粒子を区別し，黒鉛，SiO活物質粒子それぞれに対し，ガスクラスターイオンビーム（GCIB）によるエッチングとTOF-SIMS測定とを組み合わせ，各粒子に対し，イオン種別でデプスプロファイルを取得した。なお，GCIBはクラスターサイズが大きく，1原子あたりのエネルギーが小さいため，有機物へのダメージが小さいことが特徴であり，SEI被膜中の有機成分についても深さ方向分析が可能とな

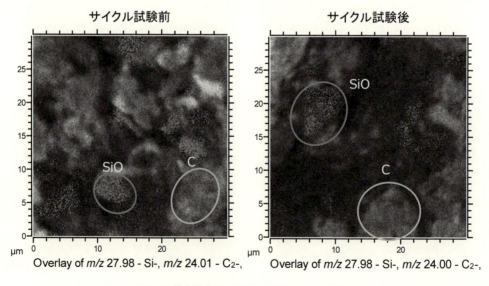

図6 放電負極表面のTOF-SIMSイオン分布像

第8章 サイクル試験による耐久試験後のSiO／炭素系負極のSEI被膜,負極合剤層の分布評価

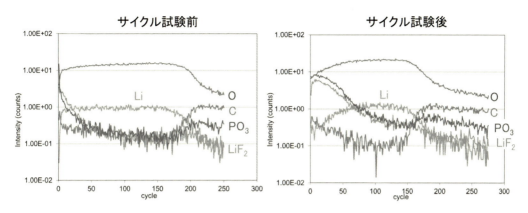

図7 放電負極 黒鉛粒子表面のTOF-SIMSデプスプロファイル

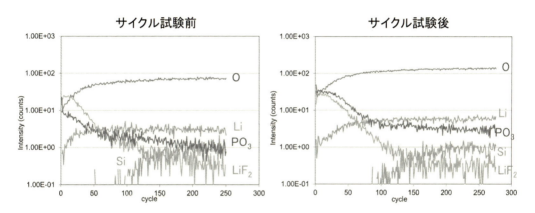

図8 放電負極 SiO粒子表面のTOF-SIMSデプスプロファイル

る。図7に黒鉛粒子,図8にSiO粒子の深さ方向分析結果を示す。

 黒鉛粒子の最表層付近ではフッ化リチウムやリン酸塩などから構成される被膜成分を形成しており,これがサイクル経過に伴い増加していることが見受けられた。これは先述の図5のXPSで確認された電極表面付近でのリチウムおよび酸素成分の増加傾向に対応している。

 SiO粒子では,サイクル前後ともにSiO粒子内部でリチウムが認められ,特にサイクル試験後の方で強度比が高くなっていることから,サイクル経過に伴う,リチウムの増加が示唆された。これにより,放電状態でも正極に戻れなくなったリチウムがSiO粒子内に吸蔵されたままの状態で存在していることが考えられた。

3.2.3 リチウムの定量,化学状態分析（原子吸光,固体NMR）

 放電状態の負極のリチウムの含有量および化学状態を分析するためには原子吸光法および固体^{7}Li NMR測定を実施する。

 サイクル試験前,試験後のリチウム含有量の定量結果を図9に示す。

 リチウム含有量はサイクル試験前に比べ,試験後で増加。一方,正極に関してはサイクル試験

後で減少していた。このことから，サイクル試験後では充放電反応に伴い不可逆なリチウムの生成が確認され，サイクル試験後で容量バランスずれが認められた。

　図10の固体 ^{7}Li NMR スペクトルを用いてリチウムの化学状態を解析した結果，化学シフト 0 ppm 付近に SEI（炭酸リチウム，フッ化リチウムなど），リチウム酸化物などに帰属されるピークが認められた。ピーク a, b に関しては SiO，黒鉛粒子のそれぞれに吸蔵されたリチウム（LiC_{18}，Li_xSi）と帰属され，サイクル試験後でこれらのピーク強度が増加した。このことから，SiO，黒鉛粒子ともに吸蔵リチウムの増加の傾向が見られた。なお，金属リチウムに関しては未検出（検出下限：0.01質量％）であった。0.01質量％以下の微量の金属リチウムを定量するに

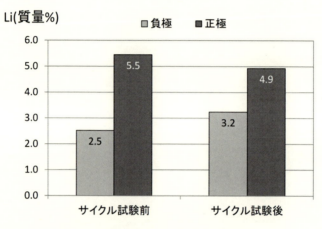

図9　放電電極の合剤中 Li 量（原子吸光）

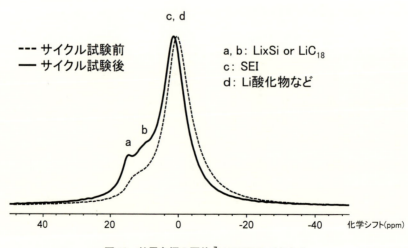

図10　放電負極の固体 ^{7}Li NMR スペクトル

第8章 サイクル試験による耐久試験後のSiO／炭素系負極のSEI被膜，負極合剤層の分布評価

は，電子スピン共鳴法（electron spin resonance：ESR）が有効である。

3.2.4 SEI被膜の構成成分の定量分析（NMR, IC, CZE）

負極合剤に形成されたSEI被膜をより定量的に評価する手法として，抽出分析が挙げられる[6]。抽出分析とは負極より採取した負極合剤粉末を水および重水を用いて抽出し，SEI被膜を溶液化して分析することである。この溶液について，^{1}H NMR測定よりカーボネート溶媒（EC, DEC）由来のSEI被膜成分（エチレングリコール骨格，アルコキシ基）を，CZE測定より炭酸塩をそれぞれ定量する。LiPF$_6$など電解質由来のSEI被膜（LiF，リン酸塩）の定量にはICを適用する。サイクル試験前，試験後の負極合剤粉末に対し，上記の分析を実施し，分析値を電荷収支計算にて当量に換算した。比較結果を図11に示す。

カーボネート溶媒から生成した炭酸リチウム由来の炭酸イオン，エチレングリコール（EG）骨格がサイクル試験後で増加の傾向が認められた。電解質由来ではLiF由来のフッ化物イオン

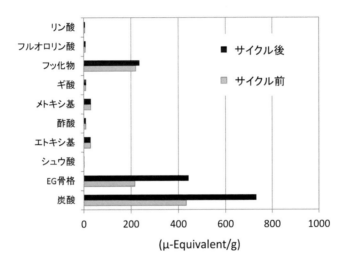

図11 放電負極 SEIの組成分析結果

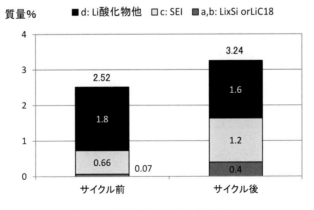

図12 放電負極 Li量と化学状態

に関してはサイクル試験前，試験後で同程度だった。以上の結果より，本サイクル試験ではカーボネート溶媒の分解で生成されたSEI被膜成分の増加が確認された。

以上の結果，リチウム含有量を固体^{7}Li NMRのピーク強度比，SEI被膜の構成成分の定量分析結果を踏まえ，SEI被膜のリチウム，活物質粒子に吸蔵されたリチウムおよび酸化リチウムにそれぞれ分類した計算結果を図12にまとめ，サイクル試験前，試験後で比較した。

この結果より，サイクル試験後に増加した不可逆リチウムはSEI（特にカーボネート溶媒由来成分）とSiO，黒鉛活物質粒子に吸蔵されたリチウムに相当しているものと推定された。

3．3　活物質粒子の劣化分析

3．3．1　合剤層断面の元素分布分析（SEM-EDX）

サイクルに伴う活物質粒子の状態変化を観察するために，負極断面観察および元素分布分析をSEM-EDXで実施した。断面観察に使用する試料はCryo-BIB（broad ion beam）法で加工した。

図13に負極合剤層の断面観察写真を示す。

黒鉛粒子に関してはサイクル試験前，試験後で形態に差はほとんど見られなかったが，SiO粒子に関しては粒子表層が網目状となっていた。さらにこの表層の網目状領域の構成元素を調べるためにSEM-EDX測定を実施した。図14に示したとおり，表層の網目状よりフッ素，リンが主に検出された。これらの元素より電解質（$LiPF_6$）の影響で形状が変化したものと考えられた。

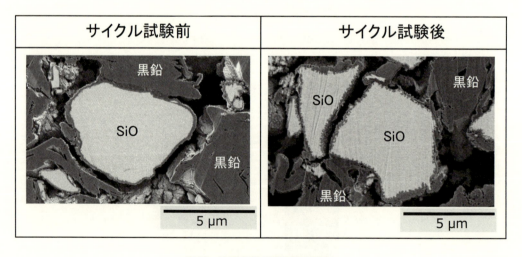

図13　放電負極の断面観察写真

第 8 章　サイクル試験による耐久試験後の SiO／炭素系負極の SEI 被膜，負極合剤層の分布評価

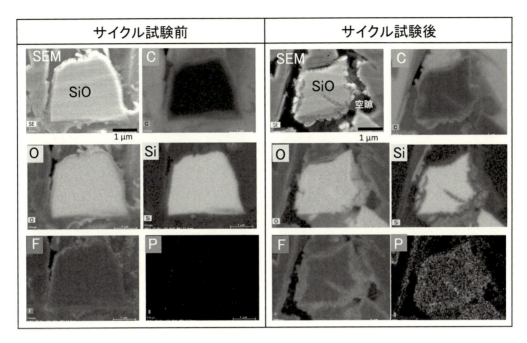

図 14　放電負極中 SiO 粒子の元素分布像

3.3.2　活物質粒子のリチウム分布分析（TOF-SIMS）

TOF-SIMS のイオンマッピングを断面方向で適用することによって，活物質に吸蔵されたリチウムの黒鉛，SiO 粒子別での分布状態を評価できる。サイクル試験前，試験後の負極合剤層の断面方向でイオン分布像を取得し，分析した結果を図 15 に示す。

サイクル試験後でリチウム高強度の SiO 粒子の頻度が増えている（サイクル試験前に見られたリチウム低強度の SiO 粒子は減少）ことがわかった。

サイクル試験後では黒鉛の中にもリチウムが高強度で存在する粒子も散見された。この黒鉛粒子は周辺の SiO 粒子の充放電における体積変化の応力などにより，粒子が孤立化し，リチウムが吸蔵されたままの状態であると考えられた。

以上の結果より，SiO 粒子に関しては電解質の影響で粒子表層劣化し，粒子内部はリチウムが吸蔵された状態（リチウムシリケート化）で存在していることが各種分析結果から推定された。また，周辺の SiO 粒子の体積変化によって孤立化し，リチウム吸蔵状態黒鉛粒子も散見された。

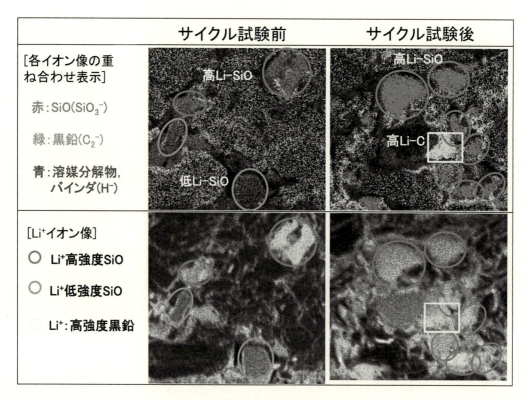

図15 放電負極の活物質粒子のイオン分布像

4 おわりに

本章では充放電サイクル試験に伴い，容量低下要因の一例として挙げられる SEI 被膜生成，活物質粒子の劣化の分析事例を中心に紹介した。今回の事例以外に合剤層の空隙状態を視覚的かつ定量的に捉えることのできる断面 SEM の画像解析技術，導電状態を可視化できるトンネリング AFM（TUNA）による導電分布評価なども SiO／炭素系負極の劣化分析に有効な分析手法となる。

また，正極側で劣化が認められた場合，解体して取り出した正極について X 線回折，ラマン分光，X 線吸収微細構造解析（XAFS）および STEM 観察に適用する。特に STEM 観察においてはその活物質表面の結晶構造変化を nm レベルの微細な領域で分析することが可能となり，正極劣化分析で有用な分析手法の一つである。

LIB 分野は今後も高寿命，高安全性に向けた新規材料の研究開発が進められていく中で，さまざまな耐久試験条件に応じて，劣化状態，現象を高精度，高感度，さらには分析領域の広域化に向けた分析技術で支援できれば幸いである。

第 8 章　サイクル試験による耐久試験後の SiO／炭素系負極の SEI 被膜, 負極合剤層の分布評価

文　　献

1)　T. Morita and N. Takami, *J. Electrochem. Soc.*, **153**(2), A425（2006）
2)　GS Yuasa Technical Report, 第 11 巻第 2 号（2014）
3)　K. Xu, *Chem. Rev.*, **104**, 4305（2004）
4)　D. Aurbach *et al.*, *J. Power Sources*, **68**, 91（1997）
5)　藤田学, 森脇博文, *The TRC NEWS*, **108**, 38（2009）
6)　島岡千喜, 森脇博文, 小川美由紀, 佐藤信之, 第 50 回電池討論会要旨集, 170（2009）

第9章　SEM，ECCS，AFM による電極観察

中本順子[*]

1　はじめに

シリコン負極の実用化に向けては，リチウムとの合金化／脱合金化に伴う大きな体積変化が問題となっている。課題解決のために，充放電中のシリコンの状態変化の観察ニーズが高まっている。観察方法として，SEM，ECCS，AFM などの手法が挙げられる。それぞれ長所および短所があるため，観察目的によって適宜選択する必要がある。

2　SEM による観察

SEM 観察では，シリコン粒子の体積膨張だけでなく，組成ムラ（被膜形成）や Li-Si 合金層の状態，活物質のバインダからの剥離など，様々な情報が得られるメリットがある。しかし，断面作製や観察中にダメージを受けやすいという課題があり，慎重な前処理および観察条件設定が必要である。ダメージを低減するための方策例としては，大気非暴露環境での取り扱いやクライオ（冷却）条件での Ar イオンミリング加工（CP）などがある[1,2]。また，充放電に伴う変化を観察するためには，充電深度が異なる電極をいくつも用意してそれぞれ断面を作製する必要があるため，時間を要する。

3　ECCS による観察

ECCS（電気化学反応可視化コンフォーカルシステム）は，観察窓付きセル内で電極を充放電させながら，コンフォーカル顕微鏡で電極を観察するシステムである。充放電しながら一定時間ごとに全画面で焦点があった画像を自動的に取得することができる。光源に白色光を使用するため，色調の変化情報も得られる。この方法によれば，充放電中の電極の膨張／収縮，電極内の反応分布，ガスの発生などの挙動をリアルタイムで観察可能である[3]。

ECCS でハーフセルの充放電挙動を観察した例を図1に示す。実際は，Li がインタカレーションした充電状態のグラファイト系負極は金色に観察されている。動画で負極の色変化の様子を観察すると，充電しやすい（色変化が速い）粒子，放電されにくい（色変化が遅い）粒子あるいは反応に寄与しない（色変化しない）粒子が存在し，粒子や位置による挙動の違いが確認できる。

---

*　Junko Nakamoto　㈱KRI　構造制御材料研究部　上級研究員

第9章　SEM, ECCS, AFM による電極観察

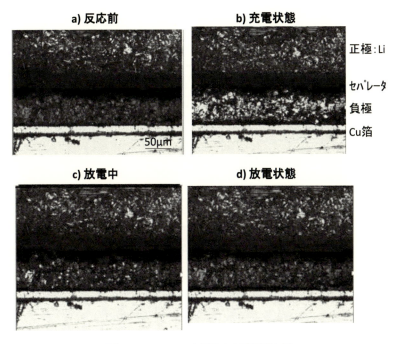

図1　ECCS での充放電中の電極観察例

このため，負極への Li のインタカレーションの均一性評価にも活用できる。また，このサンプルでは電極の膨張量は小さいものの，膨張／収縮が繰り返された数サイクル後には，負極と集電体の間が拡がっている様子も観察されている。

このように，充放電に伴う形状および色の変化をリアルタイムで捉えられることが ECCS のメリットである。ただし，顕微鏡での測定であるため，観察倍率は 1000〜2000 倍が限界である。よって，ミクロンサイズのシリコン粒子1粒に注目した詳細な挙動観察を目的とする場合は空間分解能が不足する。そのような場合は AFM での観察が有効である。

4　AFM による観察

電気化学 AFM は，電気化学反応させながら試料形状の変化を原子間力顕微鏡（AFM）で in-situ 測定する装置である。電解質で侵されない材質で作製された密封型電気化学セルを使用すれば，充放電に伴うシリコン粒子1粒の形状変化を高倍率で測定できる。観察に使用するセルの模式図を図2に示す。シリコン粒子は，Pt 箔などの金属箔に固定して作用電極とする。対向電極には Li 箔を使用し，電解液を満たして使用する。ただし，市販されている AFM 用電気化学セルを使用して電池反応を模した反応追跡を行うためには，様々な工夫が必要である。

最も重要な検討課題は，電極表面へのシリコン粒子の固定方法である。電解液に浸っても粒子

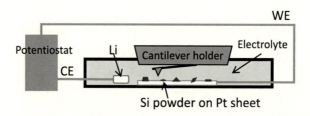

図2 Si粒子の形状変化観察に使用する電気化学セル部分の断面模式図

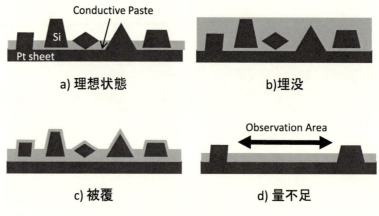

図3 Si粒子の固定状態のイメージ

が剥がれたり，充放電中の膨張／収縮で位置がずれることがないように，シリコン粒子は金属箔にしっかりと固定する必要がある。接着剤を使用するとシリコン粒子と電極の界面に入り込んで導通がなくなる恐れがあるため，導電ペーストの使用が望ましい。理想的な固定状態は，図3(a)に示すように，粒子が凝集することなく散らばり，粒子の大部分が電解液に触れるような状態である。好ましくない固定状態は図3(b)～(d)に示すイメージである。ペーストに埋没している場合（b）は形状変化が観察できない。ペーストで粒子表面が覆われてしまう（c）と形状変化やLiの挿入／脱離反応に影響を与える可能性があるため好ましくない。また，凝集を避けるため固定量を減らしすぎると（d），AFMの測定範囲に粒子が存在していない場合がある。このため，導電ペーストの使用量，粉末の量および分散方法などに留意して試料調整を行う必要がある。

シリコン粒子の金属箔への固定状態を観察したSEM像を図4に示す。明るい部分がシリコン粒子，暗い部分は導電ペーストである。AFMの最大観察領域（この場合は90 μm□）に，複数の粒子が凝集することなく散らばっている。高倍率で観察すると，粒子の上部はペーストに埋まることなく露出していることが確認された。

この試料を大気中でAFM測定した例を図5に示す。3 μmほどの大きさの粒子がペーストに

第9章 SEM, ECCS, AFM による電極観察

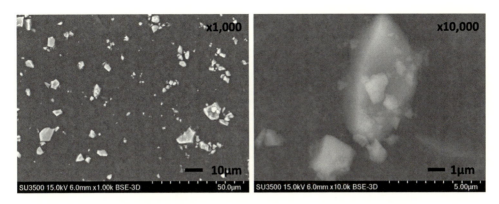

図4 Pt 箔表面に導電ペーストで固定したシリコン粒子の SEM 観察像

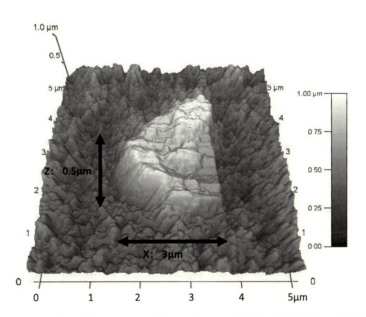

図5 Pt 箔表面に導電ペーストで固定したシリコン粒子の AFM 観察像（大気中）

埋まり，上部の約 0.5 μm が露出している様子が観察されている。露出部の高さがAFMの測定範囲を超えていると測定不可となるが，この試料の場合は許容範囲内であった。また，粒子表面形状が導電ペースト部分の形状とは異なることから，ペーストによる粒子被覆も起きていないと判断できる。このようにして，良好な固定ができていることが確認できた。

次に，この電極上のシリコン粒子が AFM の電気化学セル内で充放電反応するかどうかの確認を行った。セルの組み立ての一例を図6に示す。シリコン粒子を固定した Pt 箔と Li 箔を設置してグローボックス内でセルを組み立て，電解液で内部を満たす。ポテンショスタットに繋いで充放電反応を行うと，シリコンの充放電に由来する電位変化が観察された。

249

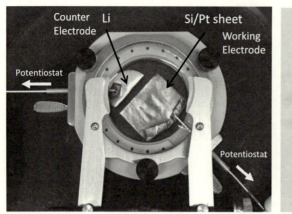 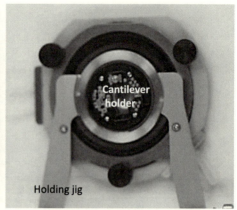

図6　AFM用電気化学セルに電極を設置した状態（左）および密封状態（右）

 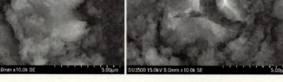 

図7　充放電後のシリコン粒子のSEM観察像

　セルを分解して電極を取り出し，SEM観察を行った結果を図7に示す（SEMでは広範囲に散らばる多数の粒子を観察しやすいため，充放電反応で粒子に変化が起きているか，反応ムラがないかなどを確認し，条件決定するための分析ツールとして適している）。Li箔に近いシリコン粒子は破壊していたが，遠い粒子では破壊が起きていないことが確認された。AFMの測定領域は電極内の極一部に限られるため，測定領域内でシリコン粒子の破壊が起きるようにLi箔の位置を調整した。

　これらの予備検討によりSi粒子固定電極の作製法およびセルの組み立て条件が決定された。次の課題は，電解液中での良好なAFM像の取得である。図8に充放電前の粒子の電解液中のAFM像を示す。大気中測定（図5）と同様の良好な画像が取得できている。このシリコン粒子はY方向に層が重なったような構造を有しており，構造異方性が観察された。

第 9 章　SEM，ECCS，AFM による電極観察

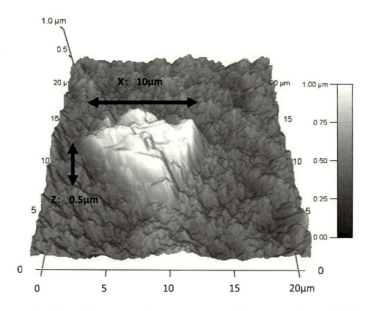

図 8　Pt 箔表面に導電ペーストで固定したシリコン粒子の AFM 観察像（電解液中）

5　さいごに

　電気化学 AFM 測定では，高倍率で in-situ 測定ができる唯一の方法である。充電深度を変えながら観察することで，各電位での膨張率だけでなく膨張の異方性に関する情報も得られると期待される。また，図 7 の充放電後の SEM 像では，粒子表面への付着物が確認されている。このような付着物の発生挙動（いつ発生し，粒子のどの部分に付着しやすいか）の情報の取得も可能となる。

文　　献

1) 石川純久, 山家　侑, The TRC News, No.117, p.24（2013）
2) 大森滋和, 島内　優, 池本　祥, JFE 技報, No.37, p.76（2016）
3) 福満仁志, 木村　宏, SCAS NEWS, 2015-I（vol.41），p15（2015）

リチウムイオン二次電池用シリコン系負極材の開発動向

2019 年 11 月 29 日　第 1 刷発行

監　　修	境　哲男	（T1134）
発 行 者	辻　賢司	
発 行 所	株式会社シーエムシー出版	
	東京都千代田区神田錦町 1－17－1	
	電話 03（3293）7066	
	大阪市中央区内平野町 1－3－12	
	電話 06（4794）8234	
	https://www.cmcbooks.co.jp/	
編集担当	渡邊　翔／町田　博	

〔印刷　日本ハイコム株式会社〕　　　　　　　　　　　　　　© T. Sakai, 2019

本書は高額につき，買切商品です。返品はお断りいたします。
落丁・乱丁本はお取替えいたします。

本書の内容の一部あるいは全部を無断で複写（コピー）することは，
法律で認められた場合を除き，著作者および出版社の権利の侵害
になります。

ISBN978-4-7813-1485-3　C3054　¥63000E